KB068947

알기쉬운

철도관련법 II

철도시설 및 철도차량의 안전관리 · 철도차량 운행안전 및
철도보호 · 철도사고조사 및 처리 · 철도안전기반 구축

원제무 · 서은영

박영사

머리말

　철도차량 운전을 하는 기관사들이 철도안전법에 대해 전혀 모르고 철도차량을 운전한다고 가정하자. 그럼 어떤 일이 일어날까? 철도차량 운전중에 수시로 기관사의 과실이 일어나고 이로 인해 철도 사고가 다반사로 일어날 것은 뻔한 일이다. 여기에 철도안전법의 설 자리가 있는 것이다. 그래서 철도안전법을 공부해야 하는 것이다. 그럼 철도안전법은 구체적으로 어디에 필요한가? 철도안전법은 철도차량운전면허시험에 필수과목이라 철도차량운전면허를 따기 위해서는 핵심 과목인 철도안전법에서 60점 이상의 점수를 받지 않으면 안 된다. 이와 아울러 철도차량운전면허 시험을 치르기 위해 거쳐야 하는 관문인 교육훈련기관(철도아카데미) 일반인 반을 들어가기 위해서도 철도안전법 시험에 합격해야 한다.

　그럼 철도안전법과 철도관련법의 차이는 무엇인가? 철도안전법은 철도 안전과 관련된 법으로 구성되어 있다. 철도안전법의 모체는 철도산업발전기본법이다. 이는 2004년 10월 22일 철도안전법이 특별법으로 탄생하기 전까지는 철도안전관련법을 철도산업발전기본법에서 일부로 다루어 왔다는 의미가 된다. 철도관련법은 철도안전법과 직간접으로 연관되어 있는 철도산업발전기본법, 철도사업법, 도시철도법 등을 포함하고 있다. 다시 말하면 철도안전법은 혼자 홀로서기를 못한다. 철도안전법은 이런 철도관련법들에 힘입어서 만들어진 종합적인 법률이라는 뜻이다. 이는 가까운 법률 간의 융합을 통하지 않고는 점점 더 복잡해지는 각종 안전관련 법률 사항을 다룰 수 없다는 이유이기도 하다.

누가 주로 철도안전법을 공부하는가? 주로 철도관련학과 대학생, 철도차량운전면허에 도전하는 일반인, 철도종사자 등이 된다. 그럼 철도차량운전면허에는 어떤 종류가 있는가? 고속철도차량운전면허, 제1종 전기차량운전면허, 제2종 전기차량운전면허, 디젤차량운전면허, 철도장비운전허, 노면전차운전면허의 6개 종류가 있다. 이들 철도차량운전면허를 따려면 핵심과목인 철도관련법 시험을 치르지 않으면 안 된다.

철도안전법, 시행령, 규칙은 국가 법률 체계상 어디에 위치하는 것일까? 철도안전법은 국회에서 만드는 법률의 하나이다. 법률은 국민투표에 의한 헌법 다음으로 효력을 가진다. 다음으로 철도안전법시행령은 명령이다. 이는 대통령이 제정한다. 시행령은 어떤 법이 있을 때 그에 대해 상세한 내용을 규율하기 위한 것으로 만들어 진다. 그 다음은 규칙이다. 규칙, 즉 시행규칙은 국토교통부 장관이 제정한다. 규칙은 시행령에서 위임된 사항과 그 시행에 필요한 사항을 정한 것이다. 예컨대 도시철도운전규칙은 국토교통부장관이 서울교통공사를 비롯한 전국의 도시철도운영사들에게 필요한 규칙을 만들어 놓은 것이다.

이 책은 새롭게 개정되어 시행되고 있는 철도안전법을 하나하나 파헤쳐서 알기 쉽게 씨줄과 날줄로 엮어보려고 노력한 산물이다. 무릇 책은 독자들에게 가깝게 다가가야 하고 이해하기 쉬워야 한다. 이 책에서는 독자들을 위해 내용 관련 사진과 그림을 대폭 넣으려고 최대한 노력하였다. 특히 예제와 구체적인 해설을 추가함으로써 혼자 스스로 공부하여도 충분히 학습이 가능하도록 배려하였다. 철도관련법 1권에서는 1장 총칙, 2장 철도안전관리체계, 3장 철도종사자의 안전관리라는 3개의 장을 다루고 있다.

철도운전면허시험 문항 수와 합격기준은 어떻게 될까? 문항 수는 각 과목 20문항이다(전기동차 구조 및 기능은 40문항). 철도관련법도 20문항이다. 필기시험은 시험과목당 100점을 만점으로 하여 매 과목 40점 이상(철도관련법의 경우 60점 이상) 총점 평균 60점 이상 득점한 자가 합격된다. 철도관련법 문제는 총 20문항이다. 현재까지 제2종철도차량운전면허시험 출제경향을 보면 철도관련법에서 12문제, 철도차량운전규칙에서 5문제, 도시철도운전규칙에서 3문제가 각각 출제되고 있는 것으로 나타났다. 저자들은 독자들이 이 책이 안내해주는 이정표대로 이해하면서 따라가다 보면 어느샌가 정상에 도달할 수 있으리라고 굳게 믿는다.

많은 독자 분들에게 이 책이 철도차량운전면허시험에 당당하게 합격하는 교두보 역할을 할 수 있을 것이라는 희망과 꿈을 가져본다.

이 책을 출판해 준 박영사의 안상준 대표님이 호의를 베풀어 주신 것에 대하여 감사를 드린다. 아울러 이 책의 편집과정에서 보여준 전채린 과장님의 정성과 열정에 마음 깊이 고마움을 드린다.

저자 원제무·서은영

차례

[철도안전법 조문 구성(9장 83조)](2020.12.12 철도안전법 개정: 9장 83조로 구성)

1. 헌법, 법률, 명령, 규칙

1) 법의 적용순위

　－헌법 → 법률 → 명령 → 규칙의 순서이다.

[상위법 우선의 원칙]
헌법 → 법률 → 시행령(대통령령) → 시행규칙(총리령, 부령) → 조례 → 규칙 → 고시(공시, 공고와 공급) → 예규(관례) → 민속습관

　－상위법인 헌법은 국민투표로 법률은 국회에서 표결로 처리가 된다. 하위법은 상위법에 위배될 수 없다.

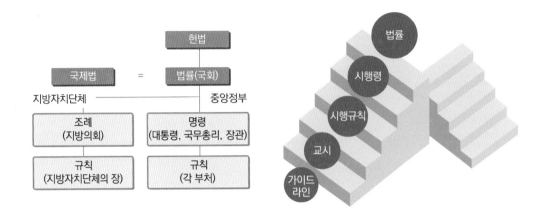

2) 법률 시행령과 시행규칙

(1) 법률

- 법률은 헌법 다음에 효력을 가지는 규정이다.

  헌법상 정부와 국회의원이 법률안을 제출할 수 있다.

  정부에서는 각 중앙행정기관에서 해당업무에 관한정책집행을 위해 법률안을 마련한다.

- 법은 국회에서 제정한다.

(2) 시행령

- 명령, 즉 시행령은 대통령이 제정한다.
- 시행령은 어떤 법이 있을 때 그에 대해 상세한 내용을 규율하기 위한 것으로 만들어진다.

(3) 규칙

- 규칙, 즉 시행규칙은 장관이 제정한다.

(4) 조례

- 조례는 특별시,직할시, 시, 군에서 정한다.

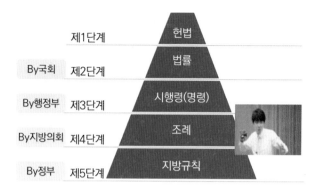

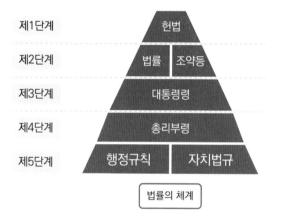

법률의 체계

[법의 위계구조]

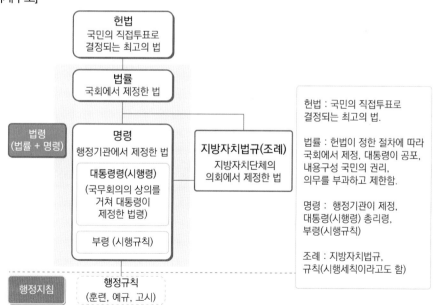

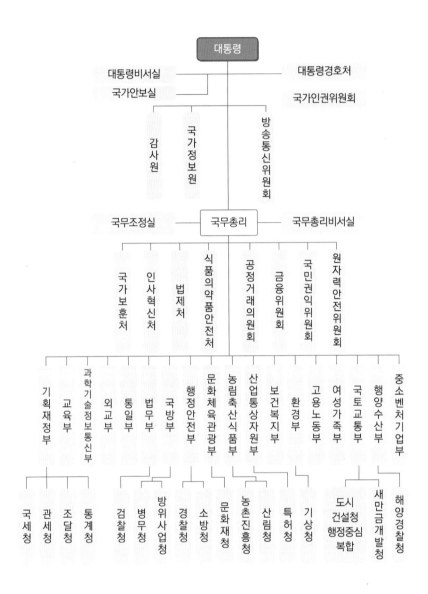

대통령

대통령비서실   대통령경호처
국가안보실   국가인권위원회

감사원   국가정보원   방송통신위원회

국무조정실 — 국무총리 — 국무총리비서실

국가보훈처   인사혁신처   법제처   식품의약품안전처   공정거래위원회   금융위원회   국민권익위원회   원자력안전위원회

기획재정부   교육부   과학기술정보통신부   외교부   통일부   법무부   국방부   행정안전부   문화체육관광부   농림축산식품부   산업통상자원부   보건복지부   환경부   고용노동부   여성가족부   국토교통부   해양수산부   중소벤처기업부

국세청   관세청   조달청   통계청   검찰청   병무청   방위사업청   경찰청   소방청   문화재청   농촌진흥청   산림청   특허청   기상청   도시건설청 행정중심복합   새만금개발청   해양경찰청

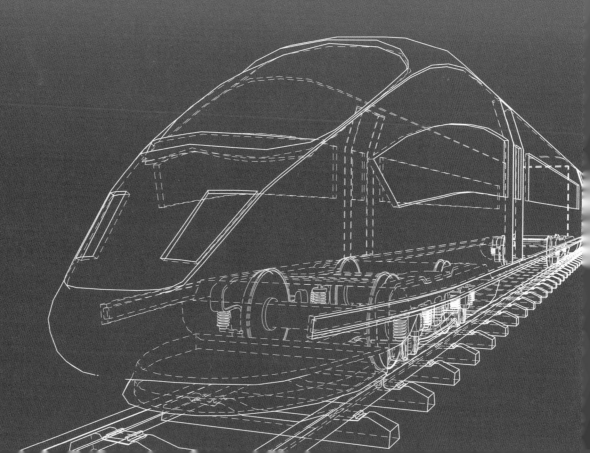

제4장

철도시설 및 철도차량의 안전관리

제4장

철도시설 및 철도차량의 안전관리

제25조(철도시설의 기술수준)

① 철도시설관리자는 국토교통부장관이 정하여 고시하는 기술수준에 맞게 철도시설을 설치하여야 한다.

예제 철도시설관리자는 [   ]이 정하여 고시하는 [   ]에 맞게 [   ]하여야 한다.

정답 국토교통부장관, 기술수준, 철도시설을 설치

② 철도시설관리자는 국토교통부령을 정하는 바에 따라 제1항에 따른 기술수준에 맞도록 철도시설을 점검보수하는 등 유지관리하여야 한다.

예제 누가 정하여 고시하는 기술수준에 맞게 철도시설관리자는 철도시설을 설치하여야 하는가?

가. 국토교통부장관
나. 철도기술연구원
다. 대통령
라. 국가기술표준위원회

제25조의2(승하차용 출입문 설비의 설치)

철도시설관리자는 선로로부터의 수직거리가 국토교통부령으로 정하는 기준 이상인 승강장에 열차의 출입문과 연동되어 열리고 닫히는 승하차용 출입문 설비를 설치하여야 한다. 다만, 여러 종류의 철도차량이 함께 사용하는 승강장등 국토교통부령으로 정하는 승강장의 경우에는 그러하지 아니하다.

[승하차용 출입문 설비]

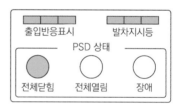

규칙 제43조(승하차용 출입문 설비의 설치)

① 법 제25조의2 본문에서 "국토교통부령으로 정하는 기준"이란 1,135밀리미터를 말한다.

예제 국토교통부령으로 정하는 승하차용 출입문 설비의 기준이란 [   ]를 말한다.

정답 1,135밀리미터

② 법 제25조의2 단서에서 "여러 종류의 철도차량이 함께 사용하는 승강장 등 국토교통부령으로 정하는 승강장"이란 다음 각 호의 어느 하나에 해당하는 승강장으로서 제44조에 따른 철도기술심의위원회에서 승강장에 열차의 출입문과 연동되어 열리고 닫히는 승하차용 출입문 설비(이하 "승강장안전문"이라 한다)를 설치하지 않아도 된다고 심의·의결한 승강장을 말한다.

1. 여러 종류의 철도차량이 함께 사용하는 승강장으로서 열차 출입문의 위치가 서로 달라 승강장안전문을 설치하기 곤란한 경우
2. 열차가 정차하지 않는 선로 쪽 승강장으로서 승객의 선로 추락 방지를 위해 안전난간 등의 안전시설을 설치한 경우
3. 여객의 승하차 인원, 열차의 운행 횟수 등을 고려하였을 때 승강장안전문을 설치할 필요가 없다고 인정되는 경우

제26조(철도차량 형식승인)

① 국내에서 운행하는 철도차량을 제작하거나 수입하려는 자는 국토교통부령으로 정하는 바에 따라 해당 철도차량의 설계에 관하여 국토교통부장관의 형식승인을 받아야 한다.

> **예제** 국내에서 운행하는 철도차량을 제작하거나 수입하려는 자는 [   ]으로 정하는 바에 따라 해당 철도차량의 설계에 관하여 국토교통부장관의 [   ]을 받아야 한다(제26조 철도차량의 형식승인).
>
> **정답** 국토교통부령, 형식승인

[철도차량 설계와 제작과정]

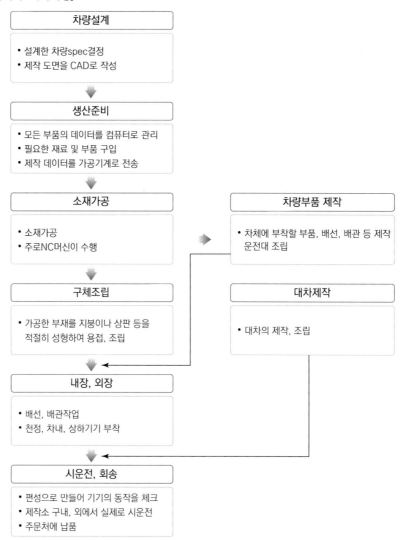

차량설계
- 설계한 차량spec결정
- 제작 도면을 CAD로 작성

생산준비
- 모든 부품의 데이터를 컴퓨터로 관리
- 필요한 재료 및 부품 구입
- 제작 데이터를 가공기계로 전송

소재가공
- 소재가공
- 주로NC머신이 수행

차량부품 제작
- 차체에 부착할 부품, 배선, 배관 등 제작
  운전대 조립

구체조립
- 가공한 부재를 지붕이나 상판 등을
  적절히 성형하여 용접, 조립

대차제작
- 대차의 제작, 조립

내장, 외장
- 배선, 배관작업
- 천정, 차내, 상하기기 부착

시운전, 회송
- 편성으로 만들어 기기의 동작을 체크
- 제작소 구내, 외에서 실제로 시운전
- 주문처에 납품

[차량형식(예)]

KTX-산천/차량 형식, mir.pe

광주 도시철도 2호선 차량 제작구매
792억원에 최종 계약(중앙일보)

② 제1항에 따라 형식승인을 받은 자가 승인받은 사항을 변경하려는 경우에는 국토교통부 장관의 변경승인을 받아야 한다. 다만, 국토교통부령으로 정하는 경미한 사항을 변경하려는 경우에는 국토교통부장관에게 신고하여야 한다.

③ 국토교통부장관은 제1항에 따른 형식승인 또는 제2항 본문에 따른 변경승인을 하는 경우에는 해당 철도차량이 국토교통부장관이 정하여 고시하는 철도차량의 기술기준에 적합한지에 대하여 형식승인검사를 하여야 한다.

예제 국토교통부장관은 형식승인 또는 변경승인을 하는 경우에는 해당 철도차량이 국토교통부 장관이 정하여 고시하는 철도차량의 [   ]에 적합한지에 대하여 [   ]를 하여야 한다(제26조 철도차량의 형식승인).

정답 기술기준, 형식승인검사

④ 국토교통부장관은 제3항에도 불구하고 다음 각 호의 어느 하나에 해당하는 경우에는 형식승인검사의 전부 또는 일부를 면제할 수 있다.

1. 시험·연구·개발 목적으로 제작 또는 수입되는 철도차량으로서 대통령령으로 정하는 철도차량에 해당하는 경우

2. 수출 목적으로 제작 또는 수입되는 철도차량으로서 대통령령으로 정하는 철도차량에 해당하는 경우

3. 대한민국이 체결한 협정 또는 대한민국이 가입한 협약에 따라 형식승인검사가 면제

되는 철도차량의 경우

4. 그 밖에 철도시설의 유지·보수 또는 철도차량의 사고복구 등 특수한 목적을 위하여 제작 또는 수입되는 철도차량으로서 국토교통부장관이 정하여 고시하는 경우

[형식승인검사의 전부 또는 일부를 면제할 수 있는 경우]

1. 시험·연구·개발 목적으로 제작 또는 수입되는 철도차량으로서 대통령령으로 정하는 철도차량에 해당하는 경우

2. 수출 목적으로 제작 또는 수입되는 철도차량으로서 대통령령으로 정하는 철도차량에 해당하는 경우

3. 대한민국이 체결한 협정 또는 대한민국이 가입한 협약에 따라 형식승인검사가 면제되는 철도차량의 경우

4. 그 밖에 철도시설의 유지·보수 또는 철도차량의 사고복구 등 특수한 목적을 위하여 제작 또는 수입되는 철도차량으로서 국토교통부장관이 정하여 고시하는 경우

⑤ 누구든지 제1항에 따른 형식승인을 받지 아니한 철도차량을 운행하여서는 아니 된다.

⑥ 제1항부터 제4항까지의 규정에 따른 승인절차, 승인방법, 신고절차, 검사절차, 검사방법 및 면제절차 등에 관하여 필요한 사항은 국토교통부령으로 정한다.

예제 시험·연구·개발 목적으로 제작 또는 수입되는 철도차량으로서 [   ]으로 정하는 철도차량에 해당하는 경우에는 형식승인검사의 전부 또는 일부를 면제할 수 있다(제26조 철도차량의 형식승인).

정답 대통령령

예제 철도시설의 [   ], [   ] 또는 철도차량의 [   ]등 특수한 목적을 위하여 제작 또는 수입되는 철도차량으로서 국토교통부장관이 정하여 고시하는 경우 [   ]의 전부 또는 일부를 면제할 수 있다(제26조 철도차량의 형식승인).

정답 유지·보수, 사고복구, 형식승인검사

제   호

철도차량형식승인자료집

형식승인자료집 번호:

「철도안전법」 제26조 및 같은 법 시행규칙 제48조제2항에 따른 본 형식승인자료집은 형식승인증명서 _____의 부분이며, 형식승인증명서가 발행된 철도차량이 철도기술기준을 충족시키는 조건과 제한사항을 다음과 같이 규정한다.

1. 일반사항
1.1 관련 형식승인증명서 번호:
1.2 신청회사: (법인등록번호:)
1.3 대표자: (생년월일:)
1.4 설계자: (법인등록번호:)
1.5 차량 종류:
1.6 차량 형식:
1.7 형식승인 번호:
1.8 형식승인 신청일:
1.9 형식승인 발행일:

2. 형식승인기준
2.1 철도기술기준:
2.1 특수기술기준(해당되는 경우):
2.3 기타 기준:

3. 설계승인
3.1 승인된 도면
3.2 승인된 기술문서
3.3 주요 부품 및 구성품 목록(규격, 제작자정보 등 포함)

[철도차량 형식승인검사 사전기술검토]

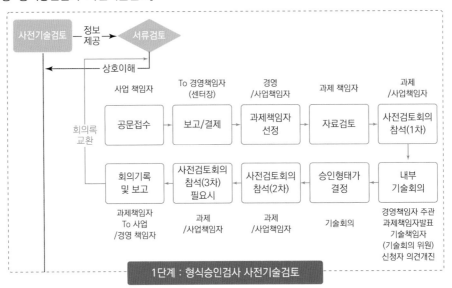

예제 철도안전법령상 형식승인검사의 전부 또는 일부 면제 대상이 되는 것이 아닌 것은?

가. 시험·연구 목적으로 제작 또는 수입되는 철도차량

나. 대한민국이 체결한 협정에 따라 형식승인 검사가 면제되는 철도차량

다. 철도시설의 유지·보수 또는 철도차량의 사고복구 등 특수한 목적을 위하여 제작 또는 수입되는 국토교통부장관이 정하여 고시하는 철도차량

라. 성능시험에 합격한 철도차량과 동일한 성능임을 국토교통부장관이 인정하는 철도차량

해설 제26조(철도차량 형식승인): '성능시험에 합격한 철도차량과 동일한 성능임을 국토교통부장관이 인정하는 철도차량'은 형식승인검사의 전부 또는 일부 면제 대상이 되는 것이 아니다.

예제 철도차량형식승인에 관한 내용이다. 다음 설명 중 틀린 것은?

가. 형식승인을 받은 자가 승인받은 사항을 변경하려는 경우에는 국토교통부장관의 변경승인을 받아야 한다. 다만, 국토교통부령으로 정하는 경미한 사항을 변경하려는 경우에는 국토교통부장관에게 신고할 수 있다.

나. 국내에서 운행하는 철도차량을 제작하거나 수입하려는 자는 국토교통부령으로 정하는 바에 따라 해당 철도차량의 설계에 관하여 국토교통부장관의 형식승인을 받아야 한다.

다. 시험 · 연구 · 개발 목적으로 제작 또는 수입되는 철도차량으로서 대통령령으로 정하는 철도차량에 해당하는 경우에는 형식승인검사의 전부 또는 일부를 면제할 수 있다.

라. 수출 목적으로 제작 또는 수입되는 철도차량으로서 대통령령으로 정하는 철도차량에 해당하는 경우에는 형식승인검사의 전부 또는 일부를 면제할 수 있다.

해설 철도안전법 제26조(철도차량 형식승인): 형식승인을 받은 자가 승인받은 사항을 변경하려는 경우에는 국토교통부장관의 변경승인을 받아야 한다. 다만, 국토교통부령으로 정하는 경미한 사항을 변경하려는 경우에는 국토교통부장관에게 신고하여야 한다.

[철도차량 형식승인 기준(예)]

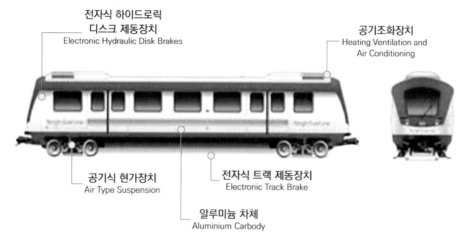

일반철도, 경전철 등 9개 차종 형식승인 기준 마련(철도 안전정책과)

[철도차량의 종류(국내)]

소비자를 위한 신문

시행령 제22조(형식승인검사를 면제할 수 있는 철도차량 등)

① 법 제26조제4항제1호에서 "대통령령으로 정하는 철도차량"이란 여객 및 화물 운송에 사용되지 아니하는 철도차량을 말한다.

② 법 제26조제4항 제2호에서 "대통령령으로 정하는 철도차량"이란 국내에서 철도운영에 사용되지 아니하는 철도차량을 말한다.

③ 법 제26조제4항에 따라 철도차량별로 형식승인검사를 면제할 수 있는 범위는 다음 각 호의 구분과 같다.

    1. 법 제26조제4항제1호 및 제2호에 해당하는 철도차량: 형식승인검사의 전부

    2. 법 제26조제4항제3호에 해당하는 철도차량: 대한민국이 체결한 협정 또는 대한민국이 가입한 협약에서 정한 면제의 범위

    3. 법 제26조제4항제4호에 해당하는 철도차량: 형식승인검사 중 철도차량의 시운전단계에서 실시하는 검사를 제외한 검사로서 국토교통부령으로 정하는 검사

예제 형식승인검사 중 철도차량의 [　　　　]에서 실시하는 검사를 [　　] 검사로서 [　　　]으로 정하는 검사는 형식승인검사를 [　　]할 수 있다.

정답 시운전단계, 제외한, 국토교통부령, 면제

예제 철도차량 형식승인검사의 전부 또는 일부를 면제할 수 있는 경우 설명 중 틀린 것은?

가. 수출 목적으로 제작 또는 수입되는 철도차량으로서 대통령령으로 정하는 철도차량에 해당하는 경우

나. 형식승인검사 중 철도차량의 시운전단계에서 실시하는 검사를 제외한 검사로서 철도기술연구원이 정하는 검사의 경우

다. 그 밖에 철도시설의 유지·보수 또는 철도차량의 사고복구 등 특수한 목적을 위하여 제작 또는 수입되는 철도차량으로서 국토교통부장관이 정하여 고시하는 경우

라. 대한민국이 체결한 협정 또는 대한민국이 가입한 협약에 따라 형식승인검사가 면제되는 철도차량의 경우

해설 철도안전법 시행령 제22조(형식승인검사를 면제할 수 있는 철도차량 등) 제1항: 형식승인검사 중 철도차량의 시운전단계에서 실시하는 검사를 제외한 검사로서 국토교통부령으로 정하는 검사

[철도차량 형식승인 관련 기사]

일반철도·경전철 등 9개 차종 형식승인 기준 마련
(건설과 사람들)

철도용품 형식승인으로 글로벌 기술장벽 넘는다
(데일리비즈온)

규칙 제44조(철도기술심의위원회의 설치)

국토교통부장관은 다음 각 호의 사항을 심의하게 하기 위하여 철도기술심의위원회(이하 "기술위원회"라 한다)를 설치한다.

예제 [   ]은 관련사항을 심의하게 하기 위하여 [   ]를 설치한다.

정답 국토교통부장관, 철도기술심의위원회

1. 법 제7조제5항·제26조제3항·제26조의3제2항·제27조제2항 및 제27조의2제2항에 따른 기술기준의 제정·개정 또는 폐지
2. 법 제27조제1항에 따른 형식승인 대상 철도용품의 선정·변경 및 취소
3. 법 제34조제1항에 따른 철도차량·철도용품 표준규격의 제정·개정 또는 폐지
4. 영 제63조제4항에 따른 철도안전에 관한 전문기관이나 단체의 지정
5. 그 밖에 국토교통부장관이 필요로 하는 사항

예제 철도기술심의위원회에서 심의하는 주요 내용으로는 기술[   ]의 제정·개정 또는 [   ], 형식승인 대상 [   ]의 선정·변경 및 취소, 철도차량·철도용품 [   ]의 제정·개정 또는 폐지 등이 있다.

정답 기준, 폐지, 철도용품, 표준규격

예제 다음 중 철도기술심의위원회에서 심의하는 내용으로 틀린 것은?

가. 형식승인 대상 철도용품의 선정·변경 및 취소

나. 철도시설의 안전관리에 필요한 기술기준

다. 철도차량·철도용품 표준규격의 제정·개정 또는 폐지

라. 철도안전에 관한 전문기관이나 단체의 지정

해설 철도안전법 시행규칙 제44조(철도기술심의위원회의 설치): 철도기술심의위원회에서 철도시설의 안전관리에 필요한 기술기준은 다루지 않는다.

[철도기술심의위원회 위원 신청안내](예시)

국토교통부 철도기술심의위원 및 전문위원 신청 관련 안내를 드리오니, 관심있는 분들의 많은 참여를 부탁드립니다.

1. 신청 근거 : 철도안전법 시행규칙 제44조 및 제45조
2. 신청분야 구분 : 철도기술심의위원, 전문위원
3. 전문분야 구분 : 철도차량, 시설, 전력, 신호, 정보통신, 운영
4. 세부분야
    가. 철도차량분야 : 고속, 일반, 도시
    나. 철도시설분야 : 궤도, 토목
    다. 철도전력. 신호. 정보통신분야 : 전력, 신호제어, 정보통신
    라. 철도운영분야 : 안전관리, 열차운행, 유지관리
5. 자격조건(임기: 3년)
    가. 철도관련분야 또는 철도관련 생산업체에서 20년(전문위원은 10년) 이상 해당 기술분야에 근무한 경력이 있는 사람
    나. 「고등교육법」 제2조의 규정에 의한 대학, 산업대학, 교육대학 등에서 20년(전문위원은 5년) 이상 철도관련분야의 연구경력이 있는 사람
    다. 「국가표준기본법」 제23조에 의한 공인시험 · 검사기관의 책임연구원급(전문위원은 선임연구원급) 이상인 사람

☞ 「철도안전법」 제7조 (안전관리체계의 승인)

⑤ 국토교통부장관은 철도안전경영, 위험관리, 사고 조사 및 보고, 내부점검, 비상대응계획, 비상대응훈련, 교육훈련, 안전정보관리, 운행안전관리, 차량·시설의 유지관리(차량의 기대수명에 관한 사항을 포함한다) 등 철도운영 및 철도시설의 안전관리에 필요한 기술기준을 정하여 고시하여야 한다.

☞ 「철도안전법」 제26조 (철도차량 형식승인)
③ 국토교통부장관은 제1항에 따른 형식승인 또는 제2항 본문에 따른 변경승인을 하는 경우에는 해당 철
도차량이 국토교통부장관이 정하여 고시하는 철도차량의 기술기준에 적합한지에 대하여 형식승인검사
를 하여야 한다.

☞ 「철도안전법」 제26조의3 (철도차량 제작자승인)
② 국토교통부장관은 제1항에 따른 제작자 승인을 하는 경우에는 해당 철도차량 품질관리체계가 국토교통
부장관이 정하여 고시하는 철도차량의 제작관리 및 품질유지에 필요한 기술기준에 적합한지에 대하여
국토교통부령으로 정하는 바에 따라 제작자승인검사를 하여야 한다.

☞ 「철도안전법」 제27조 (철도용품 형식승인)
② 국토교통부장관은 제1항에 따른 형식승인을 하는 경우에는 해당 철도용품이 국토교통부장관이 정하여
고시하는 철도용품의 기술기준에 적합한지에 대하여 국토교통부령으로 정하는 바에 따라 형식승인검사
를 하여야 한다.

☞ 「철도안전법」 제27조의2 (철도용품 제작자승인)
② 국토교통부장관은 제1항에 따른 제작자 승인을 하는 경우에는 해당 철도용품 품질관리체계가 국토교통
부장관이 정하여 고시하는 철도용품의 제작관리 및 품질유지에 필요한 기술기준에 적합한지에 대하여
국토교통부령으로 정하는 바에 따라 철도용품 제작자승인검사를 하여야 한다.

☞ 「철도안전법」 제27조 (철도용품 형식승인)
① 국토교통부장관이 정하여 고시하는 철도용품을 제작하거나 수입하려는 자는 국토교통부령으로 정하는
바에 따라 해당 철도용품의 설계에 대하여 국토교통부장관의 형식승인을 받아야 한다.

☞ 「철도안전법」 제34조 (표준화)
① 국토교통부장관은 철도의 안전과 호환성의 확보 등을 위하여 철도차량 및 철도용품의 표준규격을 정하
여 철도운영자등 또는 철도차량을 제작·조립 또는 수입하려는 자 등에게 권고할 수 있다. 다만, 「산업
표준화법」에 따른 한국산업표준이 제정되어 있는 사항에 대하여는 그 표준에 따른다.

☞ 「철도안전법 시행령」 제63조 (업무의 위탁)
④ 국토교통부장관은 법 제77조제2항에 따라 다음 각 호의 업무를 국토교통부장관이 지정하여 고시하는
철도안전에 관한 전문기관이나 단체에 위탁한다.
② 기술위원회에 상정할 안건을 미리 검토하고 기술위원회가 위임한 안건을 심의하기 위하여 기술위원회에
기술분과별 전문위원회를 둘 수 있다.
③ 이 규칙에서 정한 것 외에 기술위원회 및 전문위원회의 구성·운영 등에 관하여 필요한 사항은 국토교
통부장관이 정한다.

규칙 제46조(철도차량 형식승인 신청 절차 등)

① 법 제26조제1항에 따라 철도차량 형식승인을 받으려는 자는 별지 제26호서식의 철도차량 형식승인신청서에 다음 각 호의 서류를 첨부하여 국토교통부장관에게 제출하여야 한다.

[철도차량 형식승인신청서]

1. 법 제26조제3항에 따른 철도차량의 기술기준(이하 "철도차량기술기준"이라 한다)에 대한 적합성 입증계획서 및 입증자료
2. 철도차량의 설계도면, 설계 명세서 및 설명서(적합성 입증을 위하여 필요한 부분에 한정한다)
3. 법 제26조제4항에 따른 형식승인검사의 면제 대상에 해당하는 경우 그 입증서류
4. 제48조제1항제3호에 따른 차량형식 시험 절차서
5. 그 밖에 철도차량기술기준에 적합함을 입증하기 위하여 국토교통부장관이 필요하다고 인정하여 고시하는 서류

예제 철도차량 형식승인서와 같이 제출하는 서류는? (규칙 제46조(철도차량 형식승인 신청 절차 등))

1. (   )   2. (   )
3. (   )   4. (   )

정답
1. 철도차량의 기술기준에 대한 적합성 입증계획서 및 입증자료
2. 철도차량의 설계도면, 설계 명세서 및 설명서
3. 형식승인검사의 면제 대상에 해당하는 경우 그 입증서류
4. 차량형식 시험 절차서

② 법 제26조제2항 본문에 따라 철도차량 형식승인을 받은 사항을 변경하려는 경우에는 별지 제26호의2서식의 철도차량 형식변경승인신청서에 다음 각 호의 서류를 첨부하여 국토교통부장관에게 제출하여야 한다.

1. 해당 철도차량의 철도차량 형식승인증명서
2. 제1항 각 호의 서류(변경되는 부분 및 그와 연관되는 부분에 한정한다)
3. 변경 전후의 대비표 및 해설서

③ 국토교통부장관은 제1항 및 제2항에 따라 철도차량 형식승인 또는 변경승인 신청을 받은 경우에 15일 이내에 승인 또는 변경승인에 필요한 검사 등의 계획서를 작성하여 신청인에게 통보하여야 한다.

[철도차량 형식승인 관련 기사]

■ 철도안전법 시행규칙 [별지 제26호서식] 〈개정 2014.3.19〉

철도차량 형식승인신청서

(앞쪽)

접수번호		접수일		처리기간	

신청인	회사명		법인등록번호	
	대표자		생년월일	
	주소 (회사 소재지)			

신청대상	차량 종류		차량 형식	
	설계자 성명 또는 명칭		설계자 주소	

「철도안전법」 제26조제1항 및 같은 법 시행규칙 제46조제1항에 따라 철도차량 형식승인을 신청합니다.

년　　　월　　　일

신청인　　　　　　　　　　　　　　　　　(서명 또는 인)

국토교통부장관 귀하

첨부서류	1. 법 제26조제3항에 따른 철도차량의 기술기준(이하 "철도차량기술기준"이라 한다)에 대한 적합성 입증계획서 및 입증자료 2. 철도차량의 설계도면, 설계명세서 및 설명서(적합성 입증을 위하여 필요한 부분에 한정합니다) 3. 법 제26조제4항에 따른 형식승인검사 면제 대상에 해당하는 경우 그 입증서류 4. 제48조제1항제3호에 따른 차량형식 시험 절차서 5. 그 밖의 철도차량기술기준에 적합함을 입증하기 위하여 국토교통부장관이 필요하다고 인정하여 고시하는 서류	수수료

예제 다음 중 철도차량 형식승인신청서와 같이 첨부하여야 하는 서류로 옳지 않은 것은?

가. 형식승인검사의 면제 신청 서류

나. 철도차량의 설계도면, 설계명세서 및 설명서

다. 철도차량의 기술기준에 대한 접합성 입증 계획서 및 입증자료

라. 차량형식 시험 절차서

해설 철도안전법 시행규칙 제46조(철도차량 형식승인 신청 절차 등): '형식승인검사의 면제 대상에 해당하는 경우 그 입증서류'를 첨부하면 된다. 따라서 '형식승인검사의 면제 신청 서류'는 옳지 않다.

예제 철도차량 형식승인서와 같이 제출하는 서류로 옳지 않은 것은?

가. 철도차량의 설계도면, 설계 명세서 및 설명서

나. 차량형식 시험 절차서

다. 형식승인검사의 면제 신청 서류

라. 철도차량성능기준에 대한 적합성 입증계획서 및 입증자료

해설 철도안전법 시행규칙 제46조(철도차량 형식승인 신청 절차 등): '철도차량성능기준에 대한 적합성 입증계획서 및 입증자료'는 철도차량 형식승인서와 같이 제출하는 서류에 해당되지 않는다. '철도차량기술기준'이 맞다.

예제 철도차량 형식승인서와 같이 제출하는 서류로 옳지 않은 것은?

가. 철도차량의 설계도면, 설계 명세서 및 설명서

나. 철도차량의 기술기준에 대한 접합성 입증 계획서 및 입증자료

다. 형식승인검사의 면제 신청 서류

라. 철도차량기술검사 결과서

해설 철도안전법 시행규칙 제46조(철도차량 형식승인 신청 절차 등): '철도차량기술검사 결과서'는 철도차량 형식승인서와 같이 제출하는 서류에 해당되지 않는다.

예제 다음 중 철도차량의 형식승인 변경 신청 절차 등에 관한 내용으로 틀린 것은?

가. 철도차량 형식변경 승인을 받으려는 자는 철도차량 형식승인변경신청서 제출시 해당 철도차량의 철도차량 형식승인증명서를 첨부하여 제출하여야 한다.

나. 국토교통부장관은 철도차량 형식승인 또는 변경승인 신청을 받은 경우에 15일 이내에 승인 또는 변경승인에 필요한 검사 등의 계획서를 작성하여 신청인에게 통보하여야 한다.

다. 철도차량 형식변경 승인을 받으려는 자는 철도차량 형식승인변경신청서 제출시 변경 전후의
   비교표 및 매뉴얼을 첨부하여 제출하여야 한다.
라. 철도차량 형식변경 승인을 받으려는 자는 철도차량 형식승인변경신청서 제출시 차량형식 시험
   절차서의 변경되는 부분 및 그와 연관되는 부분에 한정한다.

해설 철도안전법 시행규칙 제46조(철도차량 형식승인 신청 절차 등): 변경 전후의 대비표 및 해설서를 첨부
하여 제출하여야 한다.

예제 국토교통부장관은 철도차량 형식승인 또는 변경승인 신청을 받은 경우에 [   ] 이내에 승
인 또는 변경승인에 필요한 검사 등의 [   ]를 작성하여 [   ]에게 통보하여야 한다.

정답 15일, 계획서, 신청인

[형식승인을 득하고 운행중인 무인운전차량]

현대로템 신분당선 무인전동차,
개통 2,500일 안정적 운행

규칙 제47조(철도차량 형식승인의 경미한 사항 변경)

① 법 제26조제2항 단서에서 "국토교통부령으로 정하는 경미한 사항을 변경하려는 경우"
   란 다음 각 호의 어느 하나에 해당하는 변경을 말한다.

   [경미한 사항]
   1. 철도차량의 구조안전 및 성능에 영향을 미치지 아니하는 차체 형상의 변경
   2. 철도차량의 안전에 영향을 미치지 아니하는 설비의 변경

3. 중량분포에 영향을 미치지 아니하는 장치 또는 부품의 배치 변경

4. 동일 성능으로 입증할 수 있는 부품의 규격 변경

5. 그 밖에 철도차량의 안전 및 성능에 영향을 미치지 아니한다고 국토교통부장관이 인정하는 사항의 변경

② 법 제26조제2항 단서에 따라 경미한 사항을 변경하려는 경우에는 별지 제27호서식의 철도차량 형식변경신고서에 다음 각 호의 서류를 첨부하여 국토교통부장관에게 제출하여야 한다.

[철도차량 형식변경신고서]

1. 해당 철도차량의 철도차량 형식승인증명서

2. 제1항 각 호에 해당함을 증명하는 서류

3. 변경 전후의 대비표 및 해설서

4. 변경 후의 주요 제원

5. 철도차량기술기준에 대한 적합성 입증자료(변경되는 부분 및 그와 연관되는 부분에 한정한다)

예제 경미한 사항을 변경하려는 경우에는 철도차량 형식변경신고서에 해당 철도차량의 철도차량 (   )와 변경전후의 (   ) 및 (   ) 서류를 첨부하여 국토교통부장관에게 제출하여야 한다(규칙 제47조(철도차량 형식승인의 경미한 사항 변경)).

정답 형식승인증명서, 대비표, 해설서

③ 국토교통부장관은 제2항에 따라 신고를 받은 때에는 제2항 각 호의 첨부서류를 확인한 후 별지 제27호의2서식의 철도차량 형식변경신고확인서를 발급하여야 한다.

예제 철도차량 형식승인 변경 중 국토교통부령으로 정하는 경미한 사항을 변경하려는 경우에 해당되지 않는 것은?

가. 중량분포에 영향을 미치지 아니하는 장치 또는 부품의 배치 변경

나. 철도차량의 구조안전 및 성능에 영향을 미치지 아니하는 차체 형상의 변경

다. 철도차량의 안전에 영향을 미치는 설비의 변경

라. 동일 성능으로 입증할 수 있는 부품의 규격 변경

해설 규칙 제47조(철도차량 형식승인의 경미한 사항 변경): '철도차량의 안전에 영향을 미치는 설비의 변경'은 철도차량 형식승인 변경 중 국토교통부령으로 정하는 경미한 사항을 변경하려는 경우에 해당되지 않는다.

예제 국토교통부령으로 정하는 경미한 사항을 변경을 하려는 경우 철도차량 형식변경신고서와 함께 첨부하여야 할 서류에 해당되지 않는 것은?

가. 변경전후의 성능 비교표와 변경 후의 효과 설명서
나. 변경 전후의 대비표 및 해설서
다. 해당 철도차량의 철도차량 형식승인증명서
라. 변경 후의 주요 제원

해설 철도안전법 시행규칙 제47조(철도차량 형식승인의 경미한 사항 변경): '변경전후의 성능 비교표와 변경 후의 효과 설명서'는 철도차량 형식변경신고서와 함께 첨부하여야 할 서류에 해당되지 않는다.

규칙 제48조(철도차량 형식승인검사의 방법 및 증명서 발급 등)

① 법 제26조제3항에 따른 철도차량 형식승인검사는 다음 각 호의 구분에 따라 실시한다.

[형식승인검사]
1. 설계적합성 검사: 철도차량의 설계가 철도차량기술기준에 적합한지 여부에 대한 검사
2. 합치성 검사: 철도차량이 부품단계, 구성품단계, 완성차단계에서 제1호에 따른 설계와 합치하게 제작되었는지 여부에 대한 검사
3. 차량형식 시험: 철도차량이 부품단계, 구성품단계, 완성차단계, 시운전단계에서 철도차량기술기준에 적합한지 여부에 대한 시험

예제 철도차량 형식승인검사는 [   ], [   ], [   ]의 3개 검사과정을 거친다.

정답 설계적합성 검사, 합치성 검사, 차량형식 시험

[철도차량형식승인 및 용품인증 절차]

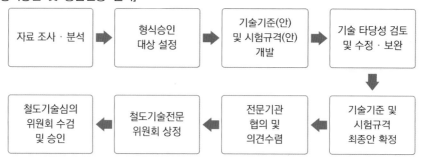

도시형자기부상철도 형식승인 및 용품인증을 위한 시험규격 정비, 기술기준 개발

[형식승인검사 내용]

엔지니어링스쿨 그것을 알고 싶다. 철도 형식승인/제작자 승인

예제 철도차량의 형식승인검사 중 부품단계, 구성품단계, 완성차단계, 시운전단계에서 철도차량 기술기준에 적합한지를 검사하는 단계는?

가. 생산성 시험   나. 합치성 검사

다. 설계적합성 검사   **라. 차량형식 시험**

해설 철도안전법 시행규칙 제48조(철도차량 형식승인검사의 방법 및 증명서 발급 등): 차량형식 시험 : 철도 차량이 부품단계, 구성품단계, 완성차단계, 시운전단계에서 철도차량기술기준에 적합한지 여부에 대한 시험이다.

예제 다음 중 철도차량 형식승인검사 방법으로 맞는 것을 모두 고르시오.

    ㉠ 차량형식 시험   ㉡ 합치성 검사   ㉢ 차량성능시험   ㉣ 설계적합성 검사

가. ㉠, ㉢   나. ㉡, ㉣

다. ㉡, ㉢, ㉣   **라. ㉠, ㉡, ㉣**

해설 철도안전법 시행규칙 제48조(철도차량 형식승인검사의 방법 및 증명서 발급 등): 형식승인 검사는 설계 적합성검사, 합치성검사, 차령형식 시험 구분에 따라 실시한다.

예제 철도차량 형식승인검사 중 철도차량이 부품단계, 구성품단계, 완성차단계, 시운전단계에서 철도차량기술기준에 적합한지 여부에 대한 시험으로 맞는 것은?

가. 차량형식 시험   나. 차량기술 시험

다. 설계적합성 검사   라. 합치성 검사

해설 철도안전법 시행규칙 제48조(철도차량 형식승인검사의 방법 및 증명서 발급 등) 제1항: 차량형식 시 험 : 철도차량이 부품단계, 구성품단계, 완성차단계, 시운전단계에서 철도차량기술기준에 적합한지 여부에 대한 시험

② 국토교통부장관은 제1항에 따른 검사 결과 철도차량기술기준에 적합하다고 인정하는 경우에는 별지 제28호서식의 철도차량 형식승인증명서 또는 별지 제28호의2서식의 철도차량 형식변경승인증명서에 형식승인자료집을 첨부하여 신청인에게 발급하여야 한다.

③ 제2항에 따라 철도차량 형식승인증명서 또는 철도차량 형식변경승인증명서를 발급받은 자가 해당 증명서를 잃어버렸거나 헐어 못쓰게 되어 재발급을 받으려는 경우에는 별지

제29호서식의 철도차량 형식승인증명서 재발급 신청서에 헐어 못쓰게 된 증명서(헐어 못쓰게 된 경우만 해당한다)를 첨부하여 국토교통부장관에게 제출하여야 한다.

④ 제1항에 따른 철도차량 형식승인검사에 관한 세부적인 기준·절차 및 방법은 국토교통부장관이 정하여 고시한다.

규칙 제49조(철도차량 형식승인검사의 면제 절차 등)

① 영 제22조제3항제3호에서 "국토교통부령으로 정하는 검사"란 제48조제1항제1호에 따른 설계적합성 검사, 같은 항 제2호에 따른 합치성 검사 및 같은 항 제3호에 따른 차량형식 시험(시운전단계에서의 시험은 제외한다)을 말한다.

☞ 「철도안전법 시행령」제22조3항(형식승인검사를 면제할 수 있는 철도차량 등)
법 제26조제4항에 따라 철도차량별로 형식승인검사를 면제할 수 있는 범위는 다음 각 호의 구분과 같다.
3. 법 제26조제4항제4호에 해당하는 철도차량: 형식승인검사 중 철도차량의 시운전단계에서 실시하는 검사를 제외한 검사로서 국토교통부령으로 정하는 검사

② 국토교통부장관은 제46조제1항제3호에 따른 서류의 검토 결과 해당 철도차량이 형식승인검사의 면제 대상에 해당된다고 인정하는 경우에는 신청인에게 면제사실과 내용을 통보하여야 한다.

☞ 「철도안전법」제46조제1항(철도차량 형식승인 신청 절차 등)
법 제26조제1항에 따라 철도차량 형식승인을 받으려는 자는 별지 제26호서식의 철도차량 형식승인신청서에 다음 각 호의 서류를 첨부하여 국토교통부장관에게 제출하여야 한다.
3. 법 제26조제4항에 따른 형식승인검사의 면제 대상에 해당하는 경우 그 입증서류

제26조의2(형식승인의 취소 등)

① 국토교통부장관은 제26조에 따라 형식승인을 받은 자가 다음 각 호의 어느 하나에 해당하는 경우에는 그 형식승인을 취소할 수 있다. 다만, 제1호에 해당하는 경우에는 그 형식승인을 취소하여야 한다.

[형식승인을 취소]

1. 거짓이나 그 밖의 부정한 방법으로 형식승인을 받은 경우
2. 제26조제3항에 따른 기술기준에 중대하게 위반되는 경우
3. 제2항에 따른 변경승인명령을 이행하지 아니한 경우

예제 [   ]으로 형식승인을 받은 경우, [   ]되는 경우, [   ]을 이행하지 아니한 경우는 형식승인을 취소하여야 한다.

정답 부정한 방법, 기술기준에 중대하게 위반, 변경승인명령

② 국토교통부장관은 제26조제1항에 따른 형식승인이 같은 조 제3항에 따른 기술기준에 위반(이 조 제1항제2호에 해당하는 경우는 제외한다)된다고 인정하는 경우에는 그 형식 승인을 받은 자에게 국토교통부령으로 정하는 바에 따라 변경승인을 받을 것을 명하여 야 한다.

③ 제1항제1호에 해당되는 사유로 형식승인이 취소된 경우에는 그 취소된 날부터 2년간 동 일한 형식의 철도차량에 대하여 새로 형식승인을 받을 수 없다.

예제 형식승인이 취소된 경우에는 그 [   ]된 날부터 [   ] 동일한 형식의 철도차량에 대하 여 [   ]을 받을 수 없다.

정답 취소, 2년간, 새로 형식승인

예제 거짓이나 그 밖의 부정한 방법으로 형식승인을 받아서 형식승인이 취소된 자는 취소된 날 로부터 얼마간 형식승인을 받지 못하는가?

가. 6개월   나. 1년
다. 2년   라. 3년

해설 철도안전법 제26조의2(형식승인의 취소 등): 형식승인이 취소된 경우에는 그 취소된 날부터 2년간 동 일한 형식의 철도차량에 대하여 새로 형식승인을 받을 수 없다.

예제 다음 중 철도차량 형식승인을 취소하여야 하는 사항은?

가. 대통령령이 정하여 고시하는 철도차량의 기술기준에 중대하게 위반되는 경우

나. 대통령령으로 정하는 형식승인을 받은 자가 부정한 방법으로 형식승인을 받은 경우

다. **국토교통부장관이 정하는 기술기준에 위반되는 경우**

라. 대통령령으로 정하는 변경승인명령을 이행하지 아니한 경우

해설 철도안전법 제26조의2(형식승인의 취소 등): 가. 다. 라.: 대통령령이 아니라 국토교통부령이다.

예제 다음 중 철도차량 형식승인을 취소에 대한 설명으로 틀린 것은?

가. 형식승인을 받은 자에게 국토교통부령으로 정하는 바에 따라 변경승인을 받을 것을 명하여야 한다.

나. **대통령령으로 정하는 기술기준에 위반되는 경우 철도차량 형식승인을 취소해야 한다.**

다. 기술기준에 중대하게 위반되는 경우 철도차량 형식승인을 취소해야 한다.

라. 형식승인이 취소된 경우에는 그 취소된 날부터 2년간 동일한 형식의 철도차량에 대하여 새로 형식승인을 받을 수 없다.

해설 철도안전법 제26조의2(형식승인의 취소 등): 국토교통부령으로 정하는 기술기준에 위반되는 경우 철도차량 형식승인을 취소해야 한다.

규칙 제50조(철도차량 형식 변경승인의 명령 등)

① 국토교통부장관은 법 제26조의2제2항에 따라 변경승인을 받을 것을 명하려는 경우에는 그 사유를 명시하여 철도차량 형식승인을 받은 자에게 통보하여야 한다.

② 제1항에 따라 변경승인 명령을 받은 자는 명령을 통보받은 날부터 30일 이내에 법 제26조제2항 본문에 따라 철도차량 형식승인의 변경승인을 신청하여야 한다.

예제 변경승인 명령을 받은 자는 명령을 통보받은 날부터 [   ] 철도차량 형식승인의 [   ]을 [   ]하여야 한다.

정답 30일 이내에, 변경승인, 신청

예제 철도차량 형식변경승인의 명령을 받은 자는 명령을 통보받은 날로부터 며칠 이내에 변경 승인 신청을 하여야 하는가?

가. 15일   나. 20일
다. 30일   라. 40일

해설 철도안전법 시행규칙 제50조(철도차량 형식 변경 승인의 명령 등): 변경승인 명령을 받은 자는 명령을 통보 받은 날부터 30일 이내에 철도차량 형식 승인의 변경승인을 신청하여야 한다.

제26조의3(철도차량 제작자승인)

① 제26조에 따라 형식승인을 받은 철도차량을 제작(외국에서 대한민국에 수출할 목적으로 제작하는 경우를 포함한다)하려는 자는 국토교통부령으로 정하는 바에 따라 철도차량의 제작을 위한 인력, 설비, 장비, 기술 및 제작검사 등 철도차량의 적합한 제작을 위한 유기적 체계(이하 "철도차량 품질관리체계"라 한다)를 갖추고 있는지에 대하여 국토교통부장관의 제작자승인을 받아야 한다.

예제 형식승인을 받은 철도차량을 제작하려는 자는 [   ]으로 정하는 바에 따라 철도차량의 제작을 위한 [   ], [   ], [   ], [   ] 및 [   ] 등 철도차량의 적합한 제작을 위한 유기적 체계를 갖추고 있는지에 대하여 국토교통부장관의 [   ]을 받아야 한다.

정답 국토교통부령, 인력, 설비, 장비, 기술, 제작검사, 제작자승인

② 국토교통부장관은 제1항에 따른 제작자승인을 하는 경우에는 해당 철도차량 품질관리체계가 국토교통부장관이 정하여 고시하는 철도차량의 제작관리 및 품질 유지에 필요한 기술기준에 적합한지에 대하여 국토교통부령으로 정하는 바에 따라 제작자승인검사를 하여야 한다.
③ 국토교통부장관은 제1항 및 제2항에도 불구하고 대한민국이 체결한 협정 또는 대한민국이 가입한 협약에 따라 제작자승인이 면제되는 경우 등 대통령령으로 정하는 경우에는 제작자승인 대상에서 제외하거나 제작자승인검사의 전부 또는 일부를 면제할 수 있다.

예제 철도안전법령상 철도차량 제작자승인의 승인권자는?

가. 대통령
나. 철도산업위원회
다. 국토교통부장관
라. 철도기술심의위원회

해설 철도안전법 제26조의3(철도차량 제작자승인): 철도차량을 제작하려는 자는 국토교통부령으로 정하는 바에 따라 철도차량의 제작을 위한 인력, 설비, 장비, 기술 및 제작검사 등 철도차량의 적합한 제작을 위한 유기적 체계(이하 "철도차량 품질관리체계"라 한다)를 갖추고 있는지에 대하여 국토교통부장관의 제작자승인을 받아야 한다.

시행령 제23조(철도차량 제작자승인 등을 면제할 수 있는 경우 등)

① 법 제26조의3제3항에서 "대한민국이 체결한 협정 또는 대한민국이 가입한 협약에 따라 제작자승인이 면제되는 경우 등 대통령령으로 정하는 경우"란 다음 각 호의 어느 하나에 해당하는 경우를 말한다.

[제작자승인이 면제되는 경우]
1. 대한민국이 체결한 협정 또는 대한민국이 가입한 협약에 따라 제작자승인이 면제되거나 제작자승인검사의 전부 또는 일부가 면제되는 경우
2. 철도시설의 유지ㆍ보수 또는 철도차량의 사고복구 등 특수한 목적을 위하여 제작 또는 수입되는 철도차량으로서 국토교통부장관이 정하여 고시하는 철도차량에 해당하는 경우

② 법 제26조의3제3항에 따라 제작자승인 또는 제작자승인검사를 면제할 수 있는 범위는 다음 각 호의 구분과 같다.
1. 제1항제1호에 해당하는 경우: 대한민국이 체결한 협정 또는 대한민국이 가입한 협약에서 정한 제작자승인 또는 제작자승인검사의 면제 범위
2. 제1항제2호에 해당하는 경우: 제작자승인검사의 전부

예제 다음 중 철도차량 제작자 승인 등을 면제할 수 있는 경우로 맞지 않는 것은?

가. 대형 철도사고 시 철도차량의 사고복구 등 특수한 목적을 위하여 제작 또는 수입되는 철도차량으로서 대통령으로 정하는 경우
나. 대한민국이 체결한 협정 또는 대한민국이 가입한 협약에 따라 제작자승인검사의 전부 또는 일부가 면제되는 경우

다. 철도시설의 유지·보수 또는 철도차량의 사고복구 등 특수한 목적을 위하여 제작 또는 수입되는 철도차량으로서 국토교통부장관이 정하여 고시하는 철도차량에 해당하는 경우

라. 대한민국이 체결한 협정 또는 대한민국이 가입한 협약에 따라 제작자승인이 면제되는 경우

해설 철도안전법 시행령 제23조(철도차량 제작자승인 등을 면제할 수 있는 경우 등) 제1항 법 제26조의3제 3항: "대한민국이 체결한 협정 또는 대한민국이 가입한 협약에 따라 제작자승인이 면제되는 경우 등 대통령령으로 정하는 경우"란 다음 각 호의 어느 하나에 해당하는 경우를 말한다.

1. 대한민국이 체결한 협정 또는 대한민국이 가입한 협약에 따라 제작자승인이 면제되거나 제작자승인 검사의 전부 또는 일부가 면제되는 경우
2. 철도시설의 유지·보수 또는 철도차량의 사고복구 등 특수한 목적을 위하여 제작 또는 수입되는 철도차량으로서 국토교통부장관이 정하여 고시하는 철도차량에 해당하는 경우

[도시형 자기부상철도 형식승인 및 용품인증을 위한 시험규격 정비](예시)

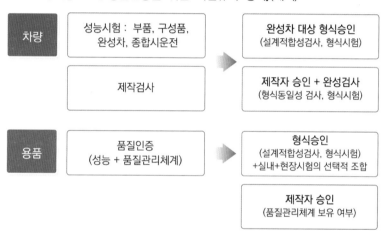

도시형 자기부상철도 형식승인 및 용품인증을 위한 시험규격 정비, 기술기준 개발

규칙 제51조(철도차량 제작자승인의 신청 등)

① 법 제26조의3제1항에 따라 철도차량 제작자 승인을 받으려는 자는 별지 제30호서식의 철도차량 제작자승인신청서에 다음 각 호의 서류를 첨부하여 국토교통부장관에게 제출하여야 한다. 다만, 영 제23조제1항제1호에 따라 제작자승인이 면제되는 경우에는 제4호의 서류만 첨부한다.

[제작자승인 면제 시 첨부서류]

1. 법 제26조의3제2항에 따른 철도차량의 제작관리 및 품질유지에 필요한 기술기준(이하 "철도차량제작자승인기준"이라 한다)에 대한 적합성 입증계획서 및 입증자료

2. 철도차량 품질관리체계서 및 설명서

3. 철도차량 제작 명세서 및 설명서

4. 법 제26조의3제3항에 따라 제작자승인 또는 제작자승인검사의 면제 대상에 해당하는 경우 그 입증서류

5. 그 밖에 철도차량제작자승인기준에 적합함을 입증하기 위하여 국토교통부장관이 필요하다고 인정하여 고시하는 서류

예제 철도차량 제작자 승인을 받으려는 자는 [   ]에 필요한 기술기준에 대한 [   ] 및 입증자료, [   ] 및 설명서, [   ] 및 설명서 등의 서류를 첨부하여 [   ]에게 제출하여야 한다.

정답 제작관리 및 품질유지, 적합성 입증계획서, 품질관리체계서, 제작 명세서, 국토교통부장관

② 철도차량 제작자승인을 받은 자가 법 제26조의8에서 준용하는 법 제7조제3항 본문에 따라 철도차량 제작자승인 받은 사항을 변경하려는 경우에는 별지 제30호의2서식의 철도 차량 제작자변경승인신청서에 다음 각 호의 서류를 첨부하여 국토교통부장관에게 제출하여야 한다.

예제 철도차량 제작자 승인을 받으려고 신청하는 서류로 적합하지 않은 것은?

가. 철도차량 제작 명세서 및 설명서

나. 철도차량 품질관리체계서 및 설명서

다. 제작자승인검사의 면제 대상에 해당하는 경우 그 입증서류

라. 신기술이 적용된 철도차량 제작설명서

해설 규칙 제51조(철도차량 제작자승인의 신청 등): '신기술이 적용된 철도차량 제작설명서'는 철도차량 제작자 승인을 받으려고 신청하는 서류에 포함되지 않는다.

예제 철도차량 제작자 승인에 대한 설명으로 틀린 것은?

가. 철도차량을 제작하려는 자는 제작자 승인을 받아야 한다.

나. 제작자 승인신청서는 철도기술심의위원회에 제출하여야 한다.

다. 국토교통부장관은 제작자승인검사를 하여야 한다.

라. 제작자승인이 면제되는 경우는 면제할 수 있다.

해설 철도차량 제작자승인을 받으려는 자는 철도차량 제작자승인신청서에 다음 각 호의 서류를 첨부하여 국토교통부장관에게 제출하여야 한다.

☞ 「철도안전법」 제7조(안전관리체계의 승인)

③ 철도운영자등은 제1항에 따라 승인받은 안전관리체계를 변경(제5항에 따른 안전관리기준의 변경에 따른 안전관리체계의 변경을 포함한다)하려는 경우에는 국토교통부장관의 변경승인을 받아야 한다. 다만, 국토교통부령으로 정하는 경미한 사항을 변경하려는 경우에는 국토교통부장관에게 신고하여야 한다.

1. 해당 철도차량의 철도차량 제작자승인증명서
2. 제1항 각 호의 서류(변경되는 부분 및 그와 연관되는 부분에 한정한다)
3. 변경 전후의 대비표 및 해설서

③ 국토교통부장관은 제1항 및 제2항에 따라 철도차량 제작자승인 또는 변경승인 신청을 받은 경우에 15일 이내에 승인 또는 변경승인에 필요한 검사 등의 계획서를 작성하여 신청인에게 통보하여야 한다.

[별지 제10-2호서식]

제   호

철도차량 제작자승인 지정서

1. 신청회사: (법인등록번호:)
2. 대표자: (생년월일:)
3. 제작자승인증명서 번호:
4. 제작공장위치:
5. 품질관리체계 명칭:

「철도안전법」 제26조의3제1항 및 같은 법 시행규칙 제53조제2항제2호에 따라 위 철도차량제작자승인을 받은 자에게 제작할 수 있는 철도차량 형식을 다음 목록과 같이 지정합니다.

형식승인증명서 또는 형식변경승인증명서 번호	형식승인자료집 번호	증명서 교부일자

년   월   일

국토교통부장관   직인

규칙 제52조(철도차량 제작자승인의 경미한 사항 변경)

① 법 제26조의8에서 준용하는 법 제7조제3항 단서에서 "국토교통부령으로 정하는 경미한 사항을 변경하려는 경우"란 다음 각 호의 어느 하나에 해당하는 변경을 말한다.

1. 철도차량 제작자의 조직변경에 따른 품질관리조직 또는 품질관리책임자에 관한 사항의 변경

2. 법령 또는 행정구역의 변경 등으로 인한 품질관리규정의 세부내용 변경

3. 서류간 불일치 사항 및 품질관리규정의 기본방향에 영향을 미치지 아니하는 사항으로서 그 변경근거가 분명한 사항의 변경

② 법 제26조의8에서 준용하는 법 제7조제3항 단서에 따라 경미한 사항을 변경하려는 경우에는 별지 제31호서식의 철도차량 제작자승인변경신고서에 다음 각 호의 서류를 첨부하여 국토교통부장관에게 제출하여야 한다.

☞ 「철도안전법」 제26조의8
준용규정 철도차량의 제작자승인의 변경, 철도차량 품질관리체계의 유지 · 검사 및 시정조치, 과징금의 부과 · 징수 등에 관하여는 제7조제3항, 제8조, 제9조 및 제9조의2를 준용한다. 이 경우 "안전관리체계"는 "철도차량 품질관리체계"로 본다.

☞ 「철도안전법」 제7조제3항(안전관리체계의 승인)
철도운영자등은 제1항에 따라 승인받은 안전관리체계를 변경(제5항에 따른 안전관리기준의 변경에 따른 안전관리체계의 변경을 포함한다. 이하 이 조에서 같다)하려는 경우에는 국토교통부장관의 변경승인을 받아야 한다. 다만, 국토교통부령으로 정하는 경미한 사항을 변경하려는 경우에는 국토교통부 장관에게 신고하여야 한다.
1. 해당 철도차량의 철도차량 제작자승인증명서
2. 제1항 각 호에 해당함을 증명하는 서류
3. 변경 전후의 대비표 및 해설서
4. 변경 후의 철도차량 품질관리체계
5. 철도차량제작자승인기준에 대한 적합성 입증자료(변경되는 부분 및 그와 연관되는 부분에 한정한다)

③ 국토교통부장관은 제2항에 따라 신고를 받은 때에는 제2항 각 호의 첨부 서류를 확인한 후 별지 제31호의2서식의 철도차량 제작자승인변경신고확인서를 발급하여야 한다.

[철도차량 제작자승인 지청서]

■ 철도안전법 시행규칙 [별지 제31호서식] 〈개정 2014.3.19〉

철도차량 제작자승인변경신고서

※ [ ]에는 해당되는 곳에 √표시를 합니다.

접수번호	접수일	처리기간

신청인	상호 또는 명칭	
	성명(대표자)	사업자등록번호 (법인등록번호)
	소재지	전화번호

| 신청대상 | 형식승인번호 | 제작자승인번호 |
| | 품질관리체계 명칭 | 제작공장위치 |

신고내용	[ ] 철도차량 제작자의 조직변경에 따른 품질관리조직 또는 품질관리책임자에 관한 사항의 변경 [ ] 법령 또는 행정구역의 변경 등으로 인한 품질관리규정의 세부내용 변경 [ ] 서류간 불일치 사항 및 품질관리규정의 기본방향에 영향을 미치지 않는 사항으로서 그 변경근거가 분명한 사항의 변경

「철도안전법」 제26조의8에서 준용하는 법 제7조제3항 단서 및 같은 법 시행규칙 제52조제2항에 따라 위의 어느 하나의 해당하는 변경사항을 신고합니다.

년   월   일

신청인   (서명 또는 인)

국토교통부장관 귀하

첨부서류	1. 해당 철도차량의 철도차량 제작자승인증명서 2. 제52조제1항 각 호에 해당함을 증명하는 서류 3. 변경 전후의 대비표 및 해설서 4. 변경 후의 철도차량 품질관리체계 5. 철도차량제작자승인기준에 대한 품질관리체계의 적합성 입증자료(변경되는 부분 및 그와 연관되는 부분으로 한정합니다)	수수료

처리절차

신청서 작성	4	접 수	4	검 토	4	승 인	4	증명서 발급
신청인		처리기관 (철도형식승인기관)		처리기관 (철도형식승인기관)		처리기관 (철도형식승인기관)		처리기관 (철도형식승인기관)

규칙 제53조(철도차량 제작자승인검사의 방법 및 증명서 발급 등)

① 법 제26조의3제2항에 따른 철도차량 제작자승인검사는 다음 각 호의 구분에 따라 실시한다.

　[철도차량 제작자승인검사]
　1. 품질관리체계 적합성검사: 해당 철도차량의 품질관리체계가 철도차량제작자승인기준에 적합한지 여부에 대한 검사
　2. 제작검사: 해당 철도차량에 대한 품질관리체계의 적용 및 유지 여부 등을 확인하는 검사

② 국토교통부장관은 제1항에 따른 검사 결과 철도차량제작자승인기준에 적합하다고 인정하는 경우에는 다음 각 호의 서류를 신청인에게 발급하여야 한다.
　1. 별지 제32호서식의 철도차량 제작자승인증명서 또는 별지 제32호의2서식의 철도차량 제작자변경승인증명서
　2. 제작할 수 있는 철도차량의 형식에 대한 목록을 적은 제작자승인지정서

③ 제2항제1호에 따른 철도차량 제작자승인증명서 또는 철도차량 제작자변경승인증명서를 발급받은 자가 해당 증명서를 잃어버렸거나 헐어 못쓰게 되어 재발급을 받으려는 경우에는 별지 제29호서식의 철도차량 제작자승인증명서 재발급 신청서에 헐어 못쓰게 된 증명서(헐어 못쓰게 된 경우만 해당한다)를 첨부하여 국토교통부장관에게 제출하여야 한다.

④ 제1항에 따른 철도차량 제작자승인검사에 관한 세부적인 기준·절차 및 방법은 국토교통부장관이 정하여 고시한다.

규칙 제54조(철도차량 제작자승인 등의 면제 절차)

국토교통부장관은 제51조제1항제4호에 따른 서류의 검토 결과 철도차량이 제작자승인 또는 제작자승인검사의 면제 대상에 해당된다고 인정하는 경우에는 신청인에게 면제사실과 내용을 통보하여야 한다.

제26조의4(결격사유)

다음 각 호의 어느 하나에 해당하는 자는 철도차량 제작자승인을 받을 수 없다.

[철도차량 제작자 승인을 받을 수 없는 자]
1. 피성년후견인
2. 파산선고를 받고 복권되지 아니한 사람
3. 이 법 또는 대통령령으로 정하는 철도 관계 법령을 위반하여 징역형의 실형을 선고받고 그 집행이 종료(집행이 종료된 것으로 보는 경우를 포함한다)되거나 집행이 면제된 날부터 2년이 경과되지 아니한 사람
4. 이 법 또는 대통령령으로 정하는 철도 관계 법령을 위반하여 징역형의 집행유예선고를 받고 그 유예기간 중에 있는 사람
5. 제작자승인이 취소된 후 2년이 경과되지 아니한 자
6. 임원 중에 제1호부터 제5호까지의 어느 하나에 해당하는 사람이 있는 법인

예제 제작자승인이 취소된 후 [   ]이 경과되지 아니한 자는 철도차량 제작자 [   ]을 받을 수 없다.

정답 2년, 승인

예제 철도차량 제작자 승인의 결격사유로 옳지 않은 것은?

가. 제작자 승인이 취소된 후 3년이 경과되지 아니한 자
나. 파산선고를 받고 복권되지 아니한 사람
다. 피성년후견인
라. 철도관계법령을 위반하여 징역형의 집행유예 선고를 받고 그 유예기간 중에 있는 사람

해설 철도안전법 제26조의4(결격사유): 제작자승인이 취소된 후 2년이 경과되지 아니한 자는 철도차량 제작자 승인의 결격사유에 해당된다.

예제 철도차량 제작승인을 받을 수 없는 경우가 아닌 것은?

가. 피성년후견인
나. 제작승인이 취소된 후 2년이 경과되지 아니한 자

다. 철도 관계 법령을 위반하여 징역형의 집행유예 선고를 받고 그 유예기간 중에 있는 사람

라. 직원 중에 파산선고를 받고 복권되지 아니한 사람이 있는 법인

[해설] 철도안전법 제26조의4(결격사유): 직원 중에 파산선고를 받고 복권되지 아니한 사람이 있는 법인이 아니고 '임원 중에 파산선고를 받고 복권되지 아니한 사람이 있는 법인'이 맞다.

[예제] 다음 중 철도안전법 상 철도용품 제작자 승인 결격 사유로 틀린 것은?

가. 피성년후견인

나. 파산선고를 받고 복권되지 아니한 사람

다. 제작자승인이 취소된 후 2년이 경과되지 아니한 사람

라. 국토교통부령으로 정하는 철도 관계 법령을 위반하여 징역형의 집행유예 선고를 받고 그 유예기간 중에 있는 사람

[해설] 철도안전법 제26조의4(결격사유): 대통령령으로 정하는 철도 관계 법령을 위반하여 징역형의 실형을 선고받고 그 집행이 종료되지 않은 사람은 철도용품 제작자 승인 결격 사유에 해당된다.

시행령 제24조(철도 관계 법령의 범위)

법 제26조의4제3호 및 제4호에서 "대통령령으로 정하는 철도 관계 법령"이란 각각 다음 각 호의 어느 하나에 해당하는 법령을 말한다.

[대통령령으로 정하는 철도 관계 법령]

1. 「건널목 개량촉진법」
2. 「도시철도법」
3. 「철도의 건설 및 철도시설 유지관리에 관한 법률」
4. 「철도사업법」
5. 「철도산업발전 기본법」
6. 「한국철도공사법」
7. 「한국철도시설공단법」
8. 「항공·철도 사고조사에 관한 법률」

예제 철도 관계 법령"이란 각각 다음 각 호의 어느 하나에 해당하는 법령을 말한다.

1. 「건널목 개량촉진법」   2. 「   」
3. 「철도건설법」   4. 「철도사업법」
5. 「   」   6. 「   」
7. 「한국철도시설공단법」   8. 「항공 · 철도 사고조사에 관한 법률」

정답 도시철도법, 한국철도공사법, 철도산업발전 기본법

예제 다음 중 철도차량 제작자승인의 결격사유 중 대통령령으로 정하는 철도관계법령의 범위에 속하지 않는 것은?

가. 도시철도법   나. 철도안전법
다. 항공 · 철도사고조사에 관한 법률   라. 철도사업법

해설 시행령 제24조(철도 관계 법령의 범위): 철도차량 제작자승인의 결격사유 중 대통령령으로 정하는 철도 관계법령의 범위에 속하지 않는 법은 철도안전법이다.

예제 대통령령으로 정하는 철도 관계 법령"에 해당하는 것은?

가. 철도산업기본법   나. 철도산업법
다. 한국철도공사법   라. 도시철도공사법

해설 철도안전법 시행령 제24조(철도 관계 법령의 범위) 법 제26조의4제3호 및 제4호: "대통령령으로 정하는 철도 관계 법령"이란 각각 다음 각 호의 어느 하나에 해당하는 법령을 말한다.
1. 「건널목 개량촉진법」   2. 「도시철도법」
3. 「철도건설법」   4. 「철도사업법」
5. 「철도산업발전 기본법」   6. 「한국철도공사법」
7. 「한국철도시설공단법」   8. 「항공 · 철도 사고조사에 관한 법률」

예제 대통령령으로 정하는 철도 관계 법령"에 해당하는 것은?

가. 철도산업기본법   나. 철도산업법
다. 건널목 개량촉진법   라. 도시철도공사법

해설 철도안전법 시행령 제24조: 건널목 개량촉진법은 대통령령으로 정한다.

예제 다음 중 철도차량 제작자 승인을 받을 수 없는 결격사유 중에서 "대통령령으로 정하는 철도 관계 법령"에 해당되는 것을 모두 고르시오.

ㄱ 한국철도공사법   ㄴ 철도사업법
ㄷ 도시철도법   ㄹ 철도건설법

가. ㄱ, ㄴ, ㄷ   나. ㄴ, ㄷ, ㄹ
다. ㄱ, ㄴ, ㄹ   라. ㄱ, ㄴ, ㄷ, ㄹ

해설 철도안전법 시행령 제24조(철도 관계 법령의 범위): 법 제26조의4제3호 및 제4호: "대통령령으로 정하는 철도 관계 법령"이란 각각 다음 각 호의 어느 하나에 해당하는 법령을 말한다.
1. 「건널목 개량촉진법」   2. 「도시철도법」
3. 「철도건설법」   4. 「철도사업법」
5. 「철도산업발전 기본법」   6. 「한국철도공사법」
7. 「한국철도시설공단법」   8. 「항공 · 철도 사고조사에 관한 법률」

제26조의5(승계)

① 제26조의3에 따라 철도차량 제작자승인을 받은 자가 그 사업을 양도하거나 사망한 때 또는 법인의 합병이 있는 때에는 양수인, 상속인 또는 합병 후 존속하는 법인이나 합병에 의하여 설립되는 법인은 제작자승인을 받은 자의 지위를 승계한다.

☞ 「철도안전법」 제26조의3(철도차량 제작자승인)
① 제26조에 따라 형식승인을 받은 철도차량을 제작(외국에서 대한민국에 수출할 목적으로 제작하는 경우를 포함한다)하려는 자는 국토교통부령으로 정하는 바에 따라 철도차량의 제작을 위한 인력, 설비, 장비, 기술 및 제작검사 등 철도차량의 적합한 제작을 위한 유기적 체제(이하 "철도차량 품질관리체계"라 한다)를 갖추고 있는지에 대하여 국토교통부장관의 제작자승인을 받아야 한다.
② 국토교통부장관은 제1항에 따른 제작자승인을 하는 경우에는 해당 철도차량 품질관리체계가 국토교통부장관이 정하여 고시하는 철도차량의 제작관리 및 품질유지에 필요한 기술기준에 적합한지에 대하여 국토교통부령으로 정하는 바에 따라 제작자 승인검사를 하여야 한다.
③ 국토교통부장관은 제1항 및 제2항에도 불구하고 대한민국이 체결한 협정 또는 대한민국이 가입한 협약에 따라 제작자승인이 면제되는 경우 등 대통령령으로 정하는 경우에는 제작자승인 대상에서 제외하거나 제작자승인검사의 전부 또는 일부를 면제할 수 있다.

② 제1항에 따라 철도차량 제작자승인의 지위를 승계하는 자는 승계일부터 1개월 이내에 국토교통부령으로 정하는 바에 따라 그 승계사실을 국토교통부장관에게 신고하여야 한다.

예제 철도차량 제작자승인의 [   ]를 승계하는 자는 [   ]부터 [   ] 이내에 [   ]으로 정하는 바에 따라 그 승계사실을 국토교통부장관에게 신고하여야 한다.

정답 지위, 승계일, 1개월, 국토교통부령

③ 제1항에 따라 제작자승인의 지위를 승계하는 자에 대하여는 제26조의4를 준용한다. 다만, 제26조의4 각 호의 어느 하나에 해당하는 상속인이 피상속인이 사망한 날부터 3개월 이내에 그 사업을 다른 사람에게 양도한 경우에는 피상속인의 사망일부터 양도일까지의 기간 동안 피상속인의 제작자승인은 상속인의 제작자승인으로 본다.

예제 철도안전법령상 철도차량 및 철도용품의 제작자 승인의 지위를 승계하는 자는 승계일부터 얼마 이내에 국토교통부장관에게 신고하여야 하는가?

가. 15일   나. 1개월
다. 3개월   라. 6개월

해설 철도안전법 제26조의5(승계): 철도차량 제작자승인의 지위를 승계하는 자는 승계일부터 1개월 이내에 국토교통부령으로 정하는 바에 따라 그 승계사실을 국토교통부장관에게 신고하여야 한다.

예제 다음 철도차량의 제작자승인에 관한 내용 중 틀린 것은?

가. 철도차량 제작자승인의 지위를 승계하는 자는 승계일 부터 1년 이내에 국토교통부령으로 정하는 바에 따라 그 승계사실을 국토교통부장관에게 신고하여야 한다.

나. 철도차량 제작자승인을 받은 자가 그 사업을 양도하거나 사망한 때 또는 법인의 합병이 있는 때에는 양수인, 상속인 또는 합병 후 존속하는 법인이나 합병에 의하여 설립되는 법인은 제작자승인을 받은 자의 지위를 승계한다.

다. 상속인이 피상속인이 사망한 날부터 3개월 이내에 그 사업을 다른 사람에게 양도한 경우에는 피상속인의 사망일부터 양도일까지의 기간 동안 피상속인의 제작자승인은 상속인의 제작자승인으로 본다.

라. 철도차량 제작자승인의 지위를 승계하는 자는 철도차량 제작자 승계신고서에 서류를 첨부하여 국토교통부장관에게 제출하여야 한다.

해설 철도안전법 제26조의5(승계): 철도차량 제작자승인의 지위를 승계하는 자는 승계일부터 1개월 이내에 국토교통부령으로 정하는 바에 따라 그 승계사실을 국토교통부장관에게 신고하여야 한다.

규칙 제55조(지위승계의 신고 등)

① 법 제26조의5제2항에 따라 철도차량 제작자승인의 지위를 승계하는 자는 별지 제33서식의 철도차량 제작자승계신고서에 다음 각 호의 서류를 첨부하여 국토교통부장관에게 제출하여야 한다.

[철도차량 제작자승계신고서]
1. 철도차량 제작자승인증명서
2. 사업 양도의 경우: 양도·양수계약서 사본 등 양도 사실을 입증할 수 있는 서류
3. 사업 상속의 경우: 사업을 상속받은 사실을 확인할 수 있는 서류
4. 사업 합병의 경우: 합병계약서 및 합병 후 존속하거나 합병에 따라 신설된 법인의 등기사항증명서

예제 철도차량 [   ]승계신고서에 철도차량 [   ]증명서와 사업 [   ]의 경우, 사업 [   ]의 경우, 사업 [   ]의 경우로 구분하여 서류를 첨부하여 국토교통부장관에게 제출하여야 한다.

정답 제작자, 제작자승인, 양도, 상속, 합병

② 국토교통부장관은 제1항에 따라 신고를 받은 경우에 지위승계 사실을 확인한 후 철도차량 제작자승인증명서를 지위승계자에게 발급하여야 한다.

예제 철도차량 제작자승인 지위승계의 신고를 해야 할 때 첨부해야하는 서류로 옳지 않은 것은?

가. 철도용품 제작자승인증명서
나. 양도·양수계약서 사본 등 양도사실을 입증할 수 있는 서류
다. 사업을 상속받은 사실을 확인할 수 있는 서류
라. 합병계약서 및 합병 후 존속하거나 합병에 따라 신설된 법인의 등기사항증명서

해설 철도안전법 시행규칙 제55조(지위승계의 신고 등): 철도용품 제작자승인증명서는 철도차량 제작자승인 지위승계의 신고를 해야 할 때 첨부해야 하는 서류에 해당되지 않는다.

예제 다음 중 철도차량 제작자승인의 지위를 승계하는 자가 국토교통부장관에게 제출하여야 하는 서류로 맞지 않는 것은?

가. 사업 상속의 경우 : 사업을 상속받은 사실을 확인할 수 있는 서류

나. 철도차량 제작자승인증명서

다. 사업 인수의 경우: 사업을 인수받은 사실을 확인할 수 있는 서류

라. 사업 합병의 경우 : 합병계약서 및 합병 후 존속하거나 합병에 따라 신설된 법인의 등기사항증명서

해설 철도안전법 시행규칙 제55조(지위승계의 신고 등): 사업 인수의 경우는 해당되지 않는다.

예제 철도차량 제작자승인의 지위를 승계하는자가 제작자승계신고서를 누구에게 제출하는가?

가. 국토교통부장관　　　　　　　　나. 대통령

다. 한국철도공단이사장　　　　　　라. 철도운영자

해설 규칙 제55조(지위승계의 신고 등): 철도차량 제작자승인의 지위를 승계하는 자는 서류를 첨부하여 국토교통부장관에게 제출하여야 한다.

제26조의6(철도차량 완성검사)

① 제26조의3에 따라 철도차량 제작자승인을 받은 자는 제작한 철도차량을 판매하기 전에 해당 철도차량이 제26조에 따른 형식승인을 받은 대로 제작되었는지를 확인하기 위하여 국토교통부장관이 시행하는 완성검사를 받아야 한다.

② 국토교통부장관은 철도차량이 제1항에 따른 완성검사에 합격한 경우에는 철도차량제작자에게 국토교통부령으로 정하는 완성검사필증을 발급하여야 한다.

예제 국토교통부장관은 철도차량이 [　　　　　]에 합격한 경우에는 [　　　　　　　]에게 국토교통부령으로 정하는 [　　　　　　]을 발급하여야 한다.

정답 완성검사, 철도차량제작자, 완성검사필증

③ 제1항에 따른 철도차량 완성검사의 절차 및 방법 등에 관하여 필요한 사항은 국토교통부령으로 정한다.

[철도차량완성검사기관지정서 및 완성검사 필증]

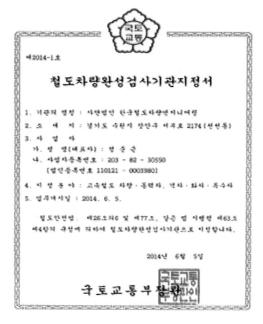

한국철도차량엔지니어링

규칙 제56조(철도차량 완성검사의 신청 등)

① 법 제26조의6제1항에 따라 철도차량 완성검사를 받으려는 자는 별지 제34서식의 철도차량 완성검사신청서에 다음 각 호의 서류를 첨부하여 국토교통부장관에게 제출하여야 한다.

[철도차량 완성검사신청서]
1. 철도차량 형식승인증명서
2. 철도차량 제작자승인증명서
3. 형식승인된 설계와의 형식동일성 입증계획서 및 입증서류
4. 제57조제1항제2호에 따른 주행시험 절차서
5. 그 밖에 형식동일성 입증을 위하여 국토교통부장관이 필요하다고 인정하여 고시하는 서류

예제 철도차량 완성검사를 받으려는 자는 별지 제34서식의 철도차량 완성검사신청서에
[   ], [   ], [   ], [   ]를 첨부하여 국토교통부장관에게
제출하여야 한다.

정답 형식승인증명서, 제작자승인증명서, 형식동일성 입증계획서 및 입증서류, 주행시험 절차서

② 국토교통부장관은 제1항에 따라 완성검사 신청을 받은 경우에 15일 이내에 완성검사의
계획서를 작성하여 신청인에게 통보하여야 한다.

예제 국토교통부장관은 완성검사 신청을 받은 경우에 [   ]에 [   ]를 작성하여
[   ]에게 통보하여야 한다.

정답 15일 이내, 완성검사의 계획서, 신청인

예제 다음 중 철도차량 완성검사의 신청 시에 제출해야 하는 서류 중 옳지 않은 것은?

가. 주행시험 절차서 　　　　　　　　　　나. 철도차량 형식승인증명서
다. 완성검사 절차서 　　　　　　　　　　라. 철도차량 제작자승인증명서

해설 철도안전법 시행규칙 제56조(철도차량 완성 검사의 신청 등): '완성검사 절차서'는 철도차량 완성 검사
의 신청 시에 제출해야 하는 서류가 아니다.

예제 다음 중 철도차량의 완성검사에 관한 내용으로 틀린 것은?

가. 완성검사신청서에 철도차량 형식승인증명서와 철도차량 제작자승인증명서를 첨부하여 제출하
여야 한다.
나. 완성검사신청서에 형식승인 된 설계화의 형식동일성 입증계획서 및 입증서류를 첨부하여 제출
하여야 한다.
다. 완성검사신청서에 운행시험 절차서를 첨부하여 제출하여야 한다.
라. 국토교통부장관은 완성검사 신청을 받은 경우에 15일 이내에 완성검사의 계획서를 작성하여
신청인에게 통보하여야 한다

해설 철도안전법 시행규칙 제56조(철도차량 완성검사의 신청 등): '완성검사신청서에 주행시험 절차서를 첨
부하여 제출하여야 한다.'가 옳다.

예제 철도차량 완성검사의 신청에 관한 설명으로 틀린 것은?

가. 형식동일성 입증을 위하여 국토교통부장관이 필요하다고 인정하여 고시하는 서류

나. 형식승인 된 철도차량기술기준 적합성 입증계획서 및 입증서류

다. 주행시험 절차서

라. 국토교통부장관은 제1항에 따라 완성검사 신청을 받은 경우에 15일 이내에 완성검사의 계획서를 작성하여 신청인에게 통보하여야 한다.

해설 철도안전법 시행규칙 제56조(철도차량 완성검사의 신청 등) 제1항 법 제26조의6제1항: '형식승인된 설계와의 형식동일성 입증계획서 및 입증서류'가 옳다.

규칙 제57조(철도차량 완성검사의 방법 및 검사필증 발급 등)

① 법 제26조의6제1항에 따른 철도차량 완성검사는 다음 각 호의 구분에 따라 실시한다.

[철도차량 완성검사]

1. 완성차량검사: 안전과 직결된 주요 부품의 안전성 확보 등 철도차량이 철도차량기술기준에 적합하고 형식승인 받은 설계대로 제작되었는지를 확인하는 검사
2. 주행시험: 철도차량이 형식승인 받은대로 성능과 안전성을 확보하였는지 운행선로 시운전 등을 통하여 최종 확인하는 검사

② 국토교통부장관은 제1항에 따른 검사 결과 철도차량이 철도차량기술기준에 적합하고 형식승인 받은 설계대로 제작되었다고 인정하는 경우에는 별지 제35호서식의 철도차량 완성검사필증을 신청인에게 발급하여야 한다.

③ 제1항에 따른 완성검사에 필요한 세부적인 기준·절차 및 방법은 국토교통부장관이 정하여 고시한다.

예제 철도차량 완성검사는 [   ]와 [   ]으로 나누어 실시한다.

정답 완성차량검사, 주행시험

예제 안전과 직결된 주요 부품의 안전성 확보 등 철도차량이 철도차량기술기준에 적합하고 형식 승인 받은 설계대로 제작되었는지를 확인하는 검사는 어느 것인가?

가. 주행시험　　　　　　　　　　　　나. 완성차량검사

다. 제작검사　　　　　　　　　　　　라. 품질관리체계적합성검사

해설 규칙 제57조(철도차량 완성검사의 방법 및 검사필증 발급 등): 안전과 직결된 주요 부품의 안전성 확보 등 철도차량이 철도차량기술 기준에 적합하고 형식승인 받은 설계대로 제작되었는지를 확인하는 검사는 완성차량검사이다.

예제 다음 중 철도차량완성검사의 방법 및 검사필증 발급에 관한 내용으로 틀린 것은?

가. 완성차량검사 : 안전과 직결된 주요 부품의 안전성 확보 등 철도차량이 철도차량기술 기준에 적합하고 형식승인 받은 설계대로 제작되었는지를 확인하는 검사

나. 주행시험 : 철도차량이 형식승인 받은 대로 성능과 안전성을 확보하였는지 차량기지 내 시운전 등을 통하여 최종 확인하는 검사

다. 완성검사에 필요한 세부적인 기준·절차 및 방법은 국토교통부장관이 정하여 고시한다.

라. 국토교통부장관은 제1항에 따른 검사 결과 철도차량이 철도차량기술기준에 적합하고 형식승인 받은 설계대로 제작되었다고 인정하는 경우에는 철도차량 완성검사 필증을 신청인에게 발급하여야 한다.

해설 철도안전법 시행규칙 제57조(철도차량 완성검사의 방법 및 검사필증 발급 등): 주행시험 : 철도차량이 형식승인 받은 대로 성능과 안전성을 확보하였는지 운행선로 시운전 등을 통하여 최종 확인하는 검사

제26조의7(철도차량 제작자승인의 취소 등)

① 국토교통부장관은 제26조의3에 따라 철도차량제작자승인을 받은 자가 다음 각 호의 어느 하나에 해당하는 경우에는 그 승인을 취소하거나 6개월 이내의 기간을 정하여 업무의 제한이나 정지를 명할 수 있다. 다만, 제1호 또는 제5호에 해당하는 경우에는 제작자승인을 취소하여야 한다.

[제작자승인 취소]

1. 거짓이나 그 밖의 부정한 방법으로 제작자승인을 받은 경우

2. 제26조의8에서 준용하는 제7조제3항을 위반하여 변경승인을 받지 아니하거나 변경신고를

하지 아니하고 철도차량을 제작한 경우

3. 제26조의8에서 준용하는 제8조제3항에 따른 시정조치명령을 정당한 사유 없이 이행하지 아니한 경우

4. 제32조제1항에 따른 명령을 이행하지 아니하는 경우

예제 철도차량 제작자승인을 취소해야 하는 경우로 틀린 것은?

가. 철도차량 품질관리체계 변경승인을 위반하여 변경승인을 받지 아니하거나 변경신고를 하지 아니하고 철도차량을 제작한 경우

나. 철도차량 품질관리체계가 지속적으로 유지되지 아니하거나 그 밖에 철도안전을 위하여 긴급히 필요하다고 인정하는 경우에 따른 시정조치명령을 정당한 사유 없이 이행하지 아니한 경우

다. 형식승인을 받은 내용과 다르게 철도차량 또는 철도용품을 제작·수입·판매한 경우 그 철도차량 또는 철도용품의 제작·수입·판매 또는 사용의 중지를 명령한 것을 이행하지 아니하는 경우

라. 완성검사를 받지 아니한 철도차량을 판매한 경우 그 철도차량 또는 철도용품의 제작·수입·판매 또는 사용의 중지를 명령한 것을 이행하지 아니하는 경우

해설 철도안전법 제26조의7(철도차량 제작자승인의 취소 등): '완성검사를 받지 아니하고 철도차량을 판매한 자'는 철도차량 제작자승인을 취소해야 할 경우에 해당되지 않는다.

철도차량 제작자승인변경신고서

※ [ ]에는 해당되는 곳에 √표시를 합니다.

접수번호	접수일	처리기간

신청인	상호 또는 명칭	
	성명(대표자)	사업자등록번호 (법인등록번호)
	소재지	전화번호

신청대상	형식승인번호	제작자승인번호
	품질관리체계 명칭	제작공장위치

신고내용	[ ] 철도차량 제작자의 조직변경에 따른 품질관리조직 또는 품질관리책임자에 관한 사항의 변경 [ ] 법령 또는 행정구역의 변경 등으로 인한 품질관리규정의 세부내용 변경 [ ] 서류간 불일치 사항 및 품질관리규정의 기본방향에 영향을 미치지 않는 사항으로서 그 변경근거가 분명한 사항의 변경

「철도안전법」 제26조의8에서 준용하는 법 제7조제3항 단서 및 같은 법 시행규칙 제52조제2항에 따라 위의 어느 하나의 해 당하는 변경사항을 신고합니다.

년   월   일

신청인   (서명 또는 인)

국토교통부장관 귀하

첨부서류	1. 해당 철도차량의 철도차량 제작자승인증명서 2. 제52조제1항 각 호에 해당함을 증명하는 서류 3. 변경 전후의 대비표 및 해설서 4. 변경 후의 철도차량 품질관리체계 5. 철도차량제작자승인기준에 대한 품질관리체계의 적합성 입증자료(변경되는 부분 및 그와 연관 되는 부분으로 한정합니다)	수수료

처리절차

신청서 작성	4	접 수	4	검 토	4	승 인	4	증명서 발급
신청인		처리기관 (철도형식승인기관)		처리기관 (철도형식승인기관)		처리기관 (철도형식승인기관)		처리기관 (철도형식승인기관)

☞「철도안전법」제7조제3항(안전관리체계의 승인)

철도운영자등은 제1항에 따라 승인받은 안전관리체계를 변경(제5항에 따른 안전관리기준의 변경에 따른 안전관리체계의 변경을 포함한다)하려는 경우에는 국토교통부장관의 변경승인을 받아야 한다. 다만, 국토교통부령으로 정하는 경미한 사항을 변경하려는 경우에는 국토교통부장관에게 신고하여야 한다.

☞「철도안전법」제8조3항(안전관리체계의 유지 등)

국토교통부장관은 제2항에 따른 검사결과 안전관리체계가 지속적으로 유지되지 아니하거나 그 밖에 철도안전을 위하여 긴급히 필요하다고 인정하는 경우에는 국토교통부령으로 정하는 바에 따라 시정조치를 명할 수 있다.

☞「철도안전법 시행규칙」제32조제1항(제작 또는 판매 중지 등)

국토교통부장관은 제26조또는 제27조에 따라 형식승인을 받은 철도차량 또는 철도용품이 다음 각 호의 어느 하나에 해당하는 경우에는 그 철도차량 또는 철도용품의 제작·수입·판매 또는 사용의 중지를 명할 수 있다. 다만, 제1호에 해당하는 경우에는 제작·수입·판매 또는 사용의 중지를 명하여야 한다.

   5. 업무정지 기간 중에 철도차량을 제작한 경우

② 제1항에 따른 철도차량 제작자승인의 취소, 업무의 제한 또는 정지의 기준 및 절차 등에 관하여 필요한 사항은 국토교통부령으로 정한다.

예제 다음 중 철도차량 제작자승인이 취소되는 경우로 옳은 것은?

가. 변경승인을 받지 아니하고 철도차량을 제작한 경우

나. 시정조치명령을 정당한 사유 없이 이행하지 아니한 경우

다. 변경신고를 하지 아니하고 철도차량을 제작한 경우

라. 업무정지 기간 중에 철도차량을 제작한 경우

해설 철도안전법 제26조의7(철도차량 제작자승인의 취소 등): '업무정지 기간 중에 철도차량을 제작한 경우'는 철도차량 제작자승인이 취소된다.

규칙 제58조(철도차량 제작자승인의 취소 등 처분기준)

법 제26조의7에 따른 철도차량 제작자승인의 취소 또는 업무의 제한·정지 등의 처분기준은 별표 14와 같다.

[규칙 별표 14] 철도차량 제작자승인 관련 처분기준 (제58조제1항 관련)

1. 일반기준

　　가. 위반행위가 둘 이상인 경우로서 그에 해당하는 각각의 처분기준이 다른 경우에는 그 중 무거운 처분기준(무거운 처분기준이 같을 때에는 그 중 하나의 처분기준을 말한다)에 따르며, 둘 이상의 처분기준이 같은 업무제한·정지인 경우에는 무거운 처분기준의 2분의 1의 범위에서 가중할 수 있되, 각 처분기준을 합산한 기간을 초과할 수 없다.

　　나. 위반행위의 횟수에 따른 행정처분 기준은 최근 2년간 같은 위반행위로 업무정지 처분을 받은 경우에 적용한다. 이 경우 위반횟수는 같은 위반행위에 대하여 최초로 처분을 한 날과 다시 같은 위반행위를 적발한 날을 기준으로 한다.

　　다. 처분권자는 다음 각 목의 어느 하나에 해당하는 경우에는 업무제한·정지 처분의 2분의 1의 범위에서 감경할 수 있다. 이 경우 그 처분이 업무제한·정지인 경우에는 그 처분기준의 2분의 1의 범위에서 감경할 수 있고, 승인취소인 경우(법 제26조의7제1항제1호 또는 제5호에 해당하는 경우는 제외한다)에는 6개월의 업무정지 처분으로 감경할 수 있다.

　　　　1) 위반행위가 고의나 중대한 과실이 아닌 사소한 부주의나 오류로 인한 것으로 인정되는 경우

　　　　2) 위반상태를 시정하거나 해소하기 위해 노력한 것이 인정되는 경우

　　　　3) 그 밖에 위반행위의 정도, 위반행위의 동기와 그 결과 등을 고려하여 업무제한·정지 기간을 줄일 필요가 있다고 인정되는 경우

　　라. 처분권자는 다음 각 목의 어느 하나에 해당하는 경우에는 업무제한·정지 처분의 2분의 1의 범위에서 가중할 수 있다. 다만, 각 업무정지를 합산한 기간이 법 제9조제1항에서 정한 기간을 초과할 수 없다.

　　　　1) 위반의 내용·정도가 중대하여 공중에게 미치는 피해가 크다고 인정되는 경우

　　　　2) 그 밖에 위반행위의 정도, 위반행위의 동기와 그 결과 등을 고려하여 가중할 필요가 있다고 인정되는 경우

철도안전법 시행규칙 [별표 15] 철도용품 제작자 승인 관련 기준
철도용품 제작자승인 관련 처분기준 (제70조 관련)

2. 개별기준

　　가. 위반행위가 둘 이상인 경우로서 그에 해당하는 각각의 처분기준이 다른 경우에는 그 중 무거운 처분기준(무거운 처분기준이 같을 때에는 그 중 하나의 처분기준을 말한다)에 따르며, 둘 이상의 처분기준이 같은 업무제한·정지인 경우에는 무거운 처분기준의 2분의 1의 범위에서 가중할 수 있되, 각 처분기준을 합산한 기간을 초과할 수 없다.

　　나. 위반행위의 횟수에 따른 행정처분 기준은 최근 2년간 같은 위반행위로 업무정지 처분을 받은 경우에 적용한다. 이 경우 위반횟수는 같은 위반행위에 대하여 최초로 처분을 한 날과 다시 같은 위반행위를 적발한 날을 기준으로 한다.

　　다. 처분권자는 다음 각 목의 어느 하나에 해당하는 경우에는 업무제한·정지 처분의 2분의 1의 범위에서 감경할 수 있다. 이 경우 그 처분이 업무제한·정지인 경우에는 그 처분기준의 2분의 1의 범위

에서 감경할 수 있고, 승인취소인 경우(법 제26조의7제1항제1호 또는 제5호에 해당하는 경우는 제외한다)에는 6개월의 업무정지 처분으로 감경할 수 있다.
　　1) 위반행위가 고의나 중대한 과실이 아닌 사소한 부주의나 오류로 인한 것으로 인정되는 경우
　　2) 위반상태를 시정하거나 해소하기 위해 노력한 것이 인정되는 경우
　　3) 그 밖에 위반행위의 정도, 위반행위의 동기와 그 결과 등을 고려하여 업무제한·정지 기간을 줄일 필요가 있다고 인정되는 경우
　라. 처분권자는 다음 각 목의 어느 하나에 해당하는 경우에는 업무제한·정지 처분의 2분의 1의 범위에서 가중할 수 있다. 다만, 각 업무정지를 합산한 기간이 법 제9조제1항에서 정한 기간을 초과할 수 없다.
　　1) 위반의 내용·정도가 중대하여 공중에게 미치는 피해가 크다고 인정되는 경우
　　2) 그 밖에 위반행위의 정도, 위반행위의 동기와 그 결과 등을 고려하여 가중할 필요가 있다고 인정되는 경우

위반사항 근거법조문		처분기준			
		1차 위반	2차 위반	3차 위반	4차 위반
가. 거짓이나 그 밖의 부정한 방법으로 제작자승인을 받은 경우	법 제26조의7 제1항제1호	승인취소			
나. 법 제26조의8에서 준용하는 법 제7조제3항을 위반하여 변경승인을 받지 않고 철도차량을 제작한 경우	법 제26조의7 제1항제2호	업무정지 (업무제한) 3개월	업무정지 (업무제한) 6개월	승인취소	
다. 법 제26조의8에서 준용하는 법 제7조제3항을 위반하여 변경신고를 하지 않고 철도차량을 제작한 경우		경고	업무정지 (업무제한) 3개월	업무정지 (업무제한) 6개월	승인취소
라. 법 제26조의8에서 준용하는 법 제8조제3항에 따른 시정조치 명령을 정당한 사유 없이 이행하지 않은 경우	법 제26조의7 제1항제3호	경고	업무정지 (업무제한) 3개월	업무정지 (업무제한) 6개월	승인취소
마. 법 제32조제1항에 따른 명령을 이행하지 않은 경우	법 제26조의7 제1항제4호	업무정지 (업무제한) 3개월	업무정지 (업무제한) 6개월	승인취소	
바. 업무정지 기간 중에 철도 차량을 제작한 경우	법 제26조의7 제1항제5호	승인취소			

예제 다음 중 철도차량 제작자 승인을 1차 위반 시 취소하여야 하는 경우로 맞는 것은?

가. 거짓이나 그 밖의 부정한 방법으로 제작자 승인을 받은 경우

나. 변경승인을 받지 않고 철도차량을 제작한 경우

다. 시정조치 명령을 정당한 사유 없이 이행하지 아니한 경우

라. 제작·수입·판매·사용중지의 명령을 이행하지 아니한 경우

해설 철도안전법 시행규칙 [별표 15] 철도용품 제작자 승인 관련 기준: '거짓이나 그 밖의 부정한 방법으로 제작자 승인을 받은 경우'는 철도차량 제작자 승인을 1차 위반 시 취소하여야 하는 경우에 해당된다.

제26조의8(준용규정)

철도차량 제작자승인의 변경, 철도차량 품질관리체계의 유지·검사 및 시정조치, 과징금의 부과·징수 등에 관하여는 제7조제3항, 제8조, 제9조 및 제9조의2를 준용한다. 이 경우 "안전관리체계"는 "철도차량 품질관리체계"로 본다.

☞ 「철도안전법」 제7조제3항(안전관리체계의 승인)
철도운영자등은 제1항에 따라 승인받은 안전관리체계를 변경(제5항에 따른 안전관리기준의 변경에 따른 안전관리체계의 변경을포함한다)하려는 경우에는 국토교통부장관의 변경승인을 받아야 한다. 다만, 국토교통부령으로 정하는 경미한 사항을 변경하려는 경우에는 국토교통부장관에게 신고하여야 한다.

☞ 「철도안전법」 제8조제1항(안전관리체계의 유지 등)
철도운영자등은 철도운영을 하거나 철도시설을 관리하는 경우에는 제7조에 따라 승인받은 안전관리체계를 지속적으로 유지하여야 한다.

☞ 「철도안전법」 제9조제1항(승인의 취소 등)
국토교통부장관은 안전관리체계의 승인을 받은 철도운영자등이 다음 각 호의 어느 하나에 해당하는 경우에는 그 승인을 취소하거나 6개월 이내의 기간을 정하여 업무의 제한이나 정지를 명할 수 있다. 다만, 제1호에 해당하는 경우에는 그 승인을 취소하여야 한다.

☞ 「철도안전법」 제9조의2제1항(과징금)
국토교통부장관은 제9조제1항에 따라 철도운영자등에 대하여 업무의 제한이나 정지를 명하여야 하는 경우로서 그 업무의 제한이나 정지가 철도 이용자 등에게 심한 불편을 주거나 그 밖에 공익을 해할 우려가 있는 경우에는업무의 제한이나 정지를 갈음하여 30억원 이하의 과징금을 부과할 수 있다.

시행령 제25조(철도차량 제작자승인 관련 과징금의 부과기준)

① 법 제26조의8에서 준용하는 법 제9조의2제2항에 따른 과징금을 부과하는 위반행위의 종류와 과징금의 금액은 별표 2와 같다.

② 제1항에 따른 과징금의 부과에 관하여는 제6조제2항 및 제7조를 준용한다.

☞ 「철도안전법」 제9조의2(과징금)
② 제1항에 따라 과징금을 부과하는 위반행위의 종류, 과징금의 부과기준 및 징수방법, 그 밖에 필요한 사항은 대통령령으로 정한다.

☞ 「철도안전법」 제6조(시행계획)
② 시행계획의 수립 및 시행절차 등에 관하여 필요한 사항은 대통령령으로 정한다.

☞ 「철도안전법」 제7조(안전관리체계의 승인)
① 철도운영자등(전용철도의 운영자는 제외한다. 이하 이 조 및 제8조에서 같다)은 철도운영을 하거나 철도시설을 관리하려는 경우에는 인력, 시설, 차량, 장비, 운영절차, 교육훈련 및 비상대응계획 등 철도 및 철도시설의 안전관리에 관한 유기적 체계를 갖추어 국토교통부장관의 승인을 받아야 한다.

[영 별표 2] 철도차량 제작자승인 관련 과징금의 부과기준 (제25조 관련)

위반행위	근거법조문	과징금 금액(단위 : 백만원)	
1. 법 제26조의8에서 준용하는 법 제7조제3항을 위반하여 변경승인을 받지 않고 철도차량을 제작한 경우	법 제26조의7 제1항제2호	업무정지 (업무제한) 3개월	업무정지 (업무제한) 6개월
2. 법 제26조의8에서 준용하는 법 제7조제3항을 위반하여 변경신고를 하지 않고 철도차량을 제작한 경우		30	60
3. 법 제26조의8에서 준용하는 법 제8조제3항에 따른 시정조치명령을 정당한 사유 없이 이행하지 않은 경우	법 제26조의7 제1항제3호	30	60
4. 법 제32조제1항에 따른 명령을 이행하지 않은 경우	법 제26조의7 제1항제4호	30	60

규칙 제59조(철도차량 품질관리체계의 유지 등)

① 국토교통부장관은 법 제26조의8에서 준용하는 법 제8조제2항에 따라 철도차량 품질관리체계에 대하여 1년마다 1회의 정기검사를 실시하고, 철도차량의 안전 및 품질 확보

등을 위하여 필요하다고 인정하는 경우에는 수시로 검사할 수 있다.

예제 철도차량 품질관리체계에 대하여 [   ]의 정기검사를 실시한다.

정답 1년마다 1회

② 국토교통부장관은 제1항에 따라 정기검사 또는 수시검사를 시행하려는 경우에는 검사 시행일 15일 전까지 다음 각 호의 내용이 포함된 검사계획을 철도차량 제작자승인을 받은 자에게 통보하여야 한다.

[철도차량 제작자승인을 받은 자에게 통보해야 하는 내용]
1. 검사반의 구성
2. 검사 일정 및 장소
3. 검사 수행 분야 및 검사 항목
4. 중점 검사 사항
5. 그 밖에 검사에 필요한 사항

예제 국토교통부장관이 품질관리체계의 유지를 위한 정기검사 및 수시검사를 시행하기 전에 철도차량 제작자승인을 받은 자에게 사전 통보하여야 하는 검사계획에 포함될 사항으로 맞지 않는 것은?
가. 검사반의 구성 및 중점검사 사항
나. 검사 일정 및 장소
다. 검사항목별 평가기준
라. 검사 수행 분야 및 검사 항목

해설 철도안전법 시행규칙 제59조(철도차량 품질관리체계의 유지 등): 검사항목별 평가기준은 검사계획에 포함되지 않는다.

③ 국토교통부장관은 정기검사 또는 수시검사를 마친 경우에는 다음 각 호의 사항이 포함된 검사 결과보고서를 작성하여야 한다.
1. 철도차량 품질관리체계의 검사 개요 및 현황
2. 철도차량 품질관리체계의 검사 과정 및 내용

3. 법 제26조의8에서 준용하는 제8조제3항에 따른 시정조치 사항

④ 국토교통부장관은 법 제26조의8에서 준용하는 법 제8조제3항에 따라 철도차량 제작자 승인을 받은 자에게 시정조치를 명하는 경우에는 시정에 필요한 적정한 기간을 주어야 한다.

⑤ 법 제26조의8에서 준용하는 제8조제3항에 따라 시정조치명령을 받은 철도차량 제작자 승인을 받은 자는 시정조치를 완료한 경우에는 지체 없이 그 시정내용을 국토교통부장 관에게 통보하여야 한다.

⑥ 제1항부터 제5항까지의 규정에서 정한 사항 외에 정기검사 또는 수시검사에 관한 세부 적인 기준·방법 및 절차는 국토교통부장관이 정하여 고시한다.

예제 철도차량 품질관리체계에 대한 검사와 관련한 설명이 잘못된 것은?

가. 철도차량 품질관리체계에 대하여 2년마다 1회의 정기검사를 실시한다.

나. 국토교통부 장관은 정기검사 또는 수시검사를 시행하려는 경우에는 검사 시행일 15일 전까지 검사계획을 철도차량 제작자승인을 받은 자에게 통보하여야 한다.

다. 철도차량의 안전 및 품질확보 등을 위하여 필요하다고 인정하는 경우에는 수시로 검사할 수 있다.

라. 국토교통부 장관은 정기검사 또는 수시검사를 마친 경우에는 검사 결과보고서를 작성하여야 한다.

해설 철도안전법 시행규칙 제59조(철도차량 품질관리체계의 유지 등): 철도차량 품질관리체계에 대하여 1년 마다 1회의 정기검사를 실시한다.

제27조(철도용품 형식승인)

① 국토교통부장관이 정하여 고시하는 철도용품을 제작하거나 수입하려는 자는 국토교통 부령으로 정하는 바에 따라 해당 철도용품의 설계에 대하여 국토교통부장관의 형식승 인을 받아야 한다.

예제 국토교통부장관이 정하여 [   ]하는 철도용품을 제작하거나 수입하려는 자는 국토교통 부령으로 정하는 바에 따라 해당 [   ]의 [   ]에 대하여 국토교통부장관의 [   ]을 받아야 한다.

정답 고시, 철도용품, 설계, 형식승인

② 국토교통부장관은 제1항에 따른 형식승인을 하는 경우에는 해당 철도용품이 국토교통부장관이 정하여 고시하는 철도용품의 기술기준에 적합한지에 대하여 국토교통부령으로 정하는 바에 따라 형식승인검사를 하여야 한다.

③ 누구든지 제1항에 따른 형식승인을 받지 아니한 철도용품(국토교통부장관이 정하여 고시하는 철도용품만 해당한다)을 철도시설 또는 철도차량 등에 사용하여서는 아니 된다.

④ 철도용품 형식승인의 변경, 형식승인검사의 면제, 형식승인의 취소, 변경승인명령 및 형식승인의 금지기간 등에 관하여는 제26조제2항·제4항·제6항 및 제26조의2를 준용한다. 이 경우 "철도차량"은 "철도용품"으로 본다.

[철도용품의 종류](예)

차량용품	궤도용품
차륜(철제차륜(일반차륜))	보통레일
	접착절연레일(접착식 절연레일)
차축	PSC 침목
연결장치	**신호통신용품**
(자동연결기, 밀착연결기, 중간연결기, 자동복합연결기)	전자연동장치
	자동폐색제어장치
활주방지장치(공기식 활주방지장치)	AF궤도회로장치
제동실린더(공기식 제동실린더)	**전철전력용품**
제동디스크	전차선
	장력조정장치
제동패드	고분자 애자

예제 철도용품의 형식승인에 관한 내용이다. 다음 설명 중 틀린 것은?

가. 국토교통부장관은 제1항에 따른 형식승인을 하는 경우에는 해당 철도용품이 국토교통부장관이 정하여 고시하는 철도용품의 기술기준에 적합한지에 대하여 국토교통부령으로 정하는 바에 따라 형식승인검사를 하여야 한다.

나. 국토교통부장관이 정하여 고시하는 철도용품을 제작하거나 수입하려는 자는 국토교통부령으로 정하는 바에 따라 해당 철도용품의 설계에 대하여 국토교통부장관의 형식승인을 받아야 한다.

다. 철도용품 형식승인의 변경, 형식승인검사의 면제, 형식승인의 취소, 변경승인명령 및 형식승인의 금지기간 등에 관하여는 대통령령으로 정한다.

라. 누구든지 형식승인을 받지 아니한 철도용품(국토교통부장관이 정하여 고시하는 철도용품만 해당한다)을 철도시설 또는 철도차량 등에 사용하여서는 아니 된다.

해설 철도안전법 제27조(철도용품 형식승인): 철도용품 형식승인의 변경, 형식승인검사의 면제, 형식승인의 취소, 변경승인명령 및 형식승인의 금지기간 등에 관하여는 국토교통부장관의 승인을 받아야 한다.

☞「철도안전법」제26조 (철도차량 형식승인)
① 국내에서 운행하는 철도차량을 제작하거나 수입하려는 자는 국토교통부령으로 정하는 바에 따라 해당 철도차량의 설계에 관하여 국토교통부장관의 형식승인을 받아야 한다.
② 제1항에 따라 형식승인을 받은 자가 승인받은 사항을 변경하려는 경우에는 국토교통부장관의 변경승인을 받아야 한다. 다만 국토교통부령으로 정하는 경미한 사항을 변경하려는 경우에는 국토교통부장관에게 신고하여야 한다.
③ 국토교통부장관은 제1항에 따른 형식승인 또는 제2항 본문에 따른 변경승인을 하는 경우에는 해당 철도차량이 국토교통부장관이 정하여 고시하는 철도차량의 기술기준에 적합한지에 대하여 형식승인검사를 하여야 한다.
④ 국토교통부장관은 제3항에도 불구하고 다음 각 호의 어느 하나에 해당하는 경우에는 형식승인검사의 전부 또는 일부를 면제할 수 있다.
   1. 시험연구개발 목적으로 제작 또는 수입되는 철도차량으로써 대통령령으로 정하는 철도차량에 해당하는 경우
   2. 수출 목적으로 제작 또는 수입되는 철도차량으로써 대통령령으로 정하는 철도차량에 해당하는 경우
   3. 대한민국이 체결한 협정 또는 대한민국이 가입한 협약에 따라 형식승인검사가 면제되는 철도차량의 경우
   4. 그 밖에 철도차량의 유지 ·보수 또는 철도차량의 사고복구 등 특수한 목적을 위하여 제작 또는 수입되는 철도차량으로서 국토교통부장관이 정하여 고시하는 경우
⑤ 누구든지 제1항에 따른 형식승인을 받지 아니한 철도차량을 운행하여서는 아니 된다.
⑥ 제1항부터 제4항까지의 규정에 따른 승인절차, 승인방법, 신고절차, 검사절차, 검사방법 및 면제 절차 등에 관하여 필요한 사항은 국토교통부령으로 정한다.

☞ 철도안전법 제26조의2(형식승인의 취소 등)
① 국토교통부장관은 제26조에 따라 형식승인을 받은 자가 다음 각 호의 어느 하나에 해당하는 경우에는 그 형식승인을 취소할 수 있다. 다만 제1호에 해당하는 경우에는 그 형식승인을 취소하여야 한다.
   1. 거짓이나 그 밖의 부정한 방법으로 형식승인을 받은 경우
   2. 제26조제3항에 따른 기술기준에 중대하게 위반되는 경우
   3. 제2항에 따른 변경승인명령을 이행하지 아니한 경우
② 국토교통부장관은 제26조제1항에 따른 형식승인이 같은 조 제3항에 따른 기술기준에 위반(이 조 제1항 제2호에 해당하는 경우는 제외한다)된다고 인정하는 경우에는 그 형식승인을 받은 자에게 국토교통부령으로 정하는 바에 따라 변경승인을 받을 것을 명하여야 한다.
③ 제1항제1호에 해당되는 사유로 형식승인이 취소된 경우에는 그 취소된 날부터 2년간 동일한 형식의 철도차량에 대하여 새로 형식승인을 받을 수 없다.

시행령 제26조(형식승인검사를 면제할 수 있는 철도용품)

① 법 제27조제4항에서 준용하는 법 제26조제4항에 따라 형식승인검사를 면제할 수 있는 철도용품은 법 제26조제4항제1호부터 제3호까지의 어느 하나에 해당하는 경우로 한다.

② 법 제27조제4항에서 준용하는 법 제26조제4항제1호에서 "대통령령으로 정하는 철도용품"이란 철도차량 또는 철도시설에 사용되지 아니하는 철도용품을 말한다.

③ 법 제27조제4항에서 준용하는 법 제26조제4항제2호에서 "대통령령으로 정하는 철도용품"이란 국내에서 철도운영에 사용되지 아니하는 철도용품을 말한다.

④ 법 제27조제4항에서 준용하는 법 제26조제4항에 따라 철도용품별로 형식승인검사를 면제할 수 있는 범위는 다음 각 호의 구분과 같다.

  1. 법 제26조제4항제1호 및 제2호에 해당하는 철도용품: 형식승인검사의 전부
  2. 법 제26조제4항제3호에 해당하는 철도용품: 대한민국이 체결한 협정 또는 대한민국이 가입한 협약에서 정한 면제의 범위

규칙 제60조(철도용품 형식승인 신청 절차 등)

① 법 제27조제1항에 따라 철도용품 형식승인을 받으려는 자는 별지 제36호서식의 철도용품 형식승인신청서에 다음 각 호의 서류를 첨부하여 국토교통부장관에게 제출하여야 한다.

  [철도용품 형식승인신청서]
  1. 법 제27조제2항에 따른 철도용품의 기술기준(이하 "철도용품기술기준"이라 한다)에 대한 적합성 입증계획서 및 입증자료
  2. 철도용품의 설계도면, 설계 명세서 및 설명서
  3. 법 제27조제4항에서 준용하는 법 제26조제4항에 따른 형식승인검사의 면제 대상에 해당하는 경우 그 입증서류
  4. 제61조제1항제3호에 따른 용품형식 시험 절차서
  5. 그 밖에 철도용품기술기준에 적합함을 입증하기 위하여 **국토교통부장관이 필요하다고 인정하여 고시하는 서류**

② 법 제27조제4항에서 준용하는 법 제26조제2항 본문에 따라 철도용품 형식승인 받은 사항을 변경하려는 경우에는 별지 제36호의2서식의 철도용품 형식변경승인신청서에 다음 각 호의 서류를 첨부하여 국토교통부장관에게 제출하여야 한다.

1. 해당 철도용품의 철도용품 형식승인증명서
2. 제1항 각 호의 서류(변경되는 부분 및 그와 연관되는 부분에 한정한다)
3. 변경 전후의 대비표 및 해설서

③ 국토교통부장관은 제1항 및 제2항에 따라 철도용품 형식승인 또는 변경승인 신청을 받은 경우에 15일 이내에 승인 또는 변경승인에 필요한 검사 등의 계획서를 작성하여 신청인에게 통보하여야 한다.

예제 철도용품 형식승인 또는 변경승인 신청을 받은 경우에 [   ]에 [   ]를 작성하여 신청인에게 통보하여야 한다.

정답 15일 이내, 승인 또는 변경승인에 필요한 검사 등의 계획서

규칙 제61조(철도용품 형식승인의 경미한 사항 변경)

① 법 제27조제4항에서 준용하는 법 제26조제2항 단서에서 "국토교통부령으로 정하는 경미한 사항을 변경하려는 경우"란 다음 각호의 어느 하나에 해당하는 변경을 말한다.

[경미한 사항을 변경]
1. 철도용품의 안전 및 성능에 영향을 미치지 아니하는 형상 변경
2. 철도용품의 안전에 영향을 미치지 아니하는 설비의 변경
3. 중량분포 및 크기에 영향을 미치지 아니하는 장치 또는 부품의 배치 변경
4. 동일 성능으로 입증할 수 있는 부품의 규격 변경
5. 그 밖에 철도용품의 안전 및 성능에 영향을 미치지 아니한다고 국토교통부장관이 인정하는 사항의 변경

예제 다음 중 철도용품 형식승인의 경미한 사항 변경하려는 경우로 옳지 않은 것은?

가. 철도용품의 안전 및 성능에 영향을 미치지 아니하는 형상 변경
나. 철도용품의 안전에 영향을 미치지 아니하는 설비의 변경
다. 중량분포 및 크기에 영향을 미치지 아니하는 장치 또는 부품의 배치 변경
라. 동일 성능으로 입증할 수 있는 부품의 제작사 변경

철도안전법 시행규칙 제61조(철도용품 형식승인의 경미한 사항 변경)]: '동일 성능으로 입증할 수 있는 부품의 규격 변경'이 맞다.

② 법 제27조제4항에서 준용하는 법 제26조제2항 단서에 따라 경미한 사항을 변경하려는 경우에는 별지 제37호서식의 철도용품 형식변경신고서에 다음 각 호의 서류를 첨부하여 국토교통부장관에게 제출하여야 한다.

  1. 해당 철도용품의 철도용품 형식승인증명서
  2. 제1항 각 호에 해당함을 증명하는 서류
  3. 변경 전후의 대비표 및 해설서
  4. 변경 후의 주요 제원
  5. 철도용품기술기준에 대한 적합성 입증자료(변경되는 부분 및 그와 연관되는 부분에 한정한다)

③ 국토교통부장관은 제2항에 따라 신고를 받은 때에는 제2항 각 호의 첨부서류를 확인한 후 별지 제37호의2서식의 철도용품 형식변경신고확인서를 발급하여야 한다.

[철도용품형식승인 관련 언론보도내용(예)]

외관도(사진)	용품 개요
	① : 차륜 • 차량의 하중을 지지하고 레일 위를 추행할 수 있도록 안내하는 부품으로 링(답면, 플랜지), 보스, 플레이트로 구분 • 200km/h 이상(1종, 고속차량), 200km/h 미만(2종, 고속차량 외)으로 구분
	② : 차축 • 차륜이 압입되어 차량의 중량을 지지하면서 회전운동을 하여 차량을 주행할 수 있게 하는 부품 • 2 00km/h 이상(1종, 고속차량), 200km/h 미만(2종, 고속차량 외)으로 구분
	③ : 연결기 • 철도차량의 편성운행을 위하여 차량과 차량을 연결하는 장치 • 용도에 따라 자동연결기(일반, 고속), 밀착연결기일반, 도시), 중간연결기(편성차량), 자동복합연결기(중련편성) 등으로 구분

[한국시사저널] 주요 철도용품 혀식승인 시행… "안전성 입증해야"

규칙 제62조(철도용품 형식승인검사의 방법 및 증명서 발급 등)

① 법 제27조제2항에 따른 철도용품 형식승인검사는 다음 각 호의 구분에 따라 실시한다.

[철도용품 형식승인검사]

1. 설계적합성 검사: 철도용품의 설계가 철도용품기술기준에 적합한지 여부에 대한 검사
2. 합치성 검사: 철도용품이 부품단계, 구성품단계, 완성품단계에서 제1호에 따른 설계와 합치하게 제작되었는지 여부에 대한 검사
3. 용품형식 시험: 철도용품이 부품단계, 구성품단계, 완성품단계, 시운전단계에서 철도용품기술기준에 적합한지 여부에 대한 시험

② 국토교통부장관은 제1항에 따른 검사 결과 철도용품기술기준에 적합하다고 인정하는 경우에는 별지 제38호의 철도용품 형식승인증명서 또는 별지 제38호의2서식의 철도용품형식변경승인증명서에 형식승인자료집을 첨부하여 신청인에게 발급하여야 한다.

③ 국토교통부장관은 제2항에 따른 철도용품 형식승인증명서 또는 철도용품 형식변경승인증명서를 발급할 때에는 해당 철도용품이 장착될 철도차량 또는 철도시설을 지정할 수 있다.

④ 제2항에 따라 철도용품 형식승인증명서 또는 철도용품 형식변경승인증명서를 발급받은 자가 해당 증명서를 잃어버렸거나 헐어 못쓰게 되어 재발급 받으려는 경우에는 별지 제29호서식의 철도용품 형식승인증명서 재발급 신청서에 헐어 못쓰게 된 증명서(헐어 못쓰게 된 경우만 해당한다)를 첨부하여 국토교통부장관에게 제출하여야 한다.

⑤ 제1항에 따른 철도용품 형식승인검사에 관한 세부적인 기준·절차 및 방법은 국토교통부장관이 정하여 고시한다.

규칙 제63조(철도용품 형식승인검사의 면제 절차)

국토교통부장관은 제60조제1항제3호에 따른 서류의 검토 결과 해당 철도용품이 형식승인검사의 면제 대상에 해당된다고 인정하는 경우에는 신청인에게 면제사실과 내용을 통보하여야 한다.

철도용품 형식승인검사의 방법에 해당하지 않는 것은?

가. 설계적합성 검사　　　　　　　나. 합치성 검사

다. 용품형식 시험　　　　　　　　**라. 제작 검사**

철도안전법 시행규칙 제62조(철도용품 형식승인검사의 방법 및 증명서 발급 등): '제작 검사'는 철도용품 형식승인검사의 방법에 해당하지 않는다.

제27조의2(철도용품 제작자승인)

① 제27조에 따라 형식승인을 받은 철도용품을 제작(외국에서 대한민국에 수출할 목적으로 제작하는 경우를 포함한다)하려는 자는 국토교통부령으로 정하는 바에 따라 철도용품의 제작을 위한 인력, 설비, 장비, 기술 및 제작검사 등 철도용품의 적합한 제작을 위한 유기적 체계(이하 "철도용품 품질관리체계"라 한다)를 갖추고 있는지에 대하여 국토교통부장관으로부터 제작자승인을 받아야 한다.

② 국토교통부장관은 제1항에 따른 제작자승인을 하는 경우에는 해당 철도용품 품질관리체계가 국토교통부장관이 정하여 고시하는 철도용품의 제작관리 및 품질유지에 필요한 기술기준에 적합한지에 대하여 국토교통부령으로 정하는 바에 따라 철도용품 제작자승인검사를 하여야 한다.

③ 제1항에 따라 제작자승인을 받은 자는 해당 철도용품에 대하여 국토교통부령으로 정하는 바에 따라 형식승인을 받은 철도용품임을 나타내는 형식승인표시를 하여야 한다.

④ 제1항에 따른 철도용품 제작자승인의 변경, 철도용품 품질관리체계의 유지·검사 및 시정조치, 과징금의 부과·징수, 제작자승인 등의 면제, 제작자승인의 결격사유 및 지위승계, 제작자승인의 취소, 업무의 제한·정지 등에 관하여는 제7조제3항, 제8조, 제9조, "안전관리체계"는 "철도용품 품질관리체계"로, "철도차량"은 "철도용품"으로 본다.

☞ 「철도안전법」 제7조(안전관리체계의 승인)

③ 철도운영자등은 제1항에 따라 승인받은 안전관리체계를 변경(제5항에 따른 안전관리기준의 변경에 따른 안전관리체계의 변경을 포함한다)하려는 경우에는 국토교통부장관의 변경승인을 받아야 한다. 다만, 국토교통부령으로 정하는 경미한 사항을 변경하려는 경우에는 국토교통부장관에게 신고하여야 한다.

☞ 「철도안전법」 제8조(안전관리체계의 유지 등)

① 철도운영자등은 철도운영을 하거나 철도시설을 관리하는 경우에는 제7조에 따라 승인받은 안전관리체계를 지속적으로 유지하여야 한다.

☞ 「철도안전법」 제9조(승인의 취소 등)

① 국토교통부장관은 안전관리체계의 승인을 받은 철도운영자등이 다음 각 호의 어느 하나에 해당하는 경우에는 그 승인을 취소하거나 6개월 이내의 기간을 정하여 업무의 제한이나 정지를 명할 수 있다. 다만, 제1호에 해당하는 경우에는 그 승인을 취소하여야 한다.

☞ 「철도안전법」 제9조의2(과징금)

① 국토교통부장관은 제9조제1항에 따라 철도운영자등에 대하여 업무의 제한이나 정지를 명하여야 하는 경우로서 그 업무의 제한이나 정지가 철도 이용자 등에게 심한 불편을 주거나 그 밖에 공익을 해할 우려가 있는 경우에는 업무의 제한이나 정지를 갈음하여 30억원 이하의 과징금을 부과할 수 있다.

시행령 제27조(철도용품 제작자승인 관련 과징금의 부과기준)

① 법 제27조의2제4항에서 준용하는 법 제9조의2제2항에 따른 과징금을 부과하는 위반행위의 종류와 과징금의 금액은 별표3과 같다.

② 제1항에 따른 과징금의 부과에 관하여는 제6조제2항 및 제7조를 준용한다.

☞ 「철도안전법 시행령」 제7조 (과징금의 부과 및 납부)

① 국토교통부장관은 법 제9조의2제1항에 따라 과징금을 부과할 때에는 그 위반행위의 종류와 해당 과징금의 금액을 명시하여 이를 납부할 것을 서면으로 통지하여야 한다.

[영 별표 3] 철도용품 제작자승인 관련 과징금의 부과기준 (제27조 관련)

위반행위	근거법조문	과징금 금액(단위 : 백만원)	
		업무정지 (업무제한) 3개월	업무정지 (업무제한) 6개월
1. 법 제27조의2제4항에서 준용하는 법 제7조제3항을 위반하여 변경승인을 받지 않고 철도용품을 제작한 경우	법 제27조의2제4항에서 준용하는 법 제26조의7제1항제2호	10	20
2. 법 제27조의2제4항에서 준용하는 법 제7조제3항을 위반하여 변경신고를 하지 않고 철도용품을 제작한 경우	법 제27조의2제4항에서 준용하는 법 제26조의7제1항제2호	10	20
3. 법 제27조의2제4항에서 준용하는 법 제8조제3항에 따른 시정조치명령을 정당한 사유 없이 이행하지 않은 경우	법 제27조의2제4항에서 준용하는 법 제26조의7제1항제3호	10	20
4. 법 제32조제1항에 따른 명령을 이행하지 않은 경우	법 제27조의2제4항에서 준용하는 법 제26조의7제1항제4호	10	20

시행령 제28조(철도용품 제작자승인 등을 면제할 수 있는 경우 등)

① 법 제27조의2제4항에서 준용하는 법 제26조의3제3항에서 "대한민국이 체결한 협정 또는 대한민국이 가입한 협약에 따라 제작자승인이 면제되는 경우 등 대통령령으로 정하는 경우"란 대한민국이 체결한 협정또는 대한민국이 가입한 협약에 따라 제작자승인이 면제되거나 제작자승인검사의 전부 또는 일부가 면제되는 경우를 말한다.
② 제1항에 해당하는 경우에 제작자승인 또는 제작자승인검사를 면제할 수 있는 범위는 대한민국이 체결한 협정 또는 대한민국이 가입한 협약에서 정한 면제의 범위에 따른다.

규칙 제64조(철도용품 제작자승인의 신청 등)

① 법 제27조의2제1항에 따라 철도용품 제작자 승인을 받으려는 자는 별지 제39호서식의 철도용품 제작자승인신청서에 다음 각 호의 서류를 첨부하여 국토교통부장관에게 제출하여야 한다. 다만, 영 제28조제1항에 따라 제작자승인이 면제되는 경우에는 제4호의

서류만 첨부한다.

1. 법 제27조의2제2항에 따른 철도용품의 제작관리 및 품질유지에 필요한 기술기준(이하 "철도용품제작자승인기준"이라 한다)에 대한 적합성 입증계획서 및 입증자료

2. 철도용품 품질관리체계서 및 설명서

3. 철도용품 제작 명세서 및 설명서

4. 법 제27조의2제4항에서 준용하는 법 제26조의3제3항에 따라 제작자승인 또는 제작자승인검사의 면제 대상에 해당하는 경우 그 입증서류

5. 그 밖에 철도용품제작자승인기준에 적합함을 입증하기 위하여 국토교통부장관이 필요하다고 인정하여 고시하는 서류

② 철도용품 제작자승인을 받은 자가 법 제27조의2제4항에서 준용하는 법 제7조제3항 본문에 따라 철도용품 제작자승인 받은 사항을 변경하려는 경우에는 별지 제39호의2서식의 철도용품 제작자변경승인신청서에 다음 각 호의 서류를 첨부하여 국토교통부장관에게 제출하여야 한다.

1. 해당 철도용품의 철도용품 제작자승인증명서

2. 제1항 각 호의 서류(변경되는 부분 및 그와 연관되는 부분에 한정한다)

3. 변경 전후의 대비표 및 해설서

③ 국토교통부장관은 제1항 및 제2항에 따라 철도용품 제작자승인 또는 변경승인 신청을 받은 경우에 15일 이내에 승인 또는 변경승인에 필요한 검사 등의 계획서를 작성하여 신청인에게 통보하여야 한다.

규칙 제65조(철도용품 제작자승인의 경미한 사항 변경)

① 법 제27조의2제4항에서 준용하는 법 제7조제3항의 단서에서 "국토교통부령으로 정하는 경미한 사항을 변경하는 경우"란 다음 각 호의 어느 하나에 해당하는 경우를 말한다.

1. 철도용품 제작자의 조직변경에 따른 품질관리조직 또는 품질관리책임자에 관한 사항의 변경

2. 법령 또는 행정구역의 변경 등으로 인한 품질관리규정의 세부내용의 변경

3. 서류간 불일치 사항 및 품질관리규정의 기본방향에 영향을 미치지 아니하는 사항으로써 그 변경근거가 분명한 사항의 변경

② 법 제27조의2제4항에서 준용하는 법 제7조제3항 단서에 따라 경미한 사항을 변경하려

는 경우에는 별지 제40호서식의 철도용품 제작자변경신고서에 다음 각 호의 서류를 첨부하여 국토교통부장관에게 제출하여야 한다.

[철도용품 제작자변경신고서에 필요한 서류]
1. 해당 철도용품의 철도용품 제작자승인증명서
2. 제1항 각 호에 해당함을 증명하는 서류
3. 변경 전후의 대비표 및 해설서
4. 변경 후의 철도용품 품질관리체계
5. 철도용품제작자승인기준에 대한 적합성 입증자료(변경되는 부분 및 그와 연관되는 부분에 한정한다)

③ 국토교통부장관은 제2항에 따라 신고를 받은 때에는 제2항 각 호의 첨부서류를 확인한 후 별지 제40호의2서식의 철도용품 제작자승인변경신고확인서를 발급하여야 한다.

예제 철도용품 제작자변경신고서에 첨부되는 서류로 옳지 않은 것은?

가. 해당 철도용품의 철도용품 제작자승인 증명서
나. 철도용품제작자승인기준에 대한 적합성 입증자료(변경되는 부분 및 그와 연관되는 부분 이외의 것을 포함한다)
다. 변경 후의 철도용품 품질관리체계
라. 변경 전후의 대비표 및 해설서

해설 철도안전법 시행규칙 제65조(철도용품 제작자승인의 경미한 사항 변경): 철도용품제작자승인기준에 대한 적합성 입증자료(변경되는 부분 및 그와 연관되는 부분에 한정한다)

규칙 제66조(철도용품 제작자승인검사의 방법 및 증명서 발급 등)

① 법 제27조의2제2항에 따른 철도용품 제작자승인검사는 다음 각 호의 구분에 따라 실시한다.
1. 품질관리체계의 적합성검사: 해당 철도용품의 품질관리체계가 철도용품제작자승인기준에 적합한지 여부에 대한 검사
2. 제작검사: 해당 철도용품에 대한 품질관리체계 적용 및 유지 여부 등을 확인하는 검사

② 국토교통부장관은 제1항에 따른 검사 결과 철도용품제작자승인기준에 적합하다고 인정하는 경우에는 다음 각 호의 서류를 신청인에게 발급하여야 한다.

　　1. 별지 제41호서식의 철도용품 제작자승인증명서 또는 별지 제41호의2서식의 철도용품제작자변경승인증명서

　　2. 제작할 수 있는 철도용품의 형식에 대한 목록을 적은 제작자승인지정서

③ 제2항제1호에 따른 철도용품 제작자승인증명서 또는 철도용품 제작자변경승인증명서를 발급받은 자가 해당 증명서를 잃어버렸거나 헐어 못쓰게 되어 재발급 받으려는 경우에는 별지 제29호서식의 철도용품 제작자승인증명서 재발급 신청서에 헐어 못쓰게 된 증명서(헐어 못쓰게 된 경우만 해당한다)를 첨부하여 국토교통부장관에게 제출하여야 한다.

④ 제1항에 따른 철도용품 제작자승인검사에 관한 세부적인 기준·절차 및 방법은 국토교통부장관이 정하여 고시한다.

규칙 제67조(철도용품 제작자승인 등의 면제 절차)

국토교통부장관은 제64조제1항제4호에 따른 서류의 검토 결과 철도용품이 제작자승인 또는 제작자승인검사의 면제 대상에 해당된다고 인정하는 경우에는 신청인에게 면제사실과 내용을 통보하여야 한다.

규칙 제68조(형식승인을 받은 철도용품의 표시)

① 법 제27조의2제3항에 따라 철도용품 제작자승인을 받은 자는 해당 철도용품에 다음 각 호의 사항을 포함하여 형식승인을 받은 철도용품(이하 "형식승인품"이라 한다)임을 나타내는 표시를 하여야 한다.

[형식승인품임을 나타내는 표시]
1. 형식승인품명 및 형식승인번호
2. 형식승인품명의 제조일
3. 형식승인품의 제조자명(제조자임을 나타내는 마크 또는 약호를 포함한다)
4. 형식승인기관의 명칭

예제 철도용품 제작자승인을 받은 자는 해당 철도용품에 형식승인품명 및 [   ], 형식승인품명의 [   ], 형식승인품의 [   ], [   ]의 명칭을 포함하여 형식승인을 받은 철도용품임을 나타내는 표시를 하여야 한다.

정답 형식승인번호, 제조일, 제조자명, 형식승인기관

② 제1항에 따른 형식승인품의 표시는 국토교통부장관이 정하여 고시하는 표준도안에 따른다.

예제 철도안전법령상 형식승인을 받은 철도용품에 표시하여야 할 사항이 아닌 것은?

가. 형식승인품명 및 형식승인번호   나. 형식승인기관의 명칭
다. 형식승인품의 제조자명   **라. 형식승인품의 사양**

해설 규칙 제68조(형식승인을 받은 철도용품의 표시): '형식승인품의 사양'은 형식승인을 받은 철도용품에 표시하여야 할 사항이 아니다.

[한국철도표준규격]

철도용품 형식승인 1호 획득(철도운행안전과)

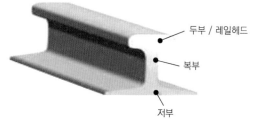

주요 철도용품 형식승인 시행, 안전성 입증해야(철도운행안전과)

철도차량형식승인자료집

형식승인자료집 번호:

「철도안전법」 제26조 및 같은 법 시행규칙 제48조제2항에 따른 본 형식승인자료집은 형식승인증명서 _____의 부분이며, 형식승인증명서가 발행된 철도차량이 철도기술기준을 충족시키는 조건과 제한사항을 다음과 같이 규정한다.

1. 일반사항
　1.1 관련 형식승인증명서 번호:
　1.2 신청회사:　　　　　　　　　　(법인등록번호:　　　　　)
　1.3 대표자:　　　　　　　　　　　(생년월일:　　　　　　)
　1.4 설계자:　　　　　　　　　　　(법인등록번호:　　　　　)
　1.5 차량 종류:
　1.6 차량 형식:
　1.7 형식승인 번호:
　1.8 형식승인 신청일:
　1.9 형식승인 발행일:

2. 형식승인기준
　2.1 철도기술기준:
　2.1 특수기술기준(해당되는 경우):
　2.3 기타 기준:

3. 설계승인
　3.1 승인된 도면
　3.2 승인된 기술문서
　3.3 주요 부품 및 구성품 목록(규격, 제작자정보 등 포함)

규칙 제69조(지위승계의 신고 등)

① 법 제27조의2제4항에서 준용하는 법 제26조의5제2항에따라 철도용품 제작자승인의 지위를 승계하는 자는 별지 제42호서식의 철도용품 제작자승계신고서에 다음 각 호의 서류를 첨부하여 국토교통부장관에게 제출하여야 한다.
　1. 철도용품 제작자승인증명서

2. 사업 양도의 경우: 양도·양수계약서 사본 등 양도 사실을 입증할 수 있는 서류

3. 사업 상속의 경우: 사업을 상속받은 사실을 확인할 수 있는 서류

4. 사업 합병의 경우: 합병계약서 및 합병 후 존속하거나 합병에 따라 신설된 법인의 등기사항증명서

② 국토교통부장관은 제1항에 따라 신고를 받은 경우에 지위승계 사실을 확인한 후 철도용품 제작자승인증명서를 지위승계자에게 발급하여야 한다.

규칙 제70조(철도용품 제작자승인의 취소 등 처분기준)

법 27조의2제4항에서 준용하는 법 제26조의7에 따른 철도용품 제작자승인의 취소 또는 업무의 제한·정지 등의 처분기준은 별표 15와 같다.

[규칙 별표 15] 철도용품 제작자승인 관련 처분기준 (제70조 관련)

1. 일반기준

    가. 위반행위가 둘 이상인 경우로서 그에 해당하는 각각의 처분기준이 다른 경우에는 그 중 무거운 처분기준(무거운 처분기준이 같을 때에는 그 중 하나의 처분기준을 말한다)에 따르며, 둘 이상의 처분기준이 같은 업무제한·정지인 경우에는 무거운 처분기준의 2분의 1의 범위에서 가중할 수 있되, 각 처분기준을 합산한 기간을 초과할 수 없다.

    나. 위반행위의 횟수에 따른 행정처분 기준은 최근 2년간 같은 위반행위로 업무제한·정지처분을 받은 경우에 적용한다. 이 경우 위반횟수는 같은 위반행위에 대하여 최초로 처분을 한 날과 다시 같은 위반행위를 적발한 날을 기준으로 한다.

    다. 처분권자는 다음 각 목의 어느 하나에 해당하는 경우에는 업무제한·정지 처분의 2분의 1의 범위에서 감경할 수 있다. 이 경우 그 처분이 업무제한·정지인 경우에는 그 처분기준의 2분의 1의 범위에서 감경할 수 있고, 승인취소인 경우(법 제27조의2제4항에 따라 준용되는 법 제26조의7제1항제1호 또는 제5호에 해당하는 경우는 제외한다)에는 6개월의 업무정지 처분으로 감경할 수 있다.

        1) 위반행위가 고의나 중대한 과실이 아닌 사소한 부주의나 오류로 인한 것으로 인정되는 경우

        2) 위반상태를 시정하거나 해소하기 위해 노력한 것이 인정되는 경우

        3) 그 밖에 위반행위의 정도, 위반행위의 동기와 그 결과 등을 고려하여 업무제한·정지 기간을 줄일 필요가 있다고 인정되는 경우

    라. 처분권자는 다음 각 목의 어느 하나에 해당하는 경우에는 업무제한·정지 처분의 2분의 1의 범위에서 가중할 수 있다. 다만, 각 업무정지를 합산한 기간이 법 제9조제1항에서 정한 기간을 초과할 수 없다.

        1) 위반의 내용·정도가 중대하여 공중에게 미치는 피해가 크다고 인정되는 경우

        2) 그 밖에 위반행위의 정도, 위반행위의 동기와 그 결과 등을 고려하여 가중할 필요가 있다고 인정되는 경우

---

2. 개별기준

위반사항	근거법조문	처분기준			
		1차 위반	2차 위반	3차 위반	4차 위반
가. 거짓이나 그 밖의 부정한 방법으로 제작자승인을 받은 경우	법 제27조의2 제4항	승인취소			
나. 법 제27조의2에서 준용하는 법 제7조제3항을 위반하여 변경승인을 받지 않고 철도차량을 제작한 경우	법 제27조의2 제4항	업무정지 (업무제한) 3개월	업무정지 (업무제한) 6개월	승인취소	
다. 법 제27조의2에서 준용하는 법 제7조제3항을 위반하여 변경신고를 하지 않고 철도차량을 제작한 경우	법 제27조의2 제4항	경고	업무정지 (업무제한) 3개월	업무정지 (업무제한) 6개월	승인취소
라. 법 제27조의2제4항에서 준용하는 법 제8조제3항에 따른 시정조치명령을 정당한 사유없이 이행하지 않은 경우	법 제27조의2 제4항	경고	업무정지 (업무제한) 3개월	업무정지 (업무제한) 6개월	승인취소
마. 법 제32조제1항에 따른 명령을 이행하지 않은 경우	법 제27조의2 제4항	업무정지 (업무제한) 3개월	업무정지 (업무제한) 6개월	승인취소	
바. 업무정지 기간 중에 철도용품을 제작한 경우	법 제27조의2 제4항	승인취소			

예제 철도용품 제작자승인 관련 처분기준(일반기준)에 관한 내용에서 업무제한·정지 처분인 경우 2분의 1 범위 이내 또는 승인 취소된 경우 6개월 이내의 업무정지처분으로 감경할 수 없는 경우는?

가. 위반행위가 고의나 중대한 과실이 아닌 사소한 부주의나 오류로 인한 것으로 인정되는 경우

나. 위반상태를 시정하거나 해소하기 위해 노력한 것이 인정되는 경우

다. 위반의 내용·정도가 중대하여 공중에게 미치는 피해가 크다고 인정되는 경우

라. 그 밖에 위반행위의 정도, 위반행위의 동기와 그 결과 등을 고려하여 업무제한·정지 기간을 줄일 필요가 있다고 인정되는 경우

해설 철도안전법 시행규칙 [별표 15] 철도용품 제작자승인 관련 처분기준(제70조 관련): 위반의 내용·정도가 중대하여 공중에게 미치는 피해가 크다고 인정되는 경우는 감경하지 못한다.

규칙 제71조(철도용품 품질관리체계의 유지 등)

① 국토교통부장관은 법 제27조의2제4항에서 준용하는 법 제8조제2항에 따라 철도용품 품질관리체계에 대하여 1년마다 1회의 정기검사를 실시하고, 철도용품의 안전 및 품질 확보 등을 위하여 필요하다고 인정하는 경우에는 수시로 검사할 수 있다.

② 국토교통부장관은 제1항에 따라 정기검사 또는 수시검사를 시행하려는 경우에는 검사 시행일 15일 전까지 다음 각 호의 내용이 포함된 검사계획을 철도용품 제작자승인을 받은 자에게 통보하여야 한다.

　1. 검사반의 구성

　2. 검사 일정 및 장소

　3. 검사 수행 분야 및 검사 항목

　4. 중점 검사 사항

　5. 그 밖에 검사에 필요한 사항

③ 국토교통부장관은 정기검사 또는 수시검사를 마친 경우에는 다음 각 호의 사항이 포함된 검사 결과보고서를 작성하여야 한다.

　1. 철도용품 품질관리체계의 검사 개요 및 현황

　2. 철도용품 품질관리체계의 검사 과정 및 내용

　3. 법 제27조의2제4항에서 준용하는 제8조제3항에 따른 시정조치 사항

[예제] **철도용품 품질관리체계의 유지를 위한 국토교통부장관의 업무내용으로 맞지 않은 것은?**

가. 1년에 1회의 정기검사를 실시하여야 한다.

나. 정기검사 또는 수시검사 시행일 15일 전까지 통보하여야 한다.

다. 검사를 마친 후 검사 결과보고서를 작성하여야 한다.

라. 철도용품의 수급이 불안정하기 때문에 필요하다고 인정하는 경우에는 수시로 검사를 할 수 있다.

[해설] 철도안전법 시행규칙 제71조(철도용품 품질관리체계의 유지 등): '철도용품의 안전 및 품질 확보 등을 위하여 필요하다고 인정하는 경우에는 수시로 검사할 수 있다.'가 맞다.

④ 국토교통부장관은 법제27조의2제4항에서 준용하는 법 제8조제3항에 따라 철도용품 제작자승인을 받은 자에게 시정조치를 명하는 경우에는 시정에 필요한 적정한 기간을 주어야 한다.

⑤ 법 제27조의2제4항에서 준용하는 제8조제3항에 따라 시정조치명령을 받은 철도용품 제작자승인을 받은 자는 시정조치를 완료한 경우에는 지체 없이 그 시정내용을 국토교통부장관에게 통보하여야 한다.

⑥ 제1항부터 제5항까지의 규정에서 정한 사항 외에 정기검사 또는 수시검사에 관한 세부적인 기준·방법 및 절차는 국토교통부장관이 정하여 고시한다.

제31조(형식승인 등의 사후관리)

① 국토교통부장관은 제26조 또는 제27조에 따라 형식승인을 받은 철도차량 또는 철도용품의 안전 및 품질의 확인·점검을 위하여 필요하다고 인정하는 경우에는 소속 공무원으로 하여금 다음 각 호의 조치를 하게 할 수 있다.

예제 국토교통부장관은 형식승인을 받은 [   ] 또는 [   ]의 안전 및 품질의 확인·점검을 위하여 필요하다고 인정하는 경우에는 [   ]으로 하여금 다음 각 호의 조치를 하게 할 수 있다.

정답 철도차량, 철도용품, 소속 공무원

1. 철도차량 또는 철도용품이 제26조제3항 또는 제27조제2항에 따른 기술기준에 적합한지에 대한 조사
2. 철도차량 또는 철도용품 형식승인 및 제작자승인을 받은 자의 관계 장부 또는 서류의 열람·제출
3. 철도차량 또는 철도용품에 대한 수거·검사
4. 철도차량 또는 철도용품의 안전 및 품질에 대한 전문연구기관에의 시험·분석 의뢰
5. 그 밖에 철도차량 또는 철도용품의 안전 및 품질에 대한 긴급한 조사를 위하여 국토교통부령으로 정하는 사항

② 철도차량 또는 철도용품 형식승인 및 제작자승인을 받은 자와 철도차량 또는 철도용품의 소유자·점유자·관리인 등은 정당한 사유 없이 제1항에 따른 조사·열람·수거 등을 거부·방해·기피하여서는 아니 된다.

③ 제1항에 따라 조사·열람 또는 검사 등을 하는 공무원은 그 권한을 표시하는 증표를 지

니고 이를 관계인에게 내보여야 한다. 이 경우 그 증표에 관하여 필요한 사항은 국토교통부령으로 정한다.

④ 제26조의6제1항에 따라 철도차량 완성검사를 받은 자가 해당 철도차량을 판매하는 경우 다음 각 호의 조치를 하여야 한다.

  1. 철도차량정비에 필요한 부품을 공급할 것

  2. 철도차량을 구매한 자에게 철도차량정비에 필요한 기술지도·교육과 정비매뉴얼 등 정비 관련 자료를 제공할 것

⑤ 제4항 각 호에 따른 정비에 필요한 부품의 종류 및 공급하여야 하는 기간, 기술지도·교육 대상과 방법, 철도차량정비 관련 자료의 종류 및 제공 방법 등에 필요한 사항은 국토교통부령으로 정한다.

⑥ 국토교통부장관은 제26조의6제1항에 따라 철도차량 완성검사를 받아 해당 철도차량을 판매한 자가 제4항에 따른 조치를 이행하지 아니한 경우에는 그 이행을 명할 수 있다.

예제 철도안전법령상 철도차량 또는 철도용품의 품질수준을 유지하기 위하여 할 수 있는 조치가 아닌 것은?

가. 철도차량 또는 철도용품의 전문연구기관에 시험 의뢰

나. 철도차량 또는 철도용품의 품질인증기준 적합여부 조사

다. 철도차량 또는 철도용품의 규격을 표준화

라. 철도차량 또는 철도용품의 제작자승인을 받은 자의 관계 장부 또는 서류를 열람

해설 '철도안전법 제31조(형식승인 등의 사후관리): 철도차량 또는 철도용품의 규격을 표준화'는 철도차량 또는 철도용품의 품질수준을 유지하기 위하여 할 수 있는 조치가 아니다.

예제 철도안전법상 형식승인 등의 사후관리에 관한 내용으로 틀린 것은?

가. 국토부장관은 형식승인을 받은 철도차량 또는 철도용품의 안전 및 품질의 확인·점검을 위하여 필요하다고 인정하는 경우에는 소속공무원으로 하여금 조치를 하게 할 수 있다.

나. 철도차량 또는 철도용품 형식승인 및 제작자승인을 받은 자와 철도차량 또는 철도용품의 소유자·점유자·관리인 등은 정당한 사유 없이 조사·열람·수거 등을 거부·방해·기피하여서는 아니 된다.

다. 소속 공무원은 철도차량 또는 철도용품에 대한 수거·검사를 할 수 있다.

라. 조사·열람 또는 검사 등을 하는 공무원은 그 권한을 표시하는 증표를 지니고 이를 관계인에게 내보여야 한다. 이 경우 증표에 관하여 필요한 사항은 대통령령으로 한다.

해설 철도안전법 제31조(형식승인 등의 사후관리): 조사 · 열람 또는 검사등을 하는 공무원은 그 권한을 표시하는 증표를 지니고 이를 관계인에게 내보여야 한다. 이 경우 그 증표에 관하여 필요한 사항은 국토교통부령으로 정한다.

예제 철도안전법령상 형식승인 등의 사후관리에 관한 설명으로 틀린 것은?

가. 국토교통부장관이 필요하다고 인정하는 경우 소속공무원이 조치할 수 있다.

나. 소속 공무원은 권한을 표시하는 증표를 지니고 다녀야 한다.

다. 형식승인 및 제작자승인을 받은 자는 정당한 사유 없이 거부 · 방해하여서는 안 된다.

라. 형식승인을 받기 전 철도차량 또는 철도용품의 안전 및 품질의 확인 · 점검을 한다.

해설 철도안전법 제31조(형식승인 등의 사후관리): 형식승인을 받기 전 철도차량 또는 철도용품의 안전 및 품질의 확인 · 점검을 한다.'는 형식승인 등의 사후관리에 관한 내용이 아니다.

예제 형식승인을 받은 철도차량의 안전 및 품질의 확인 · 점검을 위하여 필요하다고 인정하는 경우에는 소속 공무원으로 하여금 조치를 할 수 있는 경우가 아닌 것은?

가. 철도차량 또는 철도용품의 안전 및 품질에 대한 전문연구기관에의 시험 · 분석 의뢰

나. 철도차량 또는 철도용품에 대한 수거 · 검사

다. 철도차량 또는 철도용품 형식승인 및 제작자승인을 받은 자의 관계 장부 또는 서류의 제출 · 보관

라. 그 밖에 철도차량 또는 철도용품의 안전 및 품질에 대한 긴급한 조사를 위하여 국토교통부령으로 정하는 사항

해설 철도안전법 제31조(형식승인 등의 사후관리) 제1항: 철도차량 또는 철도용품 형식승인 및 제작자승인을 받은 자의 관계 장부 또는 서류의 열람 · 제출

규칙 제72조(형식승인 등의 사후관리 대상 등)

① 법 제31조제1항제5호에서 "국토교통부령으로 정하는 사항"이란 다음 각 호의 어느 하나에 해당하는 사항을 말한다.

  1. 사고가 발생한 철도차량 또는 철도용품에 대한 철도운영 적합성 조사

  2. 장기 운행한 철도차량 또는 철도용품에 대한 철도운영 적합성 조사

  3. 철도차량 또는 철도용품에 결함이 있는지의 여부에 대한 조사

4. 그 밖에 철도차량 또는 철도용품의 안전 및 품질에 관하여 국토교통부장관이 필요하다고 인정하여 고시하는 사항

다음 중 국토교통부장관이 정하는 형식승인 등의 사후관리 대상에 해당하지 않는 것은?

가. 철도차량 또는 철도용품에 결함이 있는지의 여부에 대한 조사
나. 사고가 발생한 철도차량 또는 철도용품에 대한 철도운영 적합성 조사
다. 장기 운행한 철도차량 또는 철도용품에 대한 철도운영 적합성 조사
라. 그 밖에 철도차량 또는 철도용품의 안전 및 기술수준에 관하여 국토교통부장관이 필요하다고 인정하여 고시하는 사항

철도안전법 시행규칙 제72조(형식승인 등의 사후관리 대상 등) 제1항: '그 밖에 철도차량 또는 철도용품의 안전 및 품질에 관하여 국토교통부장관이 필요하다고 인정하여 고시하는 사항'이 맞다.

② 법 제31조제3항에 따른 공무원의 권한을 표시하는 증표는 별지 제43호서식에 따른다.

규칙 제72조의2(철도차량 부품의 안정적 공급 등)

① 법 제31조제4항에 따라 철도차량 완성검사를 받아 해당 철도차량을 판매한 자(이하 "철도차량 판매자"라 한다)는 그 철도차량의 완성검사를 받은 날부터 20년 이상 다음 각 호에 따른 부품을 해당 철도차량을 구매한 자(해당 철도차량을 구매한 자와 계약에 따라 해당 철도차량을 정비하는 자를 포함한다. 이하 "철도차량 구매자"라 한다)에게 공급해야 한다. 다만, 철도차량 판매자가 철도차량 구매자와 협의하여 철도차량 판매자가 공급하는 부품 외의 다른 부품의 사용이 가능하다고 약정하는 경우에는 철도차량 판매자는 해당 부품을 철도차량 구매자에게 공급하지 않을 수 있다.

1. 「철도안전법」 제26조에 따라 국토교통부장관이 형식승인 대상으로 고시하는 철도용품
2. 철도차량의 동력전달장치(엔진, 변속기, 감속기, 견인전동기 등), 주행·제동장치 또는 제어장치 등이 고장난 경우 해당 철도차량 자력(自力)으로 계속 운행이 불가능하여 다른 철도차량의 견인을 받아야 운행할 수 있는 부품
3. 그 밖에 철도차량 판매자와 철도차량 구매자의 계약에 따라 공급하기로 약정한 부품

② 제1항에 따라 철도차량 판매자가 철도차량 구매자에게 제공하는 부품의 형식 및 규격은 철도차량 판매자가 판매한 철도차량과 일치해야 한다.

③ 철도차량 판매자는 자신이 판매 또는 공급하는 부품의 가격을 결정할 때 해당 부품의 제조원가(개발비용을 포함한다) 등을 고려하여 신의성실의 원칙에 따라 합리적으로 결정해야 한다.

규칙 제72조의3(자료제공·기술지도 및 교육의 시행)

① 법 제31조제4항에 따라 철도차량 판매자는 해당 철도차량의 구매자에게 다음 각 호의 자료를 제공해야 한다.

1. 해당 철도차량이 최적의 상태로 운용되고 유지보수 될 수 있도록 철도차량시스템 및 각 장치의 개별부품에 대한 운영 및 정비 방법 등에 관한 유지보수 기술문서

2. 철도차량 운전 및 주요 시스템의 작동방법, 응급조치 방법, 안전규칙 및 절차 등에 대한 설명서 및 고장수리 절차서

3. 철도차량 판매자 및 철도차량 구매자의 계약에 따라 공급하기로 약정하는 각종 기술문서

4. 해당 철도차량에 대한 고장진단기(고장진단기의 원활한 작동을 위한 소프트웨어를 포함한다) 및 그 사용 설명서

5. 철도차량의 정비에 필요한 특수공기구 및 시험기와 그 사용 설명서

6. 그 밖에 철도차량 판매자와 철도차량 구매자의 계약에 따라 제공하기로 한 자료

② 제1항제1호에 따른 유지보수 기술문서에는 다음 각 호의 사항이 포함되어야 한다.

1. 부품의 재고관리, 주요 부품의 교환주기, 기록관리 사항

2. 유지보수에 필요한 설비 또는 장비 등의 현황

3. 유지보수 공정의 계획 및 내용(일상 유지보수, 정기 유지보수, 비정기 유지보수 등)

4. 철도차량이 최적의 상태를 유지할 수 있도록 유지보수 단계별로 필요한 모든 기능 및 조치를 상세하게 적은 기술문서

③ 철도차량 판매자는 철도차량 구매자에게 다음 각 호에 따른 방법으로 기술지도 또는 교육을 시행해야 한다.

1. 시디(CD), 디브이디(DVD) 등 영상녹화물의 제공을 통한 시청각 교육

2. 교재 및 참고자료의 제공을 통한 서면 교육

3. 그 밖에 철도차량 판매자와 철도차량 구매자의 계약 또는 협의에 따른 방법

④ 철도차량 판매자는 다음 각 호의 어느 하나에 해당하는 경우에는 해당 철도차량 구매자에게 집합교육 또는 현장교육을 실시해야 한다. 이 경우 철도차량 판매자와 철도차량 구매자는 집합교육 또는 현장교육의 시기, 대상, 기간, 내용 및 비용 등을 협의해야 한다.

  1. 철도차량 판매자가 해당 철도차량 정비기술의 효과적인 보급을 위하여 필요하다고 인정하는 경우

  2. 철도차량 구매자가 해당 철도차량 정비기술을 효과적으로 배우기 위해 집합교육 또는 현장교육이 필요하다고 요청하는 경우

⑤ 철도차량 판매자는 철도차량 구매자에게 해당 철도차량의 인도예정일 3개월 전까지 제1항에 따른 자료를 제공하고 제4항 또는 제5항에 따른 교육을 시행해야 한다. 다만, 철도 차량 구매자가 따로 요청하거나 철도차량 판매자와 철도차량 구매자가 합의하는 경우에는 기술지도 또는 교육의 시기, 기간 및 방법 등을 따로 정할 수 있다.

⑥ 철도차량 판매자가 해당 철도차량 구매자에게 고장진단기 등 장비·기구 등의 제공 및 기술지도·교육을 유상으로 시행하는 경우에는 유사 장비·물품의 가격 및 유사 교육비용 등을 기초로 하여 합리적인 기준에 따라 비용을 결정해야 한다.

규칙 제72조의4(철도차량 판매자에 대한 이행명령)

① 국토교통부장관은 법 제31조제6항에따라 철도차량 판매자에게 이행명령을 하려면 해당 철도차량 판매자가 이행해야 할 구체적인 조치사항 및 이행 기간 등을 명시하여 서면 (전자문서를 포함한다)으로 통지해야 한다.

② 국토교통부장관은 제1항의 이행명령을 통지하기 전에 철도차량 판매자와 해당 철도차량 구매자 간의 분쟁 조정 등을 위하여 철도차량 부품 제작업체, 철도차량 정밀안전진단기관 또는 학계 등 관련분야 전문가의 의견을 들을 수 있다.

제32조(제작 또는 판매 중지 등)

① 국토교통부장관은 제26조 또는 제27조에 따라 형식승인을받은 철도차량 또는 철도용품이 다음 각 호의 어느 하나에 해당하는 경우에는 그 철도차량 또는 철도용품의 제작·

수입·판매 또는 사용의 중지를 명할 수 있다. 다만, 제1호에 해당하는 경우에는 제작·수입·판매 또는 사용의 중지를 명하여야 한다.

1. 제26조의2제1항(제27조제4항에서 준용하는 경우를 포함한다)에 따라 형식승인이 취소된 경우
2. 제26조의2제2항(제27조제4항에서 준용하는 경우를 포함한다)에 따라 변경승인 이행명령을 받은 경우
3. 제26조의6에 따른 완성검사를 받지 아니한 철도차량을 판매한 경우(판매 또는 사용의 중지명령만 해당한다)
4. 형식승인을 받은 내용과 다르게 철도차량 또는 철도용품을 제작·수입·판매한 경우

② 제1항에 따른 중지명령을 받은 철도차량 또는 철도용품의 제작자는 국토교통부령으로 정하는 바에 따라 해당 철도차량 또는 철도용품의 회수 및 환불 등에 관한 시정조치계획을 작성하여 국토교통부장관에게 제출하고 이 계획에 따른 시정조치를 하여야 한다. 다만, 제1항제2호 및 제3호에 해당하는 경우로서 그 위반경위, 위반정도 및 위반효과 등이 국토교통부령으로 정하는 경미한 경우에는 그러하지 아니하다.

③ 제2항 단서에 따라 시정조치의 면제를 받으려는 제작자는 대통령령으로 정하는 바에 따라 국토교통부장관에게 그 시정조치의 면제를 신청하여야 한다.

④ 철도차량 또는 철도용품의 제작자는 제2항 본문에 따라 시정조치를 하는 경우에는 국토교통부령으로 정하는 바에 따라 해당 시정조치의 진행 상황을 국토교통부장관에게 보고하여야 한다.

예제 국토교통부장관이 "형식승인을 받은 철도차량 또는 철도용품의 제작·수입·판매 또는 사용의 중지"를 명하여야 하는 경우로 맞는 것은?

가. 형식승인이 취소된 경우
나. 변경승인 이행명령을 받은 경우
다. 완성검사를 받지 아니한 철도차량을 판매한 경우
라. 형식승인을 받은 내용과 다르게 철도차량 또는 철도용품을 제작·수입·판매한 경우

해설 철도안전법 제32조(제작 또는 판매 중지 등): 국토교통부장관이 "형식승인을 받은 철도차량 또는 철도용품의 제작·수입·판매 또는 사용의 중지"를 명하여야 하는 경우는 형식승인이 취소된 경우이다.

시행령 제29조(시정조치의 면제 신청 등)

① 법 제32조제3항에 따라 시정조치의 면제를 받으려는 제작자는 법 제32조제1항에 따른 중지명령을 받은 날부터 15일 이내에 법 제32조제2항 단서에 따른 경미한 경우에 해당함을 증명하는 서류를 국토교통부장관에게 제출하여야 한다.

예제 시정조치의 면제를 받으려는 제작자는 [   ]을 받은 날부터 [   ]에 경미한 경우에 해당함을 증명하는 서류를 [   ]에게 제출하여야 한다.

정답 중지명령, 15일 이내, 국토교통부장관

② 국토교통부장관은 제1항에 따른 서류를 제출받은 경우에 시정조치의 면제 여부를 결정하고 결정이유, 결정기준과 결과를 신청자에게 통지하여야 한다.

규칙 제73조(시정조치계획의 제출 및 보고 등)

① 법 제32조제2항 본문에 따라 중지명령을 받은 철도차량 또는 철도용품의 제작자는 다음 각 호의 사항이 포함된 시정조치계획서를 국토교통부장관에게 제출하여야 한다.

[시정조치계획서에 포함될 내용]
1. 해당 철도차량 또는 철도용품의 명칭, 형식승인번호 및 제작연월일
2. 해당 철도차량 또는 철도용품의 위반경위, 위반정도 및 위반결과
3. 해당 철도차량 또는 철도용품의 제작 수 및 판매 수
4. 해당 철도차량 또는 철도용품의 회수, 환불, 교체, 보수 및 개선 등 시정계획
5. 해당 철도차량 또는 철도용품의 소유자 · 점유자 · 관리자 등에 대한 통지문 또는 공고문

예제 중지명령을 받은 철도차량 또는 철도용품의 제작사는 시정조치계획서를 국토교통부장관에게 제출하여야 한다. 시정조치 계획서 내용의 설명으로 틀린 것은?
가. 해당 철도차량 또는 철도용품의 회수, 환불, 교체, 보수 및 개선 등 시정계획
나. 해당 철도차량 또는 철도용품의 제작 수 및 판매 수
다. 해당 철도차량 또는 철도용품의 위반시기, 위반정도 및 위반결과

라. 해당 철도차량 또는 철도용품의 명칭, 형식승인번호 및 제작연월일

> **해설** 철도안전법 시행규칙 제73조(시정조치계획의 제출 및 보고 등) 제1항 법 제32조제2항: 중지명령을 받은 철도차량 또는 철도용품의 제작자는 다음 각 호의 사항이 포함된 시정조치계획서를 국토교통부장관에게 제출하여야 한다.
> 1. 해당 철도차량 또는 철도용품의 명칭, 형식승인번호 및 제작연월일
> 2. 해당 철도차량 또는 철도용품의 위반경위, 위반정도 및 위반결과
> 3. 해당 철도차량 또는 철도용품의 제작 수 및 판매 수
> 4. 해당 철도차량 또는 철도용품의 회수, 환불, 교체, 보수 및 개선 등 시정계획
> 5. 해당 철도차량 또는 철도용품의 소유자 · 점유자 · 관리자 등에 대한 통지문 또는 공고문

② 법 제32조제2항 단서에서 "국토교통부령으로 정하는 경미한 경우"란 다음 각 호의 어느 하나에 해당하는 경우를 말한다.
  1. 구조안전 및 성능에 영향을 미치지 아니하는 형상의 변경 위반
  2. 안전에 영향을 미치지 아니하는 설비의 변경 위반
  3. 중량분포에 영향을 미치지 아니하는 장치 또는 부품의 배치 변경 위반
  4. 동일 성능으로 입증할 수 있는 부품의 규격 변경 위반
  5. 안전, 성능 및 품질에 영향을 미치지 아니하는 제작과정의 변경 위반
  6. 그 밖에 철도차량 또는 철도용품의 안전 및 성능에 영향을 미치지 아니한다고 국토교통부장관이 인정하여 고시하는 경우
③ 철도차량 또는 철도용품 제작자가 시정조치를 하는 경우에는 법 제32조제4항에 따라 시정조치가 완료될 때까지 매 분기마다 분기 종료 후 20일 이내에 국토교통부장관에게 시정조치의 진행상황을 보고하여야 하고, 시정조치를 완료한 경우에는 완료 후 20일 이내에 그 시정내용을 국토교통부장관에게 보고하여야 한다.

> **예제** 철도차량 또는 철도용품의 제작 또는 판매 중지의 시정조치의 면제를 받으려는 제작자는 중지명령을 받은 날로부터 며칠 이내에 증명서류를 제출해야 하는가?
>
> 가. 10일   　　　　　　　　나. 20일
> 다. 30일   　　　　　　　　**라. 15일**

> **해설** 철도안전법 시행령 제29조(시정조치의 면제 신청 등) 제1항 법 제32조제3항: 시정 조치의 면제를 받으려는 제작자는 법 제32조제1항에 따른 중지명령을 받은 날부터 15일 이내에 법 제32조제2항 단서에 따른 경미한 경우에 해당함을 증명하는 서류를 국토교통부장관에게 제출하여야 한다.

제34조(표준화)

① 국토교통부장관은 철도의 안전과 호환성의 확보 등을 위하여 철도차량 및 철도용품의 표준규격을 정하여 철도운영자등 또는 철도차량을 제작·조립 또는 수입하려는 자 등 (이하 "차량제작자등"이라 한다)에게 권고할 수 있다. 다만, 「산업표준화법」에 따른 한국산업표준이 제정되어 있는 사항에 대하여는 그 표준에 따른다.

예제 국토교통부장관은 철도의 [   ]과 [   ]의 확보 등을 위하여 철도차량 및 철도용품의 [   ]을 정하여 [   ]등 또는 철도차량을 제작·조립 또는 수입하려는 자 등에게 [   ]할 수 있다.

정답 안전, 호환성, 표준규격, 철도운영자, 권고

② 제1항에 따른 표준규격의 제정·개정 등에 필요한 사항은 국토교통부령으로 정한다.

규칙 제74조(철도표준규격의 제정 등)

① 국토교통부장관은 법 제34조에 따른 철도차량이나 철도용품의 표준규격(이하 "철도표준규격"이라 한다)을 제정·개정하거나 폐지하려는 경우에는 기술위원회의 심의를 거쳐야 한다.
② 국토교통부장관은 철도표준규격을 제정·개정하거나 폐지하는 경우에 필요한 경우에는 공청회등을 개최하여 이해관계인의 의견을 들을 수 있다.
③ 국토교통부장관은 철도표준규격을 제정한 경우에는 해당 철도표준규격의 명칭·번호 및 제정 연월일 등을 관보에 고시하여야 한다. 고시한 철도표준규격을 개정하거나 폐지한 경우에도 또한 같다.
④ 국토교통부장관은 제3항에 따라 철도표준규격을 고시한 날부터 3년마다 타당성을 확인하여 필요한 경우에는 철도표준규격을 개정하거나 폐지할 수 있다. 다만, 철도기술의 향상 등으로 인하여 철도표준규격을 개정하거나 폐지할 필요가 있다고 인정하는 때에는 3년 이내에도 철도표준규격을 개정하거나 폐지할 수 있다.

국토교통부장관은 고시한 날부터 [　]마다 타당성을 확인하여 필요한 경우에는 [　　]을 개정하거나 폐지할 수 있다. 철도기술의 향상 등으로 인하여 철도표준규격을 개정하거나 폐지할 필요가 있다고 인정하는 때에는 [　　] 이내에도 철도표준규격을 개정하거나 폐지할 수 있다.

정답 3년, 철도표준규격, 3년

⑤ 철도표준규격의 제정·개정 또는 폐지에 관하여 이해관계가 있는 자는 별지 제44호서식의 철도표준규격 제정·개정·폐지 의견서에 다음 각 호의 서류를 첨부하여「과학기술분야 정부출연연구기관 등의 설립·운영 및 육성에 관한 법률」에 따른 한국철도기술연구원(이하 "한국철도기술연구원"이라 한다)에 제출할 수 있다.
　1. 철도표준규격의 제정·개정 또는 폐지안
　2. 철도표준규격의 제정·개정 또는 폐지안에 대한 의견서
⑥ 제5항에 따른 의견서를 받은 한국철도기술연구원은 이를 검토한 후 그 검토 결과를 해당이해관계인에게 통보하여야 한다.
⑦ 철도표준규격의 관리 등에 필요한 세부사항은 국토교통부장관이 정하여 고시한다.

예제 다음 중 철도표준규격에 관한 설명으로 맞는 것은?
가. 한국철도기술연구원은 철도표준규격을 제정·개정 또는 폐지함에 있어서 필요하다고 인정하는 때에는 공청회 등을 개최하여 이해관계인의 의견을 들을 수 있다.
나. 철도표준규격을 개정 후 철도기술의 향상으로 철도표준규격을 개정할 필요가 있다고 인정하는 때에는 철도표준규격을 개정할 수 있다.
다. 품질인증기관이 철도표준규격을 제정한 경우에는 당해 철도표준규격의 명칭·번호 및 제정 연월일 등을 관보에 고시하여야 한다.
라. 국토교통부장관은 철도표준규격을 고시한 날부터 2년 마다 타당성을 확인하여야 한다.

해설 규칙 제74조(철도표준규격의 제정 등): 철도기술의 향상 등으로 인하여 철도표준규격을 개정하거나 폐지할 필요가 있다고 인정하는 때에는 3년 이내에도 철도표준규격을 개정하거나 폐지할 수 있다.

[한국철도표준규격]

한국철도표준규격, 목침목(송정석닷컴)

헤로스테크, 승강장 안전발판 '철도표준규격'에
적합판정 획득

예제 철도표준규격의 제정에 관한 설명으로 틀린 것은?

가. 철도표준규격을 고시한 날부터 3년마다 타당성을 확인하여 개정하거나 폐지할 수 있다.

나. 철도표준규격의 관리 등에 필요한 세부사항은 대통령이 정하여 고시한다.

다. 철도표준규격을 제정한 경우에는 관보에 고시하여야 한다.

라. 철도용품이 표준규격을 제정·개정·폐지하려는 경우는 기술위원회의 심의를 거쳐야 한다.

해설 철도안전법 시행규칙 제74조(철도표준규격의 제정 등): 제7항 철도표준규격의 관리 등에 필요한 세부사항은 국토교통부장관이 정하여 고시한다.

제38조(종합시험운행)

① 철도운영자등은 철도노선을 새로 건설하거나 기존노선을 개량하여 운영하려는 경우에는 정상운행을 하기 전에 종합시험운행을 실시한 후 그 결과를 국토교통부장관에게 보고하여야 한다.

`예제` 철도운영자등은 철도노선을 새로 [　　]하거나 기존노선을 [　]하여 운영하려는 경우에는 [　　　]을 하기 전에 [　　　　]을 실시한 후 그 결과를 국토교통부장관에게 보고하여야 한다.

`정답` 건설, 개량, 정상운행, 종합시험운행

② 국토교통부장관은 제1항에 따른 보고를 받은 경우에는 「철도의 건설 및 철도시설 유지 관리에 관한 법률」 제19조제1항에 따른 기술기준에의 적합 여부, 철도시설 및 열차운행 체계의 안전성 여부, 정상운행 준비의 적절성 여부 등을 검토하여 필요하다고 인정하는 경우에는 개선·시정할 것을 명할 수 있다.

`예제` 국토교통부장관은 [　　　　　　　], [　　　　　　　　], [　　　　　　　　　] 등을 검토하여 필요하다고 인정하는 경우에는 [　　　]할 것을 명할 수 있다.

`정답` 기술기준에의 적합 여부, 철도시설 및 열차운행체계의 안전성 여부, 정상운행 준비의 적절성 여부, 개선·시정

[종합시험운행을 실시한 후 필요한 검토사항]
1. 기술기준에의 적합 여부
2. 철도시설 및 열차운행체계의 안전성 여부
3. 정상운행 준비의 적절성 여부

③ 제1항 및 제2항에 따른 종합시험운행의 실시 시기·방법·기준과 개선·시정 명령 등에 필요한 사항은 국토교통부령으로 정한다.

`예제` 철도안전법령상 철도운영자등은 철도노선을 새로 건설하거나 기존 노선을 개량하여 운영 하려는 경우에는 철도시설의 설치상태 및 열차운행체계의 점검과 철도종사자의 업무숙달 등을 위하여 정상운행을 하기 전에 하여야 하는 것은?

가. 정밀진단　　　　　　　　　　　　나. 내구연한 검사
다. 종합시험운행　　　　　　　　　　라. 성능시험

해설 철도안전법 제38조(종합시험운행) 제1항 철도운영자등은 철도노선을 새로 건설하거나 기존노선을 개량하여 운영하려는 경우에는 정상운행을 하기 전에 종합시험운행을 실시한 후 그 결과를 국토교통부장관에게 보고하여야 한다.

[개통 전 종합시험운행실시]

김포도시철도 오늘부터 종합시험운행 _ 실제영업 가정해 검증 (BizM, 2019.03.12.)	도시철도 '김포 골드라인' 개통… 전 구간 32분 주파 (매일경제, 2019.09.28.)

예제 종합시험운행에 관한 내용으로 틀린 것은?

가. 철도운영자등은 철도노선을 새로 건설하거나 기존노선을 개량하여 운영하려는 경우에 정상운행을 하기 전에 실시한다.

나. 철도운영자등은 정상운행을 하기 전에 종합시험운행을 실시한 후 그 결과를 국토교통부장관에게 보고하여야 한다.

다. **국토교통부장관은 기술성능에의 적합 여부, 철도시설 및 열차운행체계의 안전성 여부, 정상운행 준비의 효과성 여부 등을 검토하여 필요하다고 인정하는 경우에는 개선·시정할 것을 명하여야 한다.**

라. 종합시험운행의 실시 시기·방법·기준과 개선·시정 명령 등에 필요한 사항은 국토교통부령으로 정한다.

해설 철도안전법 제38조(종합시험운행): 국토교통부장관은 기술기준에의 적합 여부, 철도시설 및 열차운행체계의 안전성 여부, 정상운행 준비의 적절성 여부 등을 검토하여 필요하다고 인정하는 경우에는 개선·시정할 것을 명할 수 있다.

규칙 제75조(종합시험운행의 시기 · 절차 등)

① 철도운영자등이 법 제38조제1항에 따라 실시하는 종합시험운행(이하 "종합시험운행"이라 한다)은 해당 철도노선의 영업을 개시하기 전에 실시한다.

② 종합시험운행은 철도운영자와 합동으로 실시한다. 이 경우 철도운영자는 종합시험운행의 원활한 실시를 위하여 철도시설관리자로부터 철도차량, 소요인력 등의 지원 요청이 있는 경우 특별한 사유가 없는 한 이에 응하여야 한다.

예제 종합시험운행은 철도운영자와 [   ]으로 실시한다.

정답 합동

③ 철도시설관리자는 종합시험운행을 실시하기 전에 철도운영자와 협의하여 다음 각 호의 사항이 포함된 종합시험운행계획을 수립하여야 한다.

[종합시험운행계획 내용]
1. 종합시험운행의 방법 및 절차
2. 평가항목 및 평가기준 등
3. 종합시험운행의 일정
4. 종합시험운행의 실시 조직 및 소요인원
5. 종합시험운행에 사용되는 시험기기 및 장비
6. 종합시험운행을 실시하는 사람에 대한 교육훈련계획
7. 안전관리조직 및 안전관리계획
8. 비상대응계획
9. 그 밖에 종합시험운행의 효율적인 실시와 안전 확보를 위하여 필요한 사항

예제 종합시험운행계획을 수립하여야 할 사항은 다음과 같다.
1. 종합시험운행의 [   ]
2. [   ] 및 평가기준 등
3. 종합시험운행의 [   ]
4. 종합시험운행의 실시 조직 및 [   ]

5. 종합시험운행에 사용되는 [   ] 및 장비

6. 종합시험운행을 실시하는 사람에 대한 [   ]

7. [   ] 및 안전관리계획

8. [   ]대응계획

정답 방법 및 절차, 평가항목, 일정, 소요인원, 시험기기, 교육훈련계획, 안전관리조직, 비상

예제 철도시설관리자가 종합시험운행을 실시하기 전에 철도운영자와 협의하여 종합시험운행 계획을 수립하는 내용으로 틀린 것은?

가. 종합시험운행의 방법 및 절차　　　　나. 평가항목 및 평가기준 등

다. 종합시험운행의 실시 조직 및 소요인원　　**라. 종합시험운행 전반에 대한 교육훈련계획**

해설 철도안전법 시행규칙 제75조(종합시험운행의 시기 · 절차 등) 제3항: '종합시험운행을 실시하는 사람에 대한 교육훈련계획'이 맞다.

예제 종합시험운행계획에 포함되는 사항으로 틀린 것은?

가. 종합시험운행의 일정

나. 평가방법 및 평가절차 등

다. 종합시험운행을 실시하는 사람에 대한 교육훈련계획

라. 종합시험운행의 실시 조직 및 소요인원

해설 철도안전법 시행규칙 제75조(종합시험운행의 시기 · 절차 등): '평가항목 및 평가기준 등'이 맞다.

예제 다음 중 철도안전법령에서의 종합시험운행계획 수립 시 포함되어야 하는 사항이 아닌 것은?

가. 종합시험운행을 실시하는 사람에 대한 교육훈련계획

나. 안전관리조직 및 안전관리계획

다. 평가항목 및 평가기준 등

라. 종합시험운행계획에 사용되는 시험기기 및 정비계획

해설 철도안전법 시행규칙 제75조(종합시험운행의 시기·절차 등)
　　　라. 종합시험운행계획에 사용되는 시험기기 및 장비

예제 철도안전법령상 철도시설관리자와 철도운영자가 협의하여 수립한 종합시험운행계획에 포함 되어야 할 내용으로 틀린 것은?

가. 연도별 종합시험운행 계획 및 결산

나. 종합시험운행의 실시 조직 및 소요인원

다. 비상대응계획

라. 종합시험운행의 방법 및 절차

해설 철도안전법 시행규칙 제75조(종합시험운행의 시기·절차 등) 제3항: '연도별 종합시험운행 계획 및 결산'은 포함되지 않는다.

④ 철도시설관리자는 종합시험운행을 실시하기 전에 철도운영자와 합동으로 해당 철도노선에 설치된 철도시설물에 대한 기능 및 성능 점검결과를 설명한 서류에 대한 검토 등 사전검토를 하여야 한다.

⑤ 종합시험운행은 다음 각 호의 절차로 구분하여 순서대로 실시한다.

[종합시험운행의 실시 순서]

1. 시설물검증시험: 해당 철도노선에서 허용되는 최고속도까지 단계적으로 철도차량의 속도를 증가시키면서 철도시설의 안전상태, 철도차량의 운행적합성이나 철도시설물과의 연계성(Interface), 철도시설물의 정상 작동 여부 등을 확인·점검하는 시험

2. 영업시운전: 시설물검증시험이 끝난 후 영업 개시에 대비하기 위하여 열차운행계획에 따른 실제 영업상태를 가정하고 열차운행체계 및 철도종사자의 업무숙달 등을 점검하는 시험

예제 종합시험운행은 [   ]시험과 [   ]시험을 순서대로 실시한다.

정답 시설물검증, 영업시운전

예제 철도안전법령상 종합시험운행의 시험으로 맞는 것은?

가. 시설물검증시험   나. 주행시험

다. 운영시운전시험   라. 안전운행시험

철도안전법 시행규칙 제75조(종합시험운행의 시기·절차 등) 제5항: 철도안전법령상 종합시험운행의 시험으로 맞는 것은 시설물검증시험이다.

⑥ 철도시설관리자는 기존 노선을 개량한 철도노선에 대한 종합시험운행을 실시하는 경우에는 철도운영자와 협의하여 제2항에 따른 종합시험운행 일정을 조정하거나 그 절차의 일부를 생략할 수 있다.

예제 다음 중 종합시험운행에 관한 설명으로 틀린 것은?

가. 철도운영자등이 실시하는 종합시험운행(이하 종합시험운행이라 한다)은 해당 철도노선의 영업을 개시하기 전에 실시한다.

나. 종합시험운행은 철도운영자와 합동으로 실시한다. 이 경우 철도운영자는 종합시험운행의 원활한 실시를 위하여 철도시설관리자로부터 철도차량, 소요 인력등의 지원 요청이 있는 경우 특별한 사유가 없는 한 이에 응하여야 한다.

다. 철도시설관리자는 기존 노선을 개량한 철도노선에 대한 종합시험운행을 실시하는 경우에는 철도운영자와 협의하여 종합시험운행 일정을 조정하거나 그 절차의 일부를 생략하여서는 아니 된다.

라. 철도시설관리자는 종합시험운행을 실시하기 전에 철도운영자와 합동으로 해당 철도노선에 설치된 철도시설물에 대한 기능 및 성능 점검결과를 설명한 서류에 대한 검토 등 사전검토를 하여야 한다.

해설 철도안전법 시행규칙 제75조(종합시험운행의 시기·절차 등): 철도시설관리자는 기존 노선을 개량한 철도노선에 대한 종합시험운행을 실시하는 경우에는 철도운영자와 협의하여 종합시험운행 일정을 조정하거나 그 절차의 일부를 생략할 수 있다.

⑦ 철도시설관리자는 제5항 및 제6항에 따라 종합시험운행을 실시하는 경우에는 철도운영자와 합동으로 종합시험운행의 실시내용·실시결과 및 조치내용 등을 확인하고 이를 기록·관리하여야 하며, 그 결과를 국토교통부장관에게 보고하여야 한다.

⑧ 철도운영자등은 제75조의2제2항에 따라 철도시설의 개선·시정명령을 받은 경우나 열차운행체계 또는 운행준비에 대한 개선·시정명령을 받은 경우에는 이를 개선·시정하여야 하고, 개선·시정을 완료한 후에는 종합시험운행을 다시 실시하여 국토교통부장관에게 그 결과를 보고하여야 한다. 이 경우 제5항 각 호의 종합시험운행절차 중 일부를 생략할 수 있다.

⑨ 철도운영자등이 종합시험운행을 실시하는 때에는 안전관리책임자를 지정하여 다음 각 호의 업무를 수행하도록 하여야 한다.

[종합시험운행을 실시 시 업무수행 내용]
1. 「산업안전보건법」 등 관련 법령에서 정한 안전조치사항의 점검·확인
2. 종합시험운행을 실시하기 전의 안전점검 및 종합시험운행 중 안전관리 감독
3. 종합시험운행에 사용되는 철도차량에 대한 안전 통제
4. 종합시험운행에 사용되는 안전장비의 점검·확인
5. 종합시험운행 참여자에 대한 안전교육

예제 철도운영자등이 종합시험운행을 실시할 때 안전관리책임자를 지정하여 점검 확인하여야 하는 항목으로 틀린 것은?

가. 「산업안전보건법」 등 관련 법령에서 정한 안전조치사항의 점검·확인
나. 종합시험운행에 사용되는 철도차량에 대한 안전 통제 및 안전장비의 점검·확인
다. 종합시험운행을 실시하기 전의 안전점검 및 종합시험운행 중 안전관리 감독
라. 종합시험운행 참여자에 대한 사전 안전교육수료 필증의 제시·확인

해설 철도안전법 시행규칙 제75조(종합시험운행의 시기·절차 등) 제9항: '종합시험운행 참여자에 대한 안전교육'은 필수적으로 시행해야 한다.

⑩ 그 밖에 종합시험운행의 세부적인 절차·방법 등에 관하여 필요한 사항은 국토교통부장관이 정하여 고시한다.

예제 다음 설명 중 맞는 것은?

가. 철도운영자는 국토교통부장관이 정하여 고시하는 기술기준에 맞게 철도시설을 설치하여야 한다.
나. 표준규격의 제정·개정 등에 필요한 사항은 국토교통부령으로 정한다.
다. 국토교통부장관은 소유자 등이 개조승인을 받지 아니하고 임의로 철도차량을 개조하여 운행하는 경우 운행제한을 명하여야 한다.
라. 종합시험운행의 실시 시기·방법·기준과 개선·시정 명령 등에 필요한 사항은 대통령령으로 정한다.

가. 철도안전법 제 25조(삭제)

다. 철도안전법 제 38조의3(철도차량의 운행제한) 국토교통부장관은 소유자 등이 개조승인을 받지 아니하고 임의로 철도차량을 개조하여 운행하는 경우 운행제한을 명할 수 있다.

라. 철도안전법 제38조(종합시험운행) 종합시험운행의 실시 시기·방법·기준과 개선·시정명령 등에 필요한 사항은 국토교통부령으로 정한다.

종합시험운행에 관한 것으로 틀린 것은?

가. 철도운영자등은 철도노선을 새로 건설하거나 기존노선을 개량하여 운영하려는 경우에는 정상운행을 하기 전에 종합시험운행을 실시한 후 그 결과를 국토교통부장관에게 보고하여야 한다.

나. 종합시험운행의 실시 시기·방법·기준과 개선·시정 명령 등에 필요한 사항은 국토교통부령으로 정한다.

다. 종합시험운행의 세부적인 절차·방법 등에 관하여 필요한 사항은 대통령령으로 정하여 고시한다.

라. 철도시설관리자는 종합시험운행을 실시하기 전에 해당 철도노선에 설치된 철도시설물에 대한 기능 및 성능 점검결과를 설명한 서류에 대한 검토 등 사전검토를 하여야 한다.

철도안전법 시행규칙 제75조(종합시험운행의 시기·절차 등): 종합시험운행의 세부적인 절차·방법 등에 관하여 필요한 사항은 국토교통부장관이 정하여 고시한다.

규칙 제75조의2(종합시험운행 결과의 검토 및 개선명령 등)

① 법 제38조제2항에 따라 실시되는 종합시험운행의 결과에 대한 검토는 다음 각 호의 절차로 구분하여 순서대로 실시한다.

[종합시험운행의 결과에 대한 검토내용 및 순서]

1. 「철도의 건설 및 철도시설 유지관리에 관한 법률」 제19조제1항 및 제2항에 따른 기술기준에의 적합여부 검토
2. 철도시설 및 열차운행체계의 안전성 여부 검토
3. 정상운행 준비의 적절성 여부 검토

종합시험운행의 결과에 대한 검토는 [   ], [   ], [   ]의 절차로 구분하여 순서대로 실시한다.

② 국토교통부장관은 「도시철도법」 제3조제2호에 따른 도시철도 또는 같은 법 제24조 또는 제42조에 따라 도시철도건설사업 또는 도시철도운송사업을 위탁받은 법인이 건설·운영하는 도시철도에 대하여 제1항에 따른 검토를 하는 경우에는 해당 도시철도의 관할 시·도지사와 협의할 수 있다. 이 경우 협의 요청을 받은 시·도지사는 협의를 요청받은 날부터 7일 이내에 의견을 제출하여야 하며, 그 기간 내에 의견을 제출하지 아니하면 의견이 없는 것으로 본다.

③ 국토교통부장관은 제1항에 따른 검토 결과 해당 철도시설의 개선·보완이 필요하거나 열차운행체계 또는 운행준비에 대한 개선·보완이 필요한 경우에는 법 제38조제2항에 따라 철도운영자등에게 이를 개선·시정할 것을 명할 수 있다.

예제 국토교통부장관은 종합시험운행의 검토 결과 해당 철도시설의 [   ]이 필요하거나 [   ] 또는 [   ]에 대한 [   ]이 필요한 경우에는 철도운영자등에게 이를 개선·시정할 것을 명할 수 있다.

예제 다음 중 종합시험운행의 결과의 검토 및 개선명령에 관한 사항으로 틀린 것은?

가. 국토교통부장관은 검토결과 해당 철도시설의 개선·보완이 필요하거나 열차안전체계 또는 열차운행계획에 대한 개선·보완이 필요한 경우에는 철도운영자등에게 이를 개선·시정할 것을 명할 수 있다.

나. 철도시설 및 열차운행체계의 안전성 여부 검토

다. 기술기준에의 적합여부 검토

라. 종합시험운행의 결과 검토에 대한 세부적인 기준·절차 및 방법에 관하여 필요한 사항은 국토교통부장관이 정하여 고시한다.

④ 제1항에 따른 종합시험운행의 결과 검토에 대한 세부적인 기준·절차 및 방법에 관하여 필요한 사항은 국토교통부장관이 정하여 고시한다.

제38조의2(철도차량의 개조 등)

① 철도차량을 소유하거나 운영하는 자(이하 "소유자등"이라 한다)는 철도차량 최초 제작 당시와 다르게 구조, 부품, 장치 또는 차량성능 등에 대한 개량및 변경 등(이하 "개조" 라 한다)을 임의로 하고 운행하여서는 아니 된다.

② 소유자등이 철도차량을 개조하여 운행하려면 제26조제3항에 따른 철도차량의 기술기준 에 적합한지에 대하여 국토교통부령으로 정하는 바에 따라 국토교통부장관의 승인(이하 "개조승인"이라 한다)을 받아야 한다. 다만, 국토교통부령으로 정하는 경미한 사항을 개 조하는 경우에는 국토교통부장관에게 신고(이하 "개조신고"라 한다)하여야 한다.

☞ 「철도안전법」 제26조 (철도차량 형식승인)
③ 국토교통부장관은 제1항 및 제2항에도 불구하고 대한민국이 체결한 협정 또는 대한민국이 가입한 협약 에 따라 제작자승인이 면제되는 경우 등 대통령령으로 정하는 경우에는 제작자승인 대상에서 제외하거 나 제작자 승인검사의 전부 또는 일부를 면제할 수 있다.
③ 소유자등이 철도차량을 개조하여 개조승인을 받으려는 경우에는 국토교통부령으로 정하는 바에 따라 적 정 개조능력이 있다고 인정되는 자가 개조 작업을 수행하도록 하여야 한다.
④ 국토교통부장관은 개조승인을 하려는 경우에는 해당 철도차량이 제26조제3항에 따라 고시하는 철도차 량의 기술기준에 적합한지에 대하여 개조승인검사를 하여야 한다.
⑤ 제2항 및 제4항에 따른 개조승인절차, 개조신고절차, 승인방법, 검사기준, 검사방법 등에 대하여 필요한 사항은 국토교통부령으로 정한다.

3. 다음 각 목의 어느 하나에 해당하지 아니하는 장치 또는 부품의 개조 또는 변경
    가. 주행장치 중 주행장치틀, 차륜 및 차축
    나. 제동장치 중 제동제어장치 및 제어기
    다. 추진장치 중 인버터 및 컨버터
    라. 보조전원장치
    마. 차상신호장치(지상에 설치된 신호장치로부터 열차의 운행조건 등에 관한 정보를 수신하여 철도차량의 운전실에 속도감속 또는 정지 등 철도차량의 운전에 필요 한 정보를 제공하기 위하여 철도차량에 설치된 장치를 말한다)

바. 차상통신장치

사. 종합제어장치

아. 철도차량기술기준에 따른 화재시험 대상인 부품 또는 장치. 다만, 「화재예방, 소방시설 설치·유지 및 안전관리에 관한 법률」 제9조제1항에 따른 화재안전기준을 충족하는 부품 또는 장치는 제외한다.

4. 법 제27조에 따라 국토교통부장관으로부터 철도용품 형식승인을 받은 용품으로 변경하는 경우(제1호 및 제2호에 따른 요건을 모두 충족하는 경우로서 소유자등이 지상에 설치되어 있는 설비와 철도차량의 부품·구성품 등이 상호 접속되어 원활하게 그 기능이 확보되는지에 대하여 확인한 경우에 한한다)

5. 철도차량 제작자와 철도차량 구매자의 계약에 따른 하자보증 또는 성능개선 등을 위한 장치 또는 부품의 변경

6. 철도차량 개조의 타당성 및 적합성 등에 관한 검토·시험을 위한 대표편성 철도차량의 개조에 대하여 「과학기술분야 정부출연연구기관 등의 설립·운영 및 육성에 관한 법률」에 따른 한국철도기술연구원의 승인을 받은 경우

7. 철도차량의 장치 또는 부품을 개조한 이후 개조 전의 장치 또는 부품과 비교하여 철도차량의 고장 또는 운행장애가 증가하여 개조 전의 장치 또는 부품으로 긴급히 교체하는 경우

8. 그 밖에 철도차량의 안전, 성능 등에 미치는 영향이 미미하다고 국토교통부장관으로부터 인정을 받은 경우

② 제1항을 적용할 때 다음 각 호의 어느 하나에 해당하는 경우에는 철도차량의 개조로 보지 아니한다.

1. 철도차량의 유지보수(점검 또는 정비 등) 계획에 따라 일상적·반복적으로 시행하는 부품이나 구성품의 교체·교환

2. 차량 내·외부 도색 등 미관이나 내구성 향상을 위하여 시행하는 경우

3. 승객의 편의성 및 쾌적성 제고와 청결·위생·방역을 위한 차량 유지관리

4. 다음 각 목의 장치와 관련되지 아니한 소프트웨어의 수정

가. 견인장치

나. 제동장치

다. 차량의 안전운행 또는 승객의 안전과 관련된 제어장치

라. 신호 및 통신 장치

5. 차체 형상의 개선 및 차내 설비의 개선

6. 철도차량 장치나 부품의 배치위치 변경

7. 기존 부품과 동등 수준 이상의 성능임을 제시하거나 입증할 수 있는 부품의 규격 수정

8. 소유자등이 철도차량 개조의 타당성 등에 관한 사전 검토를 위하여 여객 또는 화물 운송을 목적으로 하지 아니하고 철도차량의 시험운행을 위한 전용선로 또는 영업 중인 선로에서 영업운행 종료 이후 30분이 경과된 시점부터 다음 영업운행 개시 30분 전까지 해당 철도차량을 운행하는 경우(소유자등이 안전운행 확보방안을 수립하여 시행하는 경우에 한한다)

9. 「철도사업법」에 따른 전용철도 노선에서만 운행하는 철도차량에 대한 개조

10. 그 밖에 제1호부터 제7호까지에 준하는 사항으로 국토교통부장관으로부터 인정을 받은 경우

③ 소유자등이 제1항에 따른 경미한 사항의 철도차량 개조신고를 하려면 해당 철도차량에 대한 개조작업 시작예정일 10일 전까지 별지 제45호의2서식에 따른 철도차량 개조신고서에 다음 각 호의 서류를 첨부하여 국토교통부장관에게 제출하여야 한다.

1. 제1항 각 호의 어느 하나에 해당함을 증명하는 서류

2. 제1호와 관련된 제75조의3제1항제1호부터 제6호까지의 서류

④ 국토교통부장관은 제3항에 따라 소유자등이 제출한 철도차량 개조신고서를 검토한 후 적합하다고 판단하는 경우에는 별지 제45호의3서식에 따른 철도차량 개조신고확인서를 발급하여야 한다.

예제 다음 중 철도차량 개조 등에 대한 설명이 잘못된 것은?

가. 철도차량을 소유하거나 운영하는 자는 철도차량 최초 제작 당시와 다르게 구조, 부품, 장치 또는 차량성능 등에 대한 개량 및 변경 등을 임의로 하고 운행하여서는 아니 된다.

나. 소유자등이 철도차량을 개조하여 개조승인을 받으려는 경우에는 국토교통부령으로 정하는 바에 따라 적정 개조능력이 있다고 인정되는 자가 개조 작업을 수행하도록 하여야 한다.

다. 개조승인절차, 개조신고절차, 승인방법, 검사기준, 검사방법 등에 대하여 필요한 사항은 국토교통부령으로 정한다.

라. 소유자등이 철도차량을 개조하여 개조승인을 받으려는 경우에는 대통령령으로 정하는 바에 따라 적정 개조능력이 있다고 인정되는 자가 개조 작업을 수행하도록 하여야 한다.

철도안전법 제38조의2(철도차량의 개조 등): 소유자등이 철도차량을 개조하여 개조승인을 받으려는 경우에는 국토교통부령으로 정하는 바에 따라 적정 개조능력이 있다고 인정되는 자가 개조 작업을 수행하도록 하여야 한다.

규칙 제75조의5(철도차량 개조능력이 있다고 인정되는 자)

법 제38조의2제3항에서 "국토교통부령으로 정하는 적정 개조능력이 있다고 인정되는 자"란 다음 각 호의 어느 하나에 해당하는 자를 말한다.

1. 개조 대상 철도차량 또는 그와 유사한 성능의 철도차량을 제작한 경험이 있는 자
2. 개조 대상 부품 또는 장치 등을 제작하여 납품한 실적이 있는 자
3. 개조 대상 부품·장치 또는 그와 유사한 성능의 부품·장치 등을 1년 이상 정비한 실적이 있는 자
4. 법 제38조의7제2항에 따른 인증정비조직
5. 개조 전의 부품 또는 장치 등과 동등 수준 이상의 성능을 확보할 수 있는 부품 또는 장치 등의 신기술을 개발하여 해당 부품 또는 장치를 철도차량에 설치 또는 개량하는 자

규칙 제75조의6(개조승인 검사 등)

① 법 제38조의2제4항에 따른 개조승인 검사는 다음 각 호의 구분에 따라 실시한다.
   1. 개조적합성 검사: 철도차량의 개조가 철도차량기술기준에 적합한지 여부에 대한 기술문서 검사
   2. 개조합치성 검사: 해당 철도차량의 대표편성에 대한 개조작업이 제1호에 따른 기술문서와 합치하게 시행되었는지 여부에 대한 검사
   3. 개조형식시험: 철도차량의 개조가 부품단계, 구성품단계, 완성차단계, 시운전단계에서 철도차량기술기준에 적합한지 여부에 대한 시험
② 국토교통부장관은 제1항에 따른 개조승인 검사 결과 철도차량기술기준에 적합하다고 인정하는 경우에는 별지 제45호의4서식에 따른 철도차량 개조승인증명서에 철도차량 개조승인 자료집을 첨부하여 신청인에게 발급하여야 한다.
③ 제1항 및 제2항에서 정한 사항 외에 개조승인의 절차 및 방법 등에 관한 세부사항은 국토교통부장관이 정하여 고시한다.

제38조의3(철도차량의 운행제한)

① 국토교통부장관은 다음 각 호의 어느 하나에 해당하는 사유가 있다고 인정되면 소유자 등에게 철도차량의 운행제한을 명할 수 있다.

1. 소유자등이 개조승인을 받지 아니하고 임의로 철도차량을 개조하여 운행하는 경우
2. 철도차량이 제26조제3항에 따른 철도차량의 기술기준에 적합하지 아니한 경우

☞ 「철도안전법」 제26조 (철도차량 형식승인)
③ 국토교통부장관은 제1항 및 제2항에도 불구하고 대한민국이 체결한 협정 또는 대한민국이 가입한 협약에 따라 제작자승인이 면제되는 경우 등 대통령령으로 정하는 경우에는 제작자승인 대상에서 제외하거나 제작자승인검사의 전부 또는 일부를 면제할 수 있다.

② 국토교통부장관은 제1항에 따라 운행제한을 명하는 경우 사전에 그 목적, 기간, 지역, 제한내용 및 대상 철도차량의 종류와 그 밖에 필요한 사항을 해당 소유자등에게 통보하여야 한다.

규칙 제75조의7(철도차량의 운행제한 처분기준)

법 제38조의3제1항에 따른 소유자등에 대한 철도차량의 운행제한 처분기준은 별표 16과 같다.

[규칙 별표 16] 철도차량의 운행제한 관련 처분기준 (제75조의7 관련)

1. 일반기준
   가. 위반행위의 횟수에 따른 행정처분의 가중된 부과기준은 최근 2년 동안 같은 위반행위로 행정처분을 받은 경우에 적용한다. 이 경우 기간의 계산은 위반행위에 대하여 행정처분을 받은 날과 그 처분 후 다시 같은 위반행위를 하여 적발된 날을 기준으로 한다.
   나. 가목에 따라 가중된 부과처분을 하는 경우 가중처분의 적용 차수는 그 위반행위 전 부과처분 차수(가목에 따른 기간 내에 행정처분이 둘 이상 있었던 경우에는 높은 차수를 말한다)의 다음 차수로 한다.
   다. 위반행위가 둘 이상인 경우로서 각 처분내용이 모두 운행제한·정지인 경우에는 그 중 무거운 처분기준에 해당하는 운행제한·정지 기간의 2분의 1의 범위에서 가중할 수 있다. 다만, 가중하는 경우에도 각 처분기준에 따른 운행제한·정지 기간을 합산한 기간 및 6개월을 넘을 수 없다.
   라. 국토교통부장관은 다음의 어느 하나에 해당하는 경우에는 제2호의 개별기준에 따른 운행세한·정시 기간의 2분의 1 범위에서 그 기간을 줄일 수 있다.

---

1) 위반행위가 사소한 부주의나 오류로 인한 것으로 인정되는 경우
2) 위반행위자가 법 위반상태를 시정하거나 해소하기 위한 노력이 인정되는 경우
3) 그 밖에 위반행위의 정도, 위반행위의 동기와 그 결과 등을 고려하여 운행제한·정지기간을 줄일 필요가 있다고 인정되는 경우
마. 국토교통부장관은 다음의 어느 하나에 해당하는 경우에는 제2호의 개별기준에 따른 운행제한·정지기간의 2분의 1 범위에서 그 기간을 늘릴 수 있다. 다만, 늘리는 경우에도 6개월을 넘을 수 없다.
1) 위반의 내용 및 정도가 중대하여 공중에게 미치는 피해가 크다고 인정되는 경우
2) 법 위반상태의 기간이 6개월 이상인 경우
3) 그 밖에 위반행위의 정도, 위반행위의 동기와 그 결과 등을 고려하여 운행제한·정지 기간을 늘릴 필요가 있다고 인정되는 경우

2. 개별기준

위반 행위	근거법조문	처 분 기 준			
		1차 위반	1차 위반	1차 위반	1차 위반
가. 철도차량이 법 제26조제3항에 따른 철도차량의 기술기준에 적합하지 않은 경우	법 제38조의3 제1항제2호	시정명령	해당 철도차량 운행정지 1개월	해당 철도차량 운행정지 2개월	해당 철도차량 운행정지 4개월
나. 소유자등이 법 제38조의 2제2항 본문을 위반하여 개조승인을 받지 않고 임의로 철도차량을 개조하여 운행하는 경우	법 제38조의3 제1항제1호	해당 철도차량 운행정지 1개월	해당 철도차량 운행정지 2개월	해당 철도차량 운행정지 4개월	철도차량 운행정지 6개월

제38조의4(준용규정)

철도차량 운행제한에 대한 과징금의 부과·징수에 관하여는 제9조의2를 준용한다. 이 경우 "철도운영자등"은 "소유자등"으로, "업무의 제한이나 정지"는 "철도차량의 운행제한"으로 본다.

시행령 제29조의2(철도차량 운행제한 관련 과징금의 부과기준)

법 제38조의4에서 준용하는 법 제9조의2에 따라 과징금을 부과하는 위반행위의 종류와 과징금의 금액은 별표 4와 같다.

[시행령 별표 4] 철도차량의 운행제한 관련 과징금의 부과기준 (제29조의2 관련)

1. 일반기준

가. 위반행위의 횟수에 따른 과징금의 가중된 부과기준은 최근 2년간 같은 위반행위로 과징금 부과처분을 받은 경우에 적용한다. 이 경우 기간의 계산은 위반행위에 대하여 과징금 부과처분을 받은 날과 그 처분 후 다시 같은 위반행위를 하여 적발된 날을 기준으로 한다.

나. 가목에 따라 가중된 부과처분을 하는 경우 가중처분의 적용 차수는 그 위반행위 전 부과처분 차수(가목에 따른 기간 내에 과징금 부과처분이 둘 이상 있었던 경우에는 높은 차수를 말한다)의 다음 차수로 한다.

다. 위반행위가 둘 이상인 경우로서 각 처분내용이 모두 운행제한인 경우에는 각 처분기준에 따른 과징금을 합산한 금액을 넘지 않는 범위에서 무거운 처분기준에 해당하는 과징금 금액의 2분의 1의 범위에서 가중할 수 있다.

라. 국토교통부장관은 다음의 어느 하나에 해당하는 경우에는 제2호의 개별기준에 따른 과징금 금액의 2분의 1 범위에서 그 금액을 줄일 수 있다. 다만, 과징금을 체납하고 있는 위반행위자의 경우에는 그렇지 않다.

    1) 위반행위가 사소한 부주의나 오류로 인한 것으로 인정되는 경우

    2) 위반행위자가 법 위반상태를 시정하거나 해소하기 위한 노력이 인정되는 경우

    3) 그 밖에 위반행위의 정도, 위반행위의 동기와 그 결과 등을 고려하여 과징금을 줄일 필요가 있다고 인정되는 경우

마. 국토교통부장관은 다음의 어느 하나에 해당하는 경우에는 제2호의 개별기준에 따른 과징금 금액의 2분의 1 범위에서 그 금액을 늘릴 수 있다. 다만, 법 제9조의2제1항에 따른 과징금 금액의 상한을 넘을 수 없다.

    1) 위반의 내용 및 정도가 중대하여 공중에게 미치는 피해가 크다고 인정되는 경우

    2) 법 위반상태의 기간이 6개월 이상인 경우

    3) 그 밖에 위반행위의 정도, 위반행위의 동기와 그 결과 등을 고려하여 과징금을 늘릴 필요가 있다고 인정되는 경우

2. 개별기준

위반행위	근거법조문	과징금 금액(단위: 백만원)			
		1차위반	2차위반	3차위반	4차위반
가. 철도차량이 법제26조제3항에 따른 철도차량의 기술기준에 적합하지 않은 경우	법 제38조의3 제1항제2호		5	15	30
나. 법 제38조의2제2항 본문을 위반하여 소유자등이 개조승인을 받지 않고 임의로 철도차량을 개조하여 운행하는 경우	법 제38조의3 제1항제1호	5	15	30	50

예제 개조승인을 받지 않고 소유자 등이 임의로 철도차량을 개조하여 운행하는 경우 1차위반의
과징금은?

가. 3백만원   나. 5백만원

다. 7백만원   라. 1천만원

해설 철도안전법 시행령 [별표 4] 철도차량의 운행제한 관련 과징금 부과기준: 개조승인을 받지 않고 소유자
등이 임의로 철도차량을 개조하여 운행하는 경우 1차위반의 과징금은 5백만원이다.

제38조의5(철도차량의 이력관리)

① 소유자등은 보유 또는 운영하고 있는 철도차량과 관련한 제작, 운용, 철도차량정비 및
폐차 등 이력을 관리하여야 한다.

예제 소유자등은 보유 또는 운영하고 있는 철도차량과 관련한 [   ], [   ], [   ] 등
이력을 관리하여야 한다.

정답 제작, 운용, 철도차량정비 및 폐차

② 제1항에 따라 이력을 관리하여야 할 철도차량, 이력관리 항목, 전산망 등 관리체계, 방
법 및 절차 등에 필요한 사항은 국토교통부장관이 정하여 고시한다.

③ 누구든지 제1항에 따라 관리하여야 할 철도차량의 이력에 대하여 다음 각 호의 행위를
하여서는 아니 된다.

   1. 이력사항을 고의 또는 과실로 입력하지 아니하는 행위

   2. 이력사항을 위조·변조하거나 고의로 훼손하는 행위

   3. 이력사항을 무단으로 외부에 제공하는 행위

④ 소유자등은 제1항의 이력을 국토교통부장관에게 정기적으로 보고하여야 한다.

⑤ 국토교통부장관은 제4항에 따라 보고된 철도차량과 관련한 제작, 운용, 철도차량정비
및 폐차 등 이력을 체계적으로 관리하여야 한다.

예제 국토교통부장관은 철도차량과 관련한 [   ], [   ], [   ] 및 [   ] 등 이력을 체계적으로 관리하여야 한다.

정답 제작, 운용, 철도차량정비, 폐차

예제 다음 중 철도차량의 이력관리에 대한 설명으로 옳은 것은?

가. 소유자등은 보유 또는 운영하고 있는 열차와 관련한 제작, 운용, 열차정비 및 폐차 등 이력을 관리하여야 한다.

나. 이력을 관리하여야 할 철도차량, 이력관리 항목, 전산망 등 관리체계, 방법 및 절차 등에 필요한 사항은 대통령이 정하여 고시한다.

다. 소유자등은 보유 또는 운영하고 있는 열차와 관련한 제작, 운용, 열차정비 및 폐차 등 이력을 국토교통부장관에게 정기적으로 보고하여야 한다.

라. 국토교통부장관은 소유자 등이 정기적으로 보고한 철도차량과 관련한 제작, 운용, 철도차량정비 및 폐차 등 이력을 체계적으로 관리하여야 한다.

해설 제38조의5(철도차량의 이력관리): 국토교통부장관은 제4항에 따라 보고된 철도차량과 관련한 제작, 운용, 철도차량정비 및 폐차 등 이력을 체계적으로 관리하여야 한다.

제38조의6(철도차량정비 등)

① 철도운영자등은 운행하려는 철도차량의 부품, 장치 및 차량성능 등이 안전한 상태로 유지될 수 있도록 철도차량정비가 된 철도차량을 운행하여야 한다.

② 국토교통부장관은 제1항에 따른 철도차량을 운행하기 위하여 철도차량을 정비하는 때에 준수하여야 할 항목, 주기, 방법 및 절차 등에 관한 기술기준(이하 "철도차량정비기술기준"이라 한다)을 정하여 고시하여야 한다.

③ 국토교통부장관은 철도차량이 다음 각 호의 어느 하나에 해당하는 경우에 철도운영자등에게 해당 철도차량에 대하여 국토교통부령으로 정하는 바에 따라 철도차량정비 또는 원상복구를 명할 수 있다. 다만, 제2호 또는 제3호에 해당하는 경우에는 국토교통부장관은 철도운영자등에게 철도차량정비 또는 원상복구를 명하여야 한다.

  1. 철도차량기술기준에 적합하지 아니하거나 안전운행에 지장이 있다고 인정되는 경우
  2. 소유자등이 개조승인을 받지 아니하고 철도차량을 개조한 경우

3. 국토교통부령으로 정하는 철도사고 또는 운행장애 등이 발생한 경우

[철도차량정비 현장]

수도권 철도차량정비단. "옷에 불똥이 타고 들어가는데 뜨거워도 참고 해요"(뉴스인사이드)

인천교통공사, 철도차량 정비조직 국가인증 획득 (아주경제)

규칙 제75조의8(철도차량정비 또는 원상복구 명령 등)

① 국토교통부장관은 법 제38조의6제3항에 따라 철도운영자등에게 철도차량정비 또는 원상복구를 명하는 경우에는 그 시정에 필요한 기간을 주어야 한다.

② 국토교통부장관은 제1항에 따라 철도운영자등에게 철도차량정비 또는 원상복구를 명하는 경우 대상 철도차량 및 사유 등을 명시하여 서면(전자문서를 포함한다. 이하 이 조에서 같다)으로 통지해야 한다.

③ 철도운영자등은 법 제38조의6제3항에 따라 국토교통부장관으로부터 철도차량정비 또는 원상복구 명령을 받은 경우에는 그 명령을 받은 날부터 14일 이내에 시정조치계획서를 작성하여 서면으로 국토교통부장관에게 제출해야 하고, 시정조치를 완료한 경우에는 지체 없이 그 시정내용을 국토교통부장관에게 서면으로 통지해야 한다.

④ 법 제38조의6제3항제3호에서 "국토교통부령으로 정하는 철도사고 또는 운행장애 등"이란 다음 각 호의 경우를 말한다.

 1. 철도차량의 고장 등 철도차량 결함으로 인해 법 제61조 및 이 규칙 제86조제3항에 따른 보고대상이 되는 열차사고 또는 위험사고가 발생한 경우

 2. 철도차량의 고장 등 철도차량 결함에 따른 철도사고로 사망자가 발생한 경우

 3. 동일한 부품·구성품 또는 장치 등의 고장으로 인해 법 제61조 및 이 규칙 제86조제

3항에 따른 보고대상이 되는 지연운행이 1년에 3회 이상 발생한 경우

4. 그 밖에 철도 운행안전 확보 등을 위해 국토교통부장관이 정하여 고시하는 경우

제38조의7(철도차량 정비조직인증)

① 철도차량정비를 하려는 자는 철도차량정비에 필요한인력, 설비 및 검사체계 등에 관한 기준(이하 "정비조직인증기준"이라 한다)을 갖추어 국토교통부장관으로부터 인증을 받아야 한다. 다만, 국토교통부령으로 정하는 경미한 사항의 경우에는 그러하지 아니하다.

② 제1항에 따라 정비조직의 인증을 받은 자(이하 "인증정비조직"이라 한다)가 인증받은 사항을 변경하려는 경우에는 국토교통부장관의 변경인증을 받아야 한다. 다만, 국토교통부령으로 정하는 경미한 사항을 변경하는 경우에는 국토교통부장관에게 신고하여야 한다.

③ 국토교통부장관은 정비조직을 인증하려는 경우에는 국토교통부령으로 정하는 바에 따라 철도차량정비의 종류·범위·방법 및 품질관리절차 등을 정한 세부 운영기준(이하 "정비조직운영기준"이라 한다)을 해당 정비조직에 발급하여야 한다.

④ 제1항부터 제3항까지에 따른 정비조직인증기준, 인증절차, 변경인증절차 및 정비조직운영기준 등에 필요한 사항은 국토교통부령으로 정한다.

[철도차량 정비조직 국가인증 (예)]

철도차량 정비조직 국가인증 획득(인천교통공사)　　「철도차량 정비조직」 국가 인증 취득(대구도시철도)

규칙 제75조의9(정비조직인증의 신청 등)

① 법 제38조의7제1항에 따른 정비조직인증기준(이하 "정비조직인증기준"이라 한다)은 다음 각 호와 같다.

   [정비조직인증기준]

   1. 정비조직의 업무를 적절하게 수행할 수 있는 인력을 갖출 것
   2. 정비조직의 업무범위에 적합한 시설 · 장비 등 설비를 갖출 것
   3. 정비조직의 업무범위에 적합한 철도차량 정비매뉴얼, 검사체계 및 품질관리체계 등을 갖출 것

   예제 [   ], [   ], [   ]은 정비조직인증기준에 필요한 기준이다.

   정답 인력을 갖출 것, 적합한 시설 · 장비 등 설비를 갖출 것, 정비매뉴얼, 검사체계 및 품질관리체계 등을 갖출 것

② 법 제38조의7제1항에 따라 철도차량 정비조직의 인증을 받으려는 자는 철도차량 정비 업무 개시예정일 60일 전까지 별지 제45호의5서식의 철도차량 정비조직인증 신청서에 정비조직인증기준을 갖추었음을 증명하는 자료를 첨부하여 국토교통부장관에게 제출해야 한다.

③ 법 제38조의7제1항 따라 철도차량 정비조직의 인증을 받은 자(이하 "인증정비조직"이라 한다)가 같은 조 제2항 따라 인증정비조직의 변경인증을 받으려면 변경내용의 적용 예정일 30일 전까지 별지 제45호의6서식의 인증정비조직 변경인증 신청서에 다음 각 호의 서류를 첨부하여 국토교통부장관에게 제출해야 한다.

   1. 변경하고자 하는 내용과 증명서류
   2. 변경 전후의 대비표 및 설명서

④ 제1항 및 제2항에서 정한 사항 외에 정비조직인증에 관한 세부적인 기준 · 방법 및 절차 등은 국토교통부장관이 정하여 고시한다.

예제 다음 중 정비조직인증의 신청 등에 대한 항목 중 틀린 것은?

가. 정비조직의 업무를 적절하게 수행할 수 있는 인력을 갖출 것

나. 정비조직의 업무에 적합한 정비검사, 제작검사체계 및 설비를 갖출 것

다. 정비조직의 업무범위에 적합한 시설·장비 등 설비를 갖출 것

라. 정비조직의 업무범위에 적합한 철도차량 정비매뉴얼, 검사체계 및 품질관리체계 등을 갖출 것

해설 규칙 제75조의9(정비조직인증의 신청 등): '정비조직의 업무에 적합한 정비검사, 제작검사체계 및 설비를 갖출 것'은 정비조직인증의 신청에 필요한 항목이 아니다.

규칙 제75조의10(정비조직인증서의 발급 등)

① 국토교통부장관은 제75조의9제2항 및 제3항에 따른 철도차량 정비조직인증 또는 변경인증의 신청을 받으면 제75조의9제1항에 따른 정비조직인증기준에 적합한지 여부를 확인해야 한다.

② 국토교통부장관은 제1항에 따른 확인 결과 정비조직인증기준에 적합하다고 인정하는 경우에는 별지 제45호의7서식의 철도차량 정비조직인증서에 철도차량정비의 종류·범위·방법 및 품질관리절차 등을 정한 운영기준(이하 "정비조직운영기준"이라 한다)을 첨부하여 신청인에게 발급해야 한다.

③ 인증정비조직은 정비조직운영기준에 따라 정비조직을 운영해야 한다.

④ 제1항에 따른 세부적인 기준, 절차 및 방법과 제2항에 따른 정비조직운영기준 등에 관한 세부 사항은 국토교통부장관이 정하여 고시한다.

⑤ 국토교통부장관은 제2항에 따라 철도차량 정비조직인증서를 발급한 때에는 그 사실을 관보에 고시해야 한다.

[철도차량 정비조직 국가인증서]

■ 철도안전법 시행규칙 [별지 제45호의7서식] 〈신설 2019. 6. 18.〉

제   호

철도차량 정비조직인증서

1. 회사명:

2. 대표자:

3. 소재지:

4. 업무 범위

    [   ] 고속철도차량   [   ] 일반철도차량   [   ] 도시철도차량

    [   ] 중정비(重整備)   [   ] 경정비(經整備)

    [   ] 기타 (   )

「철도안전법」 제38조의7제1항 및 같은 법 시행규칙 제75조의10제2항에 따라 정비조직운영기준의 범위에서 인가된 정비조직을 운영하는 것을 승인합니다.

년   월   일

국토교통부장관

직인

규칙 제75조의11(정비조직인증기준의 경미한 변경 등)

① 법 제38조의7제1항 단서에서 "국토교통부령으로 정하는 경미한 사항"이란 다음 각 호의 어느 하나에 해당하는 정비조직을 말한다.

  1. 철도차량 정비업무에 상시 종사하는 사람이 50명 미만의 조직

  2. 「중소기업기본법 시행령」 제8조에 따른 소기업 중 해당 기업의 주된 업종이 운수 및

창고업에 해당하는 기업(「통계법」제22조에 따라 통계청장이 고시하는 한국표준산업분류의 대분류에 따른 운수 및 창고업을 말한다)

　　3. 「철도사업법」에 따른 전용철도 노선에서만 운행하는 철도차량을 정비하는 조직

② 법 제38조의7제2항 단서에서 "국토교통부령으로 정하는 경미한 사항의 변경"이란 다음 각 호의 어느 하나에 해당하는 사항의 변경을 말한다.

　　1. 철도차량 정비를 위한 사업장을 기준으로 철도차량 정비와 관련된 업무를 수행하는 인력의 100분의 10 이하 범위에서의 변경

　　2. 철도차량 정비를 위한 사업장을 기준으로 철도차량 정비에 직접 사용되는 토지 면적의 1만제곱미터 이하 범위에서의 변경

　　3. 그 밖에 철도차량 정비의 안전 및 품질 등에 중대한 영향을 초래하지 않는 설비 또는 장비 등의 변경

③ 제2항에도 불구하고 인증정비조직은 다음 각 호의 어느 하나에 해당하는 경우 정비조직 인증의 변경에 관한 신고(이하 이 조에서 "인증변경신고"라 한다)를 하지 않을 수 있다.

　　1. 철도차량 정비를 위한 사업장을 기준으로 철도차량 정비와 관련된 업무를 수행하는 인력이 100분의 5 이하 범위에서 변경되는 경우

　　2. 철도차량 정비를 위한 사업장을 기준으로 철도차량 정비에 직접 사용되는 면적이 3천제곱미터 이하 범위에서 변경되는 경우

　　3. 철도차량 정비를 위한 설비 또는 장비 등의 교체 또는 개량

　　4. 그 밖에 철도차량 정비의 안전 및 품질 등에 영향을 초래하지 않는 사항의 변경

④ 인증정비조직은 법 제38조의7제2항 단서에 따라 인증정비조직의 경미한 사항의 변경에 관한 신고를 하려면 별지 제45호의8서식의 인증정비조직 변경신고서에 다음 각 호의 서류를 첨부하여 국토교통부장관에게 제출해야 한다.

　　1. 변경 예정인 내용과 증명서류

　　2. 변경 전후의 대비표 및 설명서

⑤ 국토교통부장관은 제4항에 따른 인증정비조직 변경신고서를 받은 때에는 정비조직인증 기준에 적합한지 여부를 확인한 후 별지 제45호의9서식의 인증정비조직 변경신고확인서를 발급해야 한다.

⑥ 제2항부터 제5항까지의 규정에서 정한 사항 외에 인증변경신고에 관한 세부적인 방법 및 절차 등은 국토교통부장관이 정하여 고시한다.

제38조의8(결격사유)

다음 각 호의 어느 하나에 해당하는 자는 정비조직의 인증을 받을 수 없다. 법인인 경우에는 임원 중 다음 각 호의 어느 하나에 해당하는 사람이 있는 경우에도 또한 같다.

1. 피성년후견인 및 피한정후견인
2. 파산선고를 받은 자로서 복권되지 아니한 자
3. 제38조의10에 따라 정비조직의 인증이 취소(제38조의10제1항제4호에 따라 제1호 및 제2호에 해당되어 인증이 취소된 경우는 제외한다)된 후 2년이 지나지 아니한 자
4. 이 법을 위반하여 징역 이상의 실형을 선고받고 그 집행이 끝나거나 그 집행이 면제된 날부터 2년이 지나지 아니한 사람
5. 이 법을 위반하여 징역 이상의 형의 집행유예를 선고받고 그 유예기간 중에 있는 사람

제38조의9(인증정비조직의 준수사항)

인증정비조직은 다음 각 호의 사항을 준수하여야 한다.

1. 철도차량정비기술기준을 준수할 것
2. 정비조직인증기준에 적합하도록 유지할 것
3. 정비조직운영기준을 지속적으로 유지할 것
4. 중고 부품을 사용하여 철도차량정비를 할 경우 그 적정성 및 이상 여부를 확인할 것
5. 철도차량정비가 완료되지 않은 철도차량은 운행할 수 없도록 관리할 것

제38조의10(인증정비조직의 인증 취소 등)

① 국토교통부장관은 인증정비조직이 다음 각 호의 어느 하나에 해당하면 인증을 취소하거나 6개월 이내의 기간을 정하여 업무의 제한이나 정지를 명할 수 있다. 다만, 제1호, 제2호(고의에 의한 경우로 한정한다) 및 제4호에 해당하는 경우에는 그 인증을 취소하여야 한다.

 1. 거짓이나 그 밖의 부정한 방법으로 인증을 받은 경우
 2. 고의 또는 중대한 과실로 국토교통부령으로 정하는 철도사고 및 중대한 운행장애를 발생시킨 경우

3. 제38조의7제2항을 위반하여 변경인증을 받지 아니하거나 변경신고를 하지 아니하고 인증받은 사항을 변경한 경우

4. 제38조의8제1호 및 제2호에 따른 결격사유에 해당하게 된 경우

5. 제38조의9에 따른 준수사항을 위반한 경우

② 제1항에 따른 정비조직인증의 취소, 업무의 제한 또는 정지의 기준 및 절차 등에 필요한 사항은 국토교통부령으로 정한다.

규칙 제75조의12(인증정비조직의 인증 취소 등)

① 법 제38조의10제1항제2호에서 "국토교통부령으로 정하는 철도사고 및 중대한 운행장애"란 다음 각 호의 어느 하나에 해당하는 경우를 말한다.

1. 철도사고로 사망자가 발생한 경우

2. 철도사고 또는 운행장애로 5억원 이상의 재산피해가 발생한 경우

② 법 제38조의10제2항에 따른 정비조직인증의 취소, 업무의 제한 또는 정지 등 처분기준은 별표 17과 같다.

③ 국토교통부장관은 제2항에 따른 처분을 한 경우에는 지체 없이 그 인증정비조직에 별지 제11호의3서식의 지정기관 행정처분서를 통지하고 그 사실을 관보에 고시해야 한다.

[규칙 별표 17] 인증정비조직 관련 처분기준 (제75조의12제2항 관련)

1. 일반기준

가. 위반행위의 횟수에 따른 행정처분의 가중된 부과기준은 최근 2년간 같은 위반행위로 행정처분을 받은 경우에 적용한다. 이 경우 기간의 계산은 위반행위에 대하여 행정처분을 받은 날과 그 처분 후 다시 같은 위반행위를 하여 적발된 날을 기준으로 한다.

나. 가목에 따라 가중된 부과처분을 하는 경우 가중처분의 적용 차수는 그 위반행위 전 부과처분 차수(가목에 따른 기간 내에 행정처분이 둘 이상 있었던 경우에는 높은 차수를 말한다)의 다음 차수로 한다.

다. 위반행위가 둘 이상인 경우로서 그에 해당하는 각각의 처분기준이 다른 경우에는 그 중 무거운 처분기준(무거운 처분기준이 같을 때에는 그 중 하나의 처분기준을 말한다)에 따르며, 둘 이상의 처분기준이 같은 업무제한·정지인 경우에는 무거운 처분기준의 2분의 1의 범위에서 가중할 수 있되, 각 처분기준을 합산한 기간을 초과할 수 없다.

라. 국토교통부장관은 다음의 어느 하나에 해당하는 경우에는 제2호의 개별기준에 따른 업무제한·정지 기간의 2분의 1의 범위에서 그 기간을 줄일 수 있다.

      1) 위반행위가 사소한 부주의나 오류로 인한 것으로 인정되는 경우

      2) 위반행위자가 법 위반상태를 시정하거나 해소하기 위한 노력이 인정되는 경우

      3) 그 밖에 위반행위의 정도, 위반행위의 동기와 그 결과 등을 고려하여 업무제한·정지 기간을 줄일 필요가 있다고 인정되는 경우

  마. 국토교통부장관은 다음의 어느 하나에 해당하는 경우에는 제2호의 개별기준에 따른 업무제한·정지 기간의 2분의 1의 범위에서 그 기간을 늘릴 수 있다. 다만, 법 제38조의10제1항에 따른 업무제한·정지 기간의 상한을 넘을 수 없다.

      1) 위반의 내용 및 정도가 중대하여 공중에게 미치는 피해가 크다고 인정되는 경우

      2) 법 위반상태의 기간이 6개월 이상인 경우

      3) 그 밖에 위반행위의 정도, 위반행위의 동기와 그 결과 등을 고려하여 업무제한·정지 기간을 늘릴 필요가 있다고 인정되는 경우

2. 개별기준

가. 법 제38조의10제1항제1호, 제3호, 제4호 및 제5호 관련

위반행위	근거법조문	처 분 기 준			
		1차 위반	2차 위반	3차 위반	4차 위반
1) 거짓이나 그 밖의 부정한 방법으로 인증을 받은 경우	법 제38조의10 제1항제1호	인증 취소			
2) 법 제38조의7제2항을 위반하여 변경인증을 받지 않거나 변경신고를 하지 않고 인증받은 사항을 변경한 경우	법 제38조의10 제1항제3호	업무정지 (업무제한) 1개월	업무정지 (업무제한) 2개월	업무정지 (업무제한) 4개월	업무정지 (업무제한) 6개월
3) 법 제38조의8제1호 및 제2호에 따른 결격사유에 해당하게 된 경우	법 제38조의10 제1항제4호	인증 취소			
4) 법 제38조의9에 따른 준수사항을 위반한 경우	법 제38조의10 제1항제5호	업무정지 (업무제한) 1개월	업무정지 (업무제한) 2개월	업무정지 (업무제한) 4개월	업무정지 (업무제한) 6개월

나. 법 제38조의10제1항제2호 관련

위반행위	근거법조문	처 분 기 준
1) 인증정비조직의 고의에 따른 철도사고로 사망자가 발생하거나 운행장애로 5억원 이상의 재산피해가 발생한 경우	법 제38조의10 제1항제2호	인증 취소
2) 인증정비조직의 중대한 과실로 철도사고 및 운행장애를 발생시킨 경우	법 제38조의10 제1항제2호	

가) 철도사고로 인한 사망자 수
    (1) 1명 이상 3명 미만   업무정지(업무제한) 1개월
    (2) 3명 이상 5명 미만   업무정지(업무제한) 2개월
    (3) 5명 이상 10명 미만   업무정지(업무제한) 4개월
    (4) 10명 이상   업무정지(업무제한) 6개월
나) 철도사고 또는 운행장애로 인한 재산피해액
    (1) 5억원 이상 10억원 미만   업무정지(업무제한) 15일
    (2) 10억원 이상 20억원 미만   업무정지(업무제한) 1개월
    (3) 20억원 이상   업무정지(업무제한) 2개월

제38조의11(준용규정)

인증정비조직에 대한 과징금의 부과ㆍ징수에 관하여는 제9조의2를 준용한다. 이 경우 "제9조제1항"은 "제38조의10제1항"으로, "철도운영자등"은 "인증정비조직"으로 본다.

시행령 제29조의3(인증정비조직 관련 과징금의 부과기준)

법 제38조의11에서 준용하는 법 제9조의2에 따른 과징금의 부과기준은 별표 4의2와 같다.

[시행령 별표 4의2] 인증정비조직 관련 과징금의 부과기준 (제29조의3 관련)

1. 일반기준
   가. 위반행위의 횟수에 따른 과징금의 가중된 부과기준은 최근 2년간 같은 위반행위로 과징금 부과처분을 받은 경우에 적용한다. 이 경우 기간의 계산은 위반행위에 대하여 과징금 부과처분을 받은 날과 그 처분 후 다시 같은 위반행위를 하여 적발된 날을 기준으로 한다.
   나. 가목에 따라 가중된 부과처분을 하는 경우 가중처분의 적용 차수는 그 위반행위 전 부과처분 차수(가목에 따른 기간 내에 과징금 부과처분이 둘 이상 있었던 경우에는 높은 차수를 말한다)의 다음 차수로 한다.
   다. 위반행위가 둘 이상인 경우로서 각 처분내용이 업무정지에 갈음하여 부과하는 과징금인 경우에는 각 처분기준에 따른 과징금을 합산한 금액을 넘지 않는 범위에서 가장 무거운 처분기준에 해당하는 과징금 금액의 2분의 1의 범위까지 늘릴 수 있다.
   라. 국토교통부장관은 다음의 어느 하나에 해당하는 경우에는 제2호의 개별기준에 따른 과징금 금액의 2분의 1의 범위에서 그 금액을 줄일 수 있다. 다만, 과징금을 체납하고 있는 위반행위자의 경우에는 그렇지 않다.
     1) 위반행위가 사소한 부주의나 오류로 인한 것으로 인정되는 경우

---

2) 위반행위자가 법 위반상태를 시정하거나 해소하기 위한 노력이 인정되는 경우
3) 그 밖에 위반행위의 정도, 위반행위의 동기와 그 결과 등을 고려하여 과징금을 줄일 필요가 있다고 인정되는 경우

마. 국토교통부장관은 다음의 어느 하나에 해당하는 경우에는 제2호의 개별기준에 따른 과징금 금액의 2분의 1의 범위에서 그 금액을 늘릴 수 있다. 다만, 법 제9조의2제1항에 따른 과징금 금액의 상한을 넘을 수 없다.
1) 위반의 내용 및 정도가 중대하여 공중에게 미치는 피해가 크다고 인정되는 경우
2) 법 위반상태의 기간이 6개월 이상인 경우
3) 그 밖에 위반행위의 정도, 위반행위의 동기와 그 결과 등을 고려하여 과징금을 늘릴 필요가 있다고 인정되는 경우

2. 개별기준
가. 법 제38조의10제1항제2호 관련

위반행위	근거법조문	과징금 금액
인증정비조직의 중대한 과실로 철도사고 및 중대한 운행장애를 발생시킨 경우		
1) 철도사고로 인하여 다음의 인원이 사망한 경우		
가) 1명 이상 3명 미만		2억원
나) 3명 이상 5명 미만		6억원
다) 5명 이상 10명 미만	법 제38조의10	12억원
라) 10명 이상	제1항제2호	20억원
2) 철도사고 또는 운행장애로 인하여 다음의 재산피해액이 발생한 경우		
가) 5억원 이상 10억원 미만		1억원
나) 10억원 이상 20억원 미만		2억원
다) 20억원 이상		6억원

나. 법 제38조의10제1항제3호 및 제5호 관련

위반행위	근거법조문	과징금 금액(단위: 백만원)			
		1차 위반	2차 위반	3차 위반	4차 이상 위반
1) 법 제38조의7제2항을 위반하여 변경인증을 받지 않거나 변경신고를 하지 않고 인증받은 사항을 변경한 경우	법 제38조의10 제1항제3호	5	15	30	50
2) 법 제38조의9에 따른 준수사항을 위반한 경우	법 제38조의10 제1항제5호	5	15	30	50

제38조의12(철도차량 정밀안전진단)

① 소유자등은 철도차량이 제작된 시점(제26조의6제2항에 따라 완성검사필증을 발급받은 날부터 기산한다)부터 국토교통부령으로 정하는 일정기간 또는 일정주행거리가 경과하여 노후된 철도차량을 운행하려는 경우 일정기간마다 물리적 사용가능 여부 및 안전성능 등에 대한 진단(이하 "정밀안전진단"이라 한다)을 받아야 한다.

☞ 「철도안전법」 제26조의6 (철도차량 완성검사)
① 제26조의3에 따라 철도차량 제작자승인을 받은 자는 제작한 철도차량을 판매하기 전에 해당 철도차량이 제26조에 따른 형식승인을 받은대로 제작되었는지를 확인하기 위하여 국토교통부장관이 시행하는 완성검사를 받아야 한다.
② 국토교통부장관은 철도차량이 제1항에 따른 완성검사에 합격한 경우에는 철도차량제작자에게 국토교통부령으로 정하는 완성검사필증을 발급하여야 한다.

② 국토교통부장관은 철도사고 및 중대한 운행장애 등이 발생된 철도차량에 대하여는 소유자등에게 정밀안전진단을 받을 것을 명할 수 있다. 이 경우 소유자등은 특별한 사유가 없으면 이에 따라야 한다.

③ 국토교통부장관은 제1항 및 제2항에 따른 정밀안전진단 대상이 특정 시기에 집중되는 경우나 그 밖의 부득이한 사유로 소유자등이 정밀안전진단을 받을 수 없다고 인정될 때에는 그 기간을 연장하거나 유예(猶豫)할 수 있다.

④ 소유자등은 정밀안전진단 대상이 제1항 및 제2항에 따른 정밀안전진단을 받지 아니하거나 정밀안전진단 결과 계속 사용이 적합하지 아니하다고 인정되는 경우에는 해당 철도차량을 운행해서는 아니 된다.

⑤ 소유자등은 제38조의13제1항에 따라 국토교통부장관이 지정한 전문기관(이하 "정밀안전진단기관"이라 한다)으로부터 정밀안전진단을 받아야 한다.

⑥ 제1항부터 제3항까지의 정밀안전진단 등의 기준·방법·절차 등에 필요한 사항은 국토교통부령으로 정한다.

[철도차량 정밀안전진단 보고서]

■ 철도차량 정밀안전진단 시행지침 [별지 제2호서식]

제   호

철도차량 정밀안전진단 보고서

철도차량 정밀안전진단기관명

1. 서 두
보고서의 표지 다음에 정밀안전진단의 개략을 쉽게 알 수 있도록 다음의 서류를 첨부합니다.
가. 제출문[정밀안전진단기관의 장]
나. 참여 인원 명단
다. 정밀안전진단 결과 요약문
라. 보고서 목차

2. 정밀안전진단 개요
가. 정밀안전진단의 목적
나. 철도차량의 개요 및 이력
다. 정밀안전진단의 범위 및 내용
라. 정밀안전진단 수행일정

3. 진단결과
가. 신청서류 검토
나. 정기점검 결과 검토
다. 정밀안전진단 대상항목 선정
라. 정밀안전진단 방법 및 적용기준
마. 정밀안전진단 항목별 상태 평가
바. 정밀안전진단 항목별 안전성 평가
사. 유지보수 및 교체 등 조치사항

4. 종합 결론
가. 정밀안전진단 결과의 종합적인 결론
나. 유지관리 시 특별한 관리가 요구되는 사항
다. 그 밖에 필요한 사항

5. 부 록
가. 측정 및 시험 결과자료
나. 그 밖에 참고자료

철도공단, 경부고속철도 정밀안전진단시행(e대한경제)

규칙 제75조의13(정밀안전진단의 시행시기)

① 법 제38조의12제1항에 따라 소유자등은 다음 각 호의 구분에 따른 기간이 경과하기 전에 해당 철도차량의 물리적 사용가능 여부 및 안전성능 등에 대한 정밀안전진단(이하 "최초 정밀안전진단"이라 한다)을 받아야 한다. 다만, 잦은 고장·화재·충돌 등으로 다음 각 호 구분에 따른 기간이 도래하기 이전에 정밀안전진단을 받은 경우에는 그 정밀안전진단을 최초 정밀안전진단으로 본다.

 1. 2014년 3월 19일 이후 구매계약을 체결한 철도차량: 법 제26조의6제2항에 따른 철도차량 완성검사필증을 발급받은 날부터 20년

 2. 2014년 3월 18일까지 구매계약을 체결한 철도차량: 제75조제5항제2호에 따른 영업시운전을 시작한 날부터 20년

② 제1항에도 불구하고 국토교통부장관은 철도차량의 정비주기·방법 등 철도차량 정비의 특수성을 감안하여 최초 정밀안전진단 시기 및 방법 등을 따로 정할 수 있고, 사고복구용·작업용·시험용 철도차량 등 법 제26조제4항제4호에 따른 철도차량과 「철도사업법」에 따른 전용철도 노선에서만 운행하는 철도차량은 해당 철도차량의 제작설명서 또는 구매계약서에 명시된 기대수명 전까지 최초 정밀안전진단을 받을 수 있다.

규칙 제75조의15(철도차량 정밀안전진단의 연장 또는 유예)

① 법 제38조의12제3항에 따라 소유자 등은 정밀안전진단 대상 철도차량이 특정 시기에 집중되거나 그 밖의 부득이한 사유로 국토교통부장관으로부터 철도차량 정밀안전진단

기간의 연장 또는 유예를 받고자 하는 경우 정밀안전진단 시기가 도래하기 5년 전까지 정밀안전진단 기간의 연장 또는 유예를 받고자 하는 철도차량의 종류, 수량, 연장 또는 유예하고자 하는 기간 및 그 사유를 명시하여 국토교통부장관에게 신청해야 한다. 다만, 긴급한 사유 등이 있는 경우 정밀안전진단 기간이 도래하기 1년 이전에 신청할 수 있다.

② 국토교통부장관은 제1항에 따라 소유자 등으로부터 정밀안전진단 기간의 연장 또는 유예의 신청을 받은 경우 열차운행계획, 정밀안전진단과 유사한 성격의 점검 또는 정비 시행여부, 정밀안전진단 시행 여건 및 철도차량의 안전성 등에 관한 타당성을 검토하여 해당 철도차량에 대한 정밀안전진단 기간의 연장 또는 유예를 할 수 있다.

규칙 제75조의16(철도차량 정밀안전진단의 방법 등)

① 법 제38조의12제1항에 따른 정밀안전진단은 다음 각 호의 구분에 따라 시행한다.
  1. 상태 평가: 철도차량의 치수 및 외관검사
  2. 안전성 평가: 결함검사, 전기특성검사 및 전선열화검사
  3. 성능 평가: 역행시험, 제동시험, 진동시험 및 승차감시험
② 제75조의14 및 제1항에서 정한 사항 외에 정밀안전진단의 시기, 기준, 방법 및 절차 등에 관하여 필요한 사항은 국토교통부장관이 정하여 고시한다.

제38조의13(정밀안전진단기관의 지정 등)

① 국토교통부장관은 원활한 정밀안전진단 업무 수행을 위하여 정밀안전진단기관을 지정하여야 한다.
② 정밀안전진단기관의 지정기준, 지정절차 등에 필요한 사항은 국토교통부령으로 정한다.
③ 국토교통부장관은 정밀안전진단기관이 다음 각 호의 어느 하나에 해당하는 경우에 그 지정을 취소하거나 6개월 이내의 기간을 정하여 그 업무의 전부 또는 일부의 정지를 명할 수 있다. 다만, 제1호부터 제3호까지의 어느 하나에 해당하는 경우에는 그 지정을 취소하여야 한다.
  1. 거짓이나 그 밖의 부정한 방법으로 지정을 받은 경우
  2. 이 조에 따른 업무정지명령을 위반하여 업무정지 기간 중에 정밀안전진단 업무를 한

경우

3. 정밀안전진단 업무와 관련하여 부정한 금품을 수수하거나 그 밖의 부정한 행위를 한 경우

4. 정밀안전진단 결과를 조작한 경우

5. 정밀안전진단 결과를 거짓으로 기록하거나 고의로 결과를 기록하지 아니한 경우

6. 성능검사 등을 받지 아니한 검사용 기계·기구를 사용하여 정밀안전진단을 한 경우

규칙 제75조의14(정밀안전진단의 신청 등)

① 소유자등은 정밀안전진단 대상 철도차량의 정밀안전진단 완료 시기가 도래하기 60일 전까지 별지 제45호의10서식의 철도차량 정밀안전진단 신청서에 다음 각 호의 사항을 증명하거나 참고할 수 있는 서류를 첨부하여 법 제38조의 13제1항에 따라 국토교통부 장관이 지정한 정밀안전진단기관(이하 "정밀안전진단기관"이라 한다)에 제출해야 한다.

1. 정밀안전진단 계획서

2. 정밀안전진단 판정을 위한 제작사양, 도면 및 검사성적서 등의 기술자료

3. 철도차량의 중대한 사고 내역(해당되는 경우에 한정한다)

4. 철도차량의 주요 부품의 교체 내역(해당되는 경우에 한정한다)

5. 정밀안전진단 대상 항목의 개조 및 수리 내역(해당되는 경우에 한정한다)

6. 전기특성검사 및 전선열화검사(電線劣化檢査: 전선을 대상으로 외부적·내부적 영향에 따른 화학적·물리적 변화를 측정하는 검사) 시험성적서(해당되는 경우에 한정한다)

② 제1항제1호에 따른 정밀안전진단 계획서에는 다음 각 호의 사항을 포함해야 한다.

1. 정밀안전진단 대상 차량 및 수량

2. 정밀안전진단 대상 차종별 대상항목

3. 정밀안전진단 일정·장소

4. 안전관리계획

5. 정밀안전진단에 사용될 장비 등의 사용에 관한 사항

6. 그 밖에 정밀안전진단에 필요한 참고자료

③ 정밀안전진단기관은 제1항에 따라 소유자 등으로부터 제출 받은 정밀안전진단 신청서 의 보완을 요청할 수 있다.

④ 정밀안전진단기관은 제1항에 따른 철도차량 정밀안전진단의 신청을 받은 때에는 제출된 서류를 검토한 후 신청인과 협의하여 정밀안전진단 계획서를 확정하고 신청인에게 이를 통보해야 한다.

⑤ 정밀안전진단 신청인은 제4항에 따른 정밀안전진단 계획서의 변경이 필요한 경우 정밀안전진단기관에게 다음 각 호의 서류를 제출하여 변경을 요청할 수 있다. 이 경우 요청을 받은 정밀안전진단기관은 변경되는 사항의 안전상의 영향 등을 검토하여 적합하다고 인정되는 경우에는 정밀안전진단 계획서를 변경할 수 있다.

1. 변경하고자 하는 내용
2. 변경하고자 하는 사유 및 설명자료

[철도차량 정밀안전진단 신청서]

국토부, 철도정밀안전진단(국토매일)

철도차량 정밀안전진단 신청서

※ 색상이 어두운 란은 신청인이 적지 않습니다.

접수번호		접수일시		처리기간	60일 (정밀안전진단 평가기간 제외)

신청인	회사명		사업자등록번호 (법인등록번호)	
	대표자		생년월일	
	주소(회사의 소재지)		(전화번호:)	

신청대상	차량형식		차량번호	
	제작사		운행개시일	
	운행거리		수량	
	진단실적여부			

「철도안전법」 제38조의12제1항 및 같은 법 시행규칙 제75조의14제1항에 따라 위 철도차량에 대한 정밀안전진단을 신청합니다.

년   월   일

신청인   (서명 또는 인)

철도차량 정밀안전진단기관의 장 귀하

신청인 제출서류	1. 정밀안전진단 계획서 2. 정밀안전진단 판정을 위한 제작사양, 도면 및 검사성적서 등의 기술자료 3. 철도차량의 중대한 사고 내역(해당되는 경우에 한정합니다) 4. 철도차량의 주요 부품의 교체 내역(해당되는 경우에 한정합니다) 5. 정밀안전진단 대상 항목의 개조 및 수리 내역(해당되는 경우에 한정합니다) 6. 전기특성검사 및 전선열화검사(電線劣化檢查: 전선을 대상으로 외부적·내부적 영향에 따른 화학적·물리적 변화를 측정하는 검사) 시험성적서(해당되는 경우에 한정합니다)	수수료 「철도안전법」 제74조에 따라 정밀안전진단기관이 정하는 수수료
정밀안전진단 기관 확인사항	1. 법인등기사항증명서(법인인 경우만 해당합니다)	

행정정보 공동이용 동의서

본인은 이 건 업무처리와 관련하여 담당 공무원이 「전자정부법」 제36조제1항에 따른 행정정보의 공동이용을 통하여 위의 담당 공무원 확인 사항을 확인하는 것에 동의합니다.
* 동의하지 아니하는 경우에는 신청인이 직접 관련 서류를 제출해야 합니다.

신청인   (서명 또는 인)

처리절차

신청서 작성	4	접 수	4	정밀안전진단	4	결 정	4	정밀안전진단 결과 통지
신청인		처 리 기 관 (정밀안전진단기관)		처 리 기 관 (정밀안전진단기관)		처 리 기 관 (정밀안전진단기관)		처 리 기 관 (정밀안전진단기관)

규칙 제75조의17(정밀안전진단기관의 지정기준 및 절차 등)

① 법 제38조의13제1항에 따라 정밀안전진단기관으로 지정을 받으려는 자는 별지 제45호의11서식의 철도차량 정밀안전진단기관 지정신청서에 다음 각 호의 서류를 첨부하여 국토교통부장관에게 제출해야 한다.

1. 운영계획서
2. 정관이나 이에 준하는 약정(법인이나 단체의 경우만 해당한다)
3. 정밀안전진단을 담당하는 전문 인력의 보유 현황 및 기술 인력의 자격·학력·경력 등을 증명할 수 있는 서류
4. 정밀안전진단업무규정
5. 정밀안전진단에 필요한 시설 및 장비 내역서
6. 정밀안전진단기관에서 사용하는 직인의 인영

② 법 제38조의13제1항에 따른 정밀안전진단기관의 지정기준은 다음 각 호와 같다.

1. 정밀안전진단업무를 수행할 수 있는 상설 전담조직을 갖출 것
2. 정밀안전진단업무를 수행할 수 있는 기술 인력을 확보할 것
3. 정밀안전진단업무를 수행하기 위한 설비와 장비를 갖출 것
4. 정밀안전진단기관의 운영 등에 관한 업무규정을 갖출 것
5. 지정 신청일 1년 이내에 법 제38조의13제3항에 따른 정밀안전진단기관 지정취소 또는 업무정지를 받은 사실이 없을 것
6. 정밀안전진단 외의 업무를 수행하고 있는 경우 그 업무를 수행함으로 인하여 정밀안전진단업무가 불공정하게 수행될 우려가 없을 것
7. 철도차량을 제조 또는 판매하는 자가 아닐 것
8. 그 밖에 국토교통부장관이 정하여 고시하는 정밀안전진단기관의 지정 세부기준에 맞을 것

③ 제1항에 따른 정밀안전진단기관의 지정 신청을 받은 국토교통부장관은 제2항 각 호의 지정기준에 따라 지정 여부를 심사한 후 적합하다고 인정되는 경우에는 별지 제45호의12서식의 철도차량 정밀안전진단기관 지정서를 그 신청인에게 발급해야 한다.

[철도차량 정밀안전진단 신청서]

제   호

철도차량 정밀안전진단기관 지정서

1. 기 관 명:

2. 대 표 자: (생년월일:)

3. 소 재 지:

4. 사업자등록번호:
   (법인등록번호)

5. 지정 분야:

6. 지정업무 개시일:

「철도안전법」 제38조의13제1항 및 같은 법 시행규칙 제75조의17제3항에 따라 위 기관을 철도차량 정밀
안전진단기관으로 지정합니다.

년   월   일

국토교통부장관

직인

---

④ 국토교통부장관은 정밀안전진단기관이 제2항에 따른 지정기준에 적합한지의 여부를 매
   년 심사해야 한다.
⑤ 제3항에 따라 국토교통부장관으로부터 정밀안전진단기관으로 지정 받은 자가 그 명칭·
   대표자·소재지나 그 밖에 정밀안전진단 업무의 수행에 중대한 영향을 미치는 사항의
   변경이 있는 경우에는 그 사유가 발생한 날부터 15일 이내에 국토교통부장관에게 그 사
   실을 통보해야 한다.
⑥ 국토교통부장관은 제3항에 따라 정밀안전진단기관을 지정하거나 제5항에 따른 통보를

받은 경우에는 지체 없이 관보에 고시해야 한다. 다만, 국토교통부장관이 정하여 고시하는 경미한 사항은 제외한다.

⑦ 그 밖에 정밀안전진단기관의 지정기준 및 지정절차 등에 관하여 필요한 사항은 국토교통부장관이 정하여 고시한다.

[철도차량 정밀안전진단기관 지정(예)]

저희 ROTECO는 '철도안전법' 제38조의13 및 같은 법 시행규칙 제75조의17에 따라 국토교통부장관으로부터 철도차량정밀안전진단기관으로 지정 받았습니다.

지정번호	기관명/대표자	사업장소재지	지정분야	업무개시일
제2019－1호	(사)한국철도차량엔지니어링 / 정준근	경기도 수원시 장안구 서부로 2174	고속철도차량 · 일반철도차량 도시철도차량 · 특수차	2019.7.8

규칙 제75조의18(정밀안전진단기관의 업무)

정밀안전진단기관의 업무 범위는 다음 각 호와 같다.
1. 해당 업무분야의 철도차량에 대한 정밀안전진단 시행
2. 정밀안전진단의 항목 및 기준에 대한 조사 · 검토
3. 정밀안전진단의 항목 및 기준에 대한 제정 · 개정 요청
4. 정밀안전진단의 기록 보존 및 보호에 관한 업무
5. 그 밖에 국토교통부장관이 필요하다고 인정하는 업무

규칙 제75조의19(정밀안전진단기관의 지정취소 등)

① 법 제38조의13제3항에 따른 정밀안전진단기관의 지정취소 및 업무정지의 기준은 별표 18과 같다.

② 국토교통부장관은 법 제38조의13제3항에 따라 정밀안전진단기관의 지정을 취소하거나 업무정지의 처분을 한 경우에는 지체 없이 그 정밀안전진단기관에 별지 제11호의3서식의 정밀안전진단기관 행정처분서를 통지하고 그 사실을 관보에 고시해야 한다.

[규칙 별표 18] 정밀안전진단기관의 지정취소 및 업무정지의 기준 (제75조의19제1항 관련)

1. 일반기준

    가. 위반행위의 횟수에 따른 행정처분의 가중된 부과기준은 최근 2년간 같은 위반행위로 행정처분을 받은 경우에 적용한다. 이 경우 기간의 계산은 위반행위에 대하여 행정처분을 받은 날과 그 처분 후 다시 같은 위반행위를 하여 적발된 날을 기준으로 한다.

    나. 가목에 따라 가중된 부과처분을 하는 경우 가중처분의 적용 차수는 그 위반행위 전 부과처분 차수(가목에 따른 기간 내에 행정처분이 둘 이상 있었던 경우에는 높은 차수를 말한다)의 다음 차수로 한다.

    다. 위반행위가 둘 이상인 경우로서 그에 해당하는 각각의 처분기준이 다른 경우에는 그 중 무거운 처분기준(무거운 처분기준이 같을 때에는 그 중 하나의 처분기준을 말한다)에 따르며, 위반행위가 둘 이상인 경우로서 그에 해당하는 각각의 처분기준이 같은 경우에는 처분기준의 2분의 1까지 가중할 수 있되, 각 처분기준을 합산한 기간을 초과할 수 없다.

    라. 국토교통부장관은 위반행위의 동기ㆍ내용 및 위반의 정도 등 다음의 어느 하나에 해당하는 사유를 고려하여 그 처분을 감경할 수 있다. 이 경우 그 처분이 업무정지인 경우에는 그 처분기준의 2분의 1의 범위에서 감경할 수 있고, 지정취소인 경우(법 제38조의13제3항제1호부터 제3호까지에 해당하는 경우는 제외한다)에는 6개월의 업무정지 처분으로 감경할 수 있다.

    　　1) 위반행위가 고의나 중대한 과실이 아닌 사소한 부주의나 오류로 인한 것으로 인정되는 경우

    　　2) 위반의 내용ㆍ정도가 경미하여 이해관계인에게 미치는 피해가 적다고 인정되는 경우

2. 개별기준

위반사항	근거법조문	처분기준			
		1차 위반	2차 위반	3차 위반	4차 이상 위반
1. 거짓이나 그 밖의 부정한 방법으로 지정을 받은 경우	법 제38조의13 제3항제1호	지정취소			
2. 업무정지명령을 위반하여 업무정지 기간 중에 정밀안전진단 업무를 한 경우	법 제38조의13 제3항제2호	지정취소			
3. 정밀안전진단 업무와 관련하여 부정한 금품을 수수하거나 그 밖의 부정한 행위를 한 경우	법 제38조의13 제3항제3호	지정취소			
4. 정밀안전진단 결과를 조작한 경우	법 제38조의13 제3항제4호	업무정지 2개월	업무정지 6개월	지정취소	
5. 정밀안전진단 결과를 거짓으로 기록하거나 고의로 결과를 기록하지 않은 경우	법 제38조의13 제3항제5호	업무정지 2개월	업무정지 6개월	지정취소	

6. 성능검사 등을 받지 않은 검사용 기계·기구를 사용하여 정밀안전진단을 한 경우	법 제38조의13 제3항제6호	업무정지 1개월	업무정지 2개월	업무정지 4개월	업무정지 6개월

제38조의14(준용규정)

정밀안전진단기관에 대한 과징금의 부과·징수에 관하여는 제9조의2를 준용한다. 이 경우 "제9조제1항"은 "제38조의13제3항"으로, "철도운영자등"은 "정밀안전진단기관"으로 본다.

☞ 철도안전법 제9조제1항(승인의 취소 등)
국토교통부장관은 안전관리체계의 승인을 받은 철도운영자등이 다음 각 호의 어느 하나에 해당하는 경우에는 그 승인을 취소하거나 6개월 이내의 기간을 정하여 업무의 제한이나 정지를 명할 수 있다. 다만, 제1호에 해당하는 경우에는 그 승인을 취소하여야 한다.

☞ 철도안전법 제9조의2(과징금)
① 국토교통부장관은 제9조제1항에 따라 철도운영자등에 대하여 업무의 제한이나 정지를 명하여야 하는 경우로서 그 업무의 제한이나 정지가 철도 이용자 등에게 심한 불편을 주거나 그 밖에 공익을 해할 우려가 있는 경우에는 업무의 제한이나 정지를 갈음하여 30억원 이하의 과징금을 부과할 수 있다.
② 제1항에 따라 과징금을 부과하는 위반행위의 종류, 과징금의 부과기준 및 징수방법, 그 밖에 필요한 사항은 대통령령으로 정한다.
③ 국토교통부장관은 제1항에 따른 과징금을 내야 할 자가 납부기한까지 과징금을 내지 아니하는 경우에는 국세 체납처분의 예에 따라 징수한다.

☞ 철도안전법 제38조의13제3항(정밀안전기관의 지정 등)
국토교통부장관은 정밀안전진단기관이 다음 각 호의 어느 하나에 해당하는 경우에 그 지정을 취소하거나 6개월 이내의 기간을 정하여 그 업무의 전부 또는 일부의 정지를 명할 수 있다. 다만, 제1호부터 제3호까지의 어느 하나에 해당하는 경우에는 그 지정을 취소하여야 한다.
1. 거짓이나 그 밖의 부정한 방법으로 지정을 받은 경우
2. 이 조에 따른 업무정지명령을 위반하여 업무정지 기간 중에 정밀안전진단 업무를 한 경우
3. 정밀안전진단 업무와 관련하여 부정한 금품을 수수하거나 그 밖의 부정한 행위를 한 경우
4. 정밀안전진단 결과를 조작한 경우
5. 정밀안전진단 결과를 거짓으로 기록하거나 고의로 결과를 기록하지 아니한 경우
6. 성능검사 등을 받지 아니한 검사용 기계·기구를 사용하여 정밀안전진단을 한 경우

시행령 제29조의4(정밀안전진단기관 관련 과징금의 부과기준)

법 제38조의14에서 준용하는 법 제9조의2에 따른 과징금의 부과기준은 별표 4의3과 같다.

[시행령 별표 4의3] 정밀안전진단기관 관련 과징금의 부과기준 (제29조의4 관련)

1. 일반기준
   가. 위반행위의 횟수에 따른 과징금의 가중된 부과기준은 최근 2년간 같은 위반행위로 과징금 부과처분을 받은 경우에 적용한다. 이 경우 기간의 계산은 위반행위에 대하여 과징금 부과처분을 받은 날과 그 처분 후 다시 같은 위반행위를 하여 적발된 날을 기준으로 한다.
   나. 가목에 따라 가중된 부과처분을 하는 경우 가중처분의 적용 차수는 그 위반행위 전 부과처분 차수(가목에 따른 기간 내에 과징금 부과처분이 둘 이상 있었던 경우에는 높은 차수를 말한다)의 다음 차수로 한다.
   다. 위반행위가 둘 이상인 경우로서 각 처분내용이 업무정지에 갈음하여 부과하는 과징금인 경우에는 각 처분기준에 따른 과징금을 합산한 금액을 넘지 않는 범위에서 가장 무거운 처분기준에 해당하는 과징금 금액의 2분의 1의 범위까지 늘릴 수 있다.
   라. 국토교통부장관은 다음의 어느 하나에 해당하는 경우에는 제2호의 개별기준에 따른 과징금 금액의 2분의 1의 범위에서 그 금액을 줄일 수 있다. 다만, 과징금을 체납하고 있는 위반행위자의 경우에는 그렇지 않다.
      1) 위반행위가 사소한 부주의나 오류로 인한 것으로 인정되는 경우
      2) 위반행위자가 법 위반상태를 시정하거나 해소하기 위한 노력이 인정되는 경우
      3) 그 밖에 위반행위의 정도, 위반행위의 동기와 그 결과 등을 고려하여 과징금을 줄일 필요가 있다고 인정되는 경우
   마. 국토교통부장관은 다음의 어느 하나에 해당하는 경우에는 제2호의 개별기준에 따른 과징금 금액의 2분의 1의 범위에서 그 금액을 늘릴 수 있다. 다만, 법 제9조의2제1항에 따른 과징금 금액의 상한을 넘을 수 없다.
      1) 위반의 내용 및 정도가 중대하여 공중에게 미치는 피해가 크다고 인정되는 경우
      2) 법 위반상태의 기간이 6개월 이상인 경우
      3) 그 밖에 위반행위의 정도, 위반행위의 동기와 그 결과 등을 고려하여 과징금을 늘릴 필요가 있다고 인정되는 경우

---

2. 개별기준

위반행위	근거법조문	과징금 금액(단위: 백만원)			
		1차 위반	2차 위반	3차 위반	4차 이상 위반
1) 법 제38조의13제3항제4호를 위반하여 정밀안전진단 결과를 조작한 경우	법 제38조의13 제3항제4호	15	50		
2) 법 제38조의13제3항제5호를 위반하여 정밀안전진단 결과를 거짓으로 기록하거나 고의로 결과를 기록하지 않은 경우	법 제38조의13 제3항제5호	15	50		
3) 법 제38조의13제3항제6호를 위반하여 성능검사 등을 받지 않은 검사용 기계·기구를 사용하여 정밀안전진단을 한 경우	법 제38조의13 제3항제6호	5	15	30	50

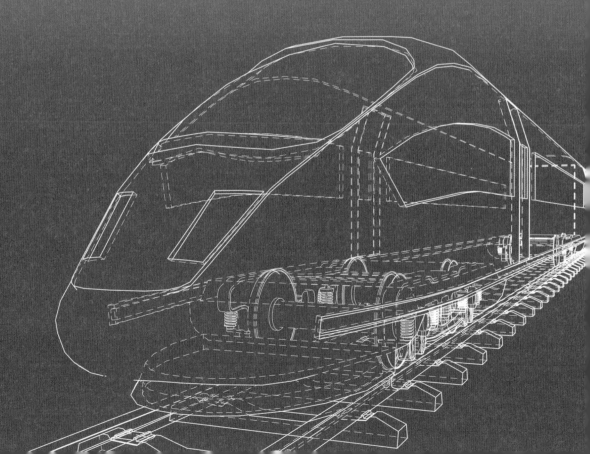

제5장

철도차량 운행안전 및 철도 보호

철도차량 운행안전 및 철도 보호

제39조(철도차량의 운행)

열차의 편성, 철도차량 운전 및 신호방식 등 철도차량의 안전운행에 필요한 사항은 국토교통부령으로 정한다.

예제 열차의 [   ], 철도차량 운전 및 신호방식 등 철도차량의 [   ]에 필요한 사항은 [   ]으로 정한다.

정답 편성, 안전운행, 국토교통부령

제39조의2(철도교통관제)

① 철도차량을 운행하는 자는 국토교통부장관이 지시하는 이동·출발·정지 등의 명령과 운행 기준·방법·절차 및 순서 등에 따라야 한다.

예제 철도차량을 운행하는 자는 국토교통부장관이 지시하는 [   ]·[   ]·[   ] 등의 명령과 [   ]·[   ]·[   ] 및 순서 등에 따라야 한다.

정답 이동, 출발, 정지, 운행 기준, 방법, 절차

② 국토교통부장관은 철도차량의 안전하고 효율적인 운행을 위하여 철도시설의 운용상태 등 철도차량의 운행과 관련된 조언과 정보를 철도종사자 또는 철도운영자등에게 제공할 수 있다.

③ 국토교통부장관은 철도차량의 안전한 운행을 위하여 철도시설 내에서 사람, 자동차 및 철도차량의 운행제한 등 필요한 안전조치를 취할 수 있다.

④ 제1항부터 제3항까지의 규정에 따라 국토교통부장관이 행하는 업무의 대상, 내용 및 절차 등에 관하여 필요한 사항은 국토교통부령으로 정한다.

[철도관제장치란?]

컴퓨터와 전자, 전자기기를 이용하여 열차 또는 철도 차량을 집중적으로 제어하고 통제하며 감시하는 장치이다.

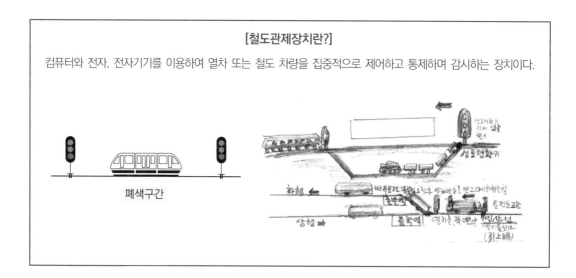

폐색구간

[철도교통관제실]

⟨LDP정보⟩
• 빨간색: 열차가 궤도를 점유하고 있다.
• 각종 신호기의 신호현시상태가 표시되어 있다.
• 점유하고 있는 열차의 열차번호도 나타난다.

[열차운행종합제어장치(TTC : Total Traffic Control System)]

TTC는 종전에 한 곳에서 집중제어하는 CTC를 넘어서 제어마저도 자동으로 해 줄 수 있게 만든 장치

• 열차운행종합제어장치(TTC : Total Traffic Control)란 CTC장치에
  1) 컴퓨터(TCC, MSC) (TTC와 TCC를 헷갈리면 안 되요!)
  2) 정보전송장치(DTS)
  3) 대형표시반(LDP)
  4) 운영자 콘솔(Console)
  5) 주변장치 등의 기기(Hard Ware)를 갖추고
• 주 컴퓨터에 열차운행 프로그램(Soft Ware)을 입력시켜
• 이 프로그램에 의하여 선로전환기와 신호를 자동으로 제어하여
• 관제사의 개입없이 열차를 운행시키는 장치이다.
• 열차운행 스케줄은 요일마다(평일 (피크,러시(Rush)포함), 토요일, 공휴일 등) 다르게 작성되어 있으며 관제사가 요일을 선택하여 주 제어컴퓨터에 입력시키면 해당 요일의 운행스케줄에 따라 열차를 운행시킬 수 있다.

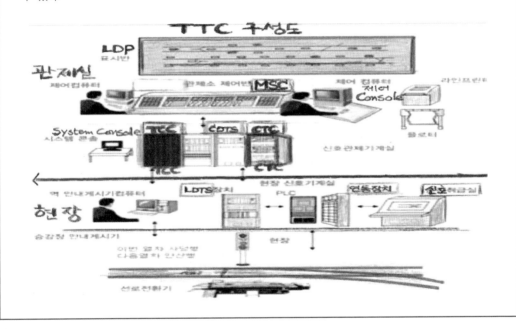

- 철도의 현대화가 진행될수록 보다 신속하고 정밀한 철도신호 제어시스템을 요구.
- 열차집중제어시스템은 여러 역의 신호 보안장치를 한 장소인 중앙사령실에서 조작해 열차를 일괄 통제 · 감시하는 장치.
  CTC(Centralized Traffic Control, 열차집중제어시스템) 시스템
- 열차의 자동운행 감시와 제어 기능을 비롯한 열차운행계획에 의한 자동진로를 설정하고 열차운행에 관한 모든 정보를 실행 · 기록하는 역할을 수행.
- 동시에 역 설비로부터 정보를 수신하고 제어정보를 전송.

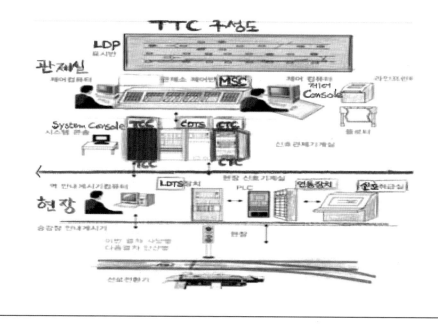

규칙 제76조(철도교통관제업무의 대상 및 내용 등)

① 다음 각 호의 어느 하나에 해당하는 경우에는 법 제39조의2에 따라 국토교통부장관이 행하는 철도교통관제업무(이하 "관제업무"라 한다)의 대상에서 제외한다.

[철도교통관제업무에서 제외되는 경우]

1. 정상운행을 하기 전의 신설선 또는 개량선에서 철도차량을 운행하는 경우
2. 「철도산업발전 기본법」 제3조제2호나목에 따른 철도차량을 보수 · 정비하기 위한 차량정비기지 및 차량유치시설에서 철도차량을 운행하는 경우

예제 신설선 또는 개량선에서 [   ]하는 경우, 철도차량을 [   ]하기 위한
[   ] 및 [   ]시에서 철도차량을 운행하는 경우에는 국토교통부장관이 행하는
[   ](이하 "관제업무"라 한다)의 대상에서 제외한다.

정답 철도차량을 운행, 보수 · 정비, 차량정비기지, 차량유치, 철도교통관제업무

예제 다음 중 철도교통 관제업무와 대상에 관한 설명으로서 국토교통부장관이 행하는 철도교통
관제업무의 대상에서 제외되는 것이 아닌 것은?

가. 철도사고 등의 발생 시 사고복구를 위하여 철도차량을 운행하는 경우

나. 철도차량 정비기지 내에서 철도차량을 정비하기 위해서 운행하는 경우

다. 정상운행을 하기 전의 신설선 또는 개량선에서 철도차량을 운행하는 경우

라. 철도차량 유치시설 내에서 철도차량을 보수하기 위해 철도차량을 운전하는 경우

해설 철도안전법 시행규칙 제76조(철도교통관제업무의 대상 및 내용 등) 제1항: 1. 정상운행을 하기 전의 신
설선 또는 개량선에서 철도차량을 운행하는 경우 2 철도차량을 보수 · 정비하기 위한 차량정비기지 및
차량유치시설에서 철도차량을 운행하는 경우에는 국토교통부장관이 행하는 철도교통관제업무의 대상에
서 제외한다.

☞ 「철도산업발전 기본법」 제3조제2호 (정의)
이 법에서 사용되는 정의는 다음 각 호와 같다.
2. "철도시설"이라 함은 다음 각목의 1에 해당하는 시설(부지를 포함한다)을 말한다.
  가. 철도의 선로(선로에 부대되는 시설을 포함한다), 역시설(물류시설 · 환승시설 및 편의시설 등을 포함
    한다) 및 철도운영을 위한 건축물 · 건축설비
  나. 선로 및 철도차량을 보수 · 정비하기 위한 선로보수기지, 차량정비기지 및 차량유치시설
  다. 철도의 전철전력설비, 정보통신설비, 신호 및 열차제어설비
  라. 철도노선간 또는 다른 교통수단과의 연계운영에 필요한 시설
  마. 철도기술의 개발 · 시험 및 연구를 위한 시설
  바. 철도경영연수 및 철도전문인력의 교육훈련을 위한 시설
  사. 그 밖에 철도의 건설 · 유지보수 및 운영을 위한 시설로서 대통령령이 정하는 시설

② 법 제39조의2제4항에 따라 국토교통부장관이 행하는 관제업무의 내용은 다음 각 호와
  같다.

[국토교통부장관이 행하는 관제업무의 내용]

1. 철도차량의 운행에 대한 집중 제어 · 통제 및 감시

2. 철도시설의 운용상태 등 철도차량의 운행과 관련된 조언과 정보의 제공 업무

3. 철도보호지구에서 법 제45조제1항 각호의 어느 하나에 해당하는 행위를 할 경우 열차운행 통제 업무

4. 철도사고등의 발생 시 사고복구, 긴급구조 · 구호 지시 및 관계 기관에 대한 상황 보고 · 전파 업무

5. 그 밖에 국토교통부장관이 철도차량의 안전운행 등을 위하여 지시한 사항

예제 다음 중 국토교통부장관이 행하는 관제업무의 범위에 속하지 않는 것은?

가. 철도차량을 보수 · 정비하기 위한 차량정비기지 및 차량유치시설에서 철도차량을 운행하는 경우

나. 철도차량의 운행에 대한 집중 제어 · 통제 및 감시

다. 철도시설의 운용상태 등 철도차량의 운행과 관련된 조언과 정보의 제공업무

라. 철도사고 등의 발생 시 사고복구, 긴급구조, 구호 지시 및 관계기관에 대한 상황보고 · 전파업무

해설 철도안전법 시행규칙 제76조(철도교통관제업무의 대상 및 내용 등) 제2항: 철도차량을 보수 · 정비하기 위한 차량정비기지 및 차량유치시설에서 철도차량을 운행하는 경우'는 국토교통부장관이 행하는 관제업무의 범위에 속하지 않는다.

☞ 「철도안전법」 제45조(철도보호지구에서의 행위제한 등)

① 철도경계선(가장 바깥쪽 궤도의 끝선을 말한다)으로부터 30미터 이내「도시철도법」 제2조제2호에 따른 도시철도 중 노면전차의 경우에는 10미터 이내]의 지역에서 다음 각 호의 어느 하나에 해당하는 행위를 하려는 자는 대통령령으로 정하는 바에 따라 국토교통부장관 또는 시 · 도지사에게 신고하여야 한다.
　1. 토지의 형질변경 및 굴착(掘鑿)
　2. 토석, 자갈 및 모래의 채취
　3. 건축물의 신축 · 개축(改築) · 증축 또는 인공구조물의 설치
　4. 나무의 식재(대통령령으로 정하는 경우만 해당한다)
　5. 그 밖에 철도시설을 파손하거나 철도차량의 안전운행을 방해할 우려가 있는 행위로서 대통령령으로 정하는 행위

③ 철도운영자등은 철도사고등이 발생하거나 철도시설 또는 철도차량 등이 정상적인 상태에 있지 아니하다고 의심되는 경우에는 이를 신속히 국토교통부장관에 통보하여야 한다.

④ 관제업무에 관한 세부적인 기준 · 절차 및 방법은 국토교통부장관이 정하여 고시한다.

제39조의3(영상기록장치의 장착 등)(영상기록장치의 설치·운영 등)

① 철도운영자는(철도운영자등은) 철도차량의 운행상황 기록, 교통사고 상황 파악(파악, 안전사고 방지) 등을 위하여 기본법 제3조제4호에 따른 철도차량 중 대통령령으로 정하는 동력차에 영상기록장치를 설치하여야(다음 각 호의 철도차량 또는 철도시설에 영상기록장치를 설치·운영하여야) 한다. 이 경우 영상기록장치의 설치 기준, 방법 등은 국토교통부령으로 정한다.

  1. 철도차량 중 대통령령으로 정하는 동력차(신설: 2020. 5. 27. 시행)

  2. 승강장 등 대통령령으로 정하는 안전사고의 우려가 있는 역 구내(신설: 2020. 5.27. 시행)

  3. 대통령령으로 정하는 차량정비기지(신설: 2020. 5. 27. 시행)

  4. 변전소 등 대통령령으로 정하는 안전확보가 필요한 철도시설(신설: 2020. 5. 27. 시행)

② 철도운영자(철도운영자등은)는 제1항에 따라 영상기록장치를 설치하는 경우 운전업무종사자 등이 쉽게 인식할 수 있도록 대통령령으로 정하는 바에 따라 안내판 설치 등 필요한 조치를 하여야 한다.

③ 철도운영자(철도운영자등은)는 설치 목적과 다른 목적으로 영상기록장치를 임의로 조작하거나 다른 곳을 비추어서는 아니 되며, 운행기간 외에는 영상기록(음성기록을 포함한다. 이하 같다)을 하여서는 아니 된다.

④ 철도운영자(철도운영자등은)는 다음 각 호의 어느 하나에 해당하는 경우 외에는 영상기록을 이용하거나 다른 자에게 제공하여서는 아니 된다.

[철도영상기록장치]

국토교통부, 철도정비기지·승강장에 '영상기록장치' 확대 설치(에스카사)

코레일, 모든 열차에 블랙박스 설치⋯ 철도 안전 획기적 개선, 기관사 인적오류 예방에도 기여(헤럴드경제)

[영상기록을 이용하거나 다른 자에게 제공하여서는 안 되는 경우]

1. 교통사고 상황 파악을 위하여 필요한 경우

2. 범죄의 수사와 공소의 제기 및 유지에 필요한 경우

3. 법원의 재판업무수행을 위하여 필요한 경우

예제 다음 중 철도차량의 영상기록장치의 영상기록을 이용하거나 다른 자에게 제공하여서는 안 되는 경우에 해당되지 않는 것은?

가. 교통사고 상황 파악을 위하여 필요한 경우

나. 범죄의 수사와 공소의 제기 및 유지에 필요한 경우

다. 법원의 재판업무수행을 위하여 필요한 경우

라. 영상기록장치의 설치운영에 필요한 경우

해설 철도안전법 제39조의3(영상기록장치의 장착 등): 영상기록을 이용하거나 다른 자에게 제공하여서는 아니 된다.
1. 교통사고 상황 파악을 위하여 필요한 경우
2. 범죄의 수사와 공소의 제기 및 유지에 필요한 경우
3. 법원의 재판업무수행을 위하여 필요한 경우

⑤ 철도운영자(철도운영자등은)는 영상기록장치에 기록된 영상이 분실·도난·유출·변조 또는 훼손되지 아니하도록 대통령령으로 정하는 바에 따라 영상기록장치의 운영·관리 지침을 마련하여야 한다.

⑥ 영상기록장치의 설치·관리 및 영상기록의 이용·제공 등은 「개인정보 보호법」에 따라야 한다.

⑦ 제4항에 따른 영상기록의 제공과 그 밖에 영상기록의 보관 등에 필요한 사항은 국토교통부령으로 정한다.

[철도영상기록장치]

[단독] KTX 강릉선 열차 블랙박스 한 대도 없어…
CCTV도 꺼졌다. / KBS뉴스(News)

시행령 제30조(영상기록장치 설치차량)

법 제39조의3제1항 전단에서 "대통령령으로 정하는 동력차"란 열차의 맨 앞에 위치한 동력
차로서 운전실 또는 운전설비가 있는 동력차를 말한다.

예제 "[   ]으로 정하는 동력차"란 [   ]의 맨 앞에 위치한 동력차로서 [   ] 또는
[   ]가 있는 동력차를 말한다.

정답 대통령령, 열차, 운전실, 운전설비

[철도영상기록장치]

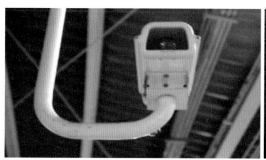

전국 철도노선 영상감시설비 개량 사업 첫 발
(정보통신신문)

[철도&국감] 열차 '전방 촬영장치' 미설치 77량…
'운전조작 촬영장치'는 훼손(국토매일)

시행령 제31조(영상기록장치 설치 안내)

철도운영자는 법 제39조의3제2항에 따라 운전실 출입문 등 운전업무종사자가 쉽게 인식할 수 있는 곳에 다음 각 호의 사항이 표시된 안내판을 설치하여야 한다.

1. 영상기록장치의 설치 목적
2. 영상기록장치의 설치 위치, 촬영 범위 및 촬영 시간
3. 영상기록장치 관리 책임 부서, 관리책임자의 성명 및 연락처
4. 그 밖에 철도운영자가 필요하다고 인정하는 사항

예제 철도운영자는 운전실 출입문 등 운전업무종사자가 쉽게 인식할 수 있는 곳에 다음 사항이 표시된 안내판을 설치하여야 한다.

1. 영상기록장치의 [   ]
2. 영상기록장치의 [   ], [   ] 및 [   ]
3. 영상기록장치   [   ], [   ] 및 [   ]

정답 설치 목적, 설치 위치, 촬영 범위, 촬영 시간, 관리 책임 부서, 관리책임자의 성명, 연락처

예제 다음 중 영상기록장치를 설치하는 경우 안내판에 표시해야 하는 사항으로 틀린 것은?

가. 영상기록장치의 설치 목적
나. 영상기록장치의 설치 위치, 촬영 범위 및 촬영 시간
다. 영상기록장치 관리 책임 부서
라. 영상기록 장치의 촬영자와 촬영책임부서장의 인적사항

해설 철도안전법 시행령 제31조(영상기록장치 설치 안내) 철도운영자는 법 제39조의3제2항: 운전실 출입문 등 운전업무종사자가 쉽게 인식할 수 있는 곳에 다음 각 호의 사항이 표시된 안내판을 설치하여야 한다.
1. 영상기록장치의 설치 목적
2. 영상기록장치의 설치 위치, 촬영 범위 및 촬영 시간
3. 영상기록장치 관리 책임 부서, 관리책임자의 성명 및 연락처
4. 그 밖에 철도운영자가 필요하다고 인정하는 사항

규칙 제76조의2(영상기록장치의 설치 기준 및 방법)

① 철도운영자는 법 제39조의3제1항에 따른 영상기록장치(이하 "영상기록장치"라 한다)를 설치하는 경우 선로변을 포함한 철도차량 전방의 운행 상황 및 운전실의 운전조작 상황에 관한 영상이 촬영될 수 있는 위치에 각각 설치하여야 한다. 다만, 다음 각 호의 어느 하나에 해당하는 철도차량의 경우에는 운전실의 운전조작 상황에 관한 영상이 촬영될 수 있는 위치에는 설치하지 아니할 수 있다.
   1. 무인운전 철도차량
   2. 다른 대체수단을 통하여 철도차량의 운전조작 상황이 파악 가능한 철도차량
   3. 전용철도의 철도차량

예제 운전실의 운전조작 상황에 관한 영상이 촬영될 수 있는 위치에 설치하지 아니할 수 있는 경우는 1. [   ] 철도차량, 2. 다른 [   ]을 통하여 철도차량의 [   ] 상황이 파악 가능한 철도차량', 3. [   ]의 철도차량이다.

정답 무인운전, 대체수단, 운전조작, 전용철도

② 철도운영자는 철도차량이 충격을 받거나 철도차량에 화재가 발생한 경우에도 영상기록장치가 최대한 보호될 수 있도록 영상기록장치를 설치하여야 한다.

예제 영상기록장치를 설치하는 경우 운전실의 운전조작 상황에 관한 영상이 촬영될 수 있는 위치에는 설치하지 아니할 수 있는 차량은?
가. 무인운전 철도차량
나. 화물철도차량
다. 전용철도의 철도차량
라. 다른 대체수단을 통하여 철도차량의 운전조작 상황이 파악 가능한 철도차량

해설 철도안전법 시행규칙 제76조의2(영상기록장치의 설치 기준 및 방법): 1. 무인운전 철도차량
   2. 다른 대체수단을 통하여 철도차량의 운전조작 상황이 파악 가능한 철도차량
   3. 전용철도의 철도차량은 운전실의 운전조작 상황에 관한 영상이 촬영될 수 있는 위치에는 설치하지 아니할 수 있다. 따라서 화물철도차량은 해당되지 않는다.

다음 중 영상기록장치의 설치기준 및 방법에 관한 설명 중 틀린 것은?

가. 철도운영자는 영상기록장치를 설치하는 경우 선로 변을 포함한 철도차량 전방의 운행상황에 관한 영상이 촬영될 수 있는 위치에 설치하여야 한다.

나. 철도운영자는 영상기록장치를 설치하는 경우 운전실의 운전조작 상황에 관한 영상이 촬영될 수 있는 위치에 설치하여야 한다.

다. **무인운전 철도차량의 경우에는 운전실의 운전조작 상황에 관한 영상이 촬영 될 수 있는 위치에 설치하여야 한다.**

라. 철도운영자는 철도차량이 충격을 받거나 철도차량에 화재가 발생한 경우에도 영상기록장치가 최대한 보호될 수 있도록 영상기록장치를 설치하여야 한다.

해설 철도안전법 시행규칙 제76조2(영상기록장치의 설치 기준 및 방법): 무인운전 철도차량의 경우에는 운전실의 운전조작 상황에 관한 영상이 촬영될 수 있는 위치에는 설치하지 아니할 수 있다.

시행령 제32조(영상기록장치의 운영 · 관리 지침)

철도운영자는 법 제39조의3제5항에 따라 영상기록장치에 기록된 영상이 분실 · 도난 · 유출 · 변조 또는 훼손되지 아니하도록 다음 각 호의 사항이 포함된 영상기록장치 운영 · 관리 지침을 마련하여야 한다.

1. 영상기록장치의 설치 근거 및 설치 목적
2. 영상기록장치의 설치 대수, 설치 위치 및 촬영 범위
3. 관리책임자, 담당 부서 및 영상기록에 대한 접근 권한이 있는 사람
4. 영상기록의 촬영 시간, 보관기간, 보관장소 및 처리방법
5. 철도운영자의 영상기록 확인 방법 및 장소
6. 정보주체의 영상기록 열람 등 요구에 대한 조치
7. 영상기록에 대한 접근 통제 및 접근 권한의 제한 조치
8. 영상기록을 안전하게 저장 · 전송할 수 있는 암호화 기술의 적용 또는 이에 상응하는 조치
9. 영상기록 침해사고 발생에 대응하기 위한 접속기록의 보관 및 위조 · 변조 방지를 위한 조치
10. 영상기록에 대한 보안프로그램의 설치 및 갱신
11. 영상기록의 안전한 보관을 위한 보관시설의 마련 또는 잠금장치의 설치 등 물리적 조치
12. 그 밖에 영상기록장치의 설치 · 운영 및 관리에 필요한 사항

예제 다음 중 영상기록장치 운영·관리 지침에 포함되어야 할 사항으로 옳지 않은 것은?

가. 영상기록장치의 설치 대수, 설치위치 및 촬영 범위

나. 정보주체의 영상기록 열람 등 요구에 대한 조치

다. 철도운영자의 영상기록 확인 방법 및 장소

라. 영상기록장치의 설치부서 및 활용방안

해설 철도안전법 시행령 제32조(영상기록장치 운영·관리 지침): '영상기록장치의 설치부서 및 활용방안' 영상기록장치 운영관리 지침에 포함되지 않는다.

예제 철도안전법령에서 철도운영자가 영상 기록장치의 운영·관리 지침을 마련할 경우 포함되어야 할 내용으로 틀린 것은?

가. 철도운영자의 영상기록 확인 방법 및 장소

나. 영상기록장치의 설치 위치, 촬영내용 및 촬영기간

다. 영상기록을 안전하게 저장·전송할 수 있는 암호화 기술의 적용 또는 이에 상응하는 조치

라. 영상기록에 대한 보안프로그램의 설치 및 갱신

해설 철도안전법 시행령 제32조(영상기록장치의 운영·관리지침): 나. 영상기록장치의 설치 대수, 설치 위치 및 촬영 범위

예제 영상기록장치에 기록된 영상이 분실·도난·유출·변조 또는 훼손되지 아니하도록 하는 영상기록장치 운영·관리 지침으로 틀린 것은?

가. 영상기록장치의 설치 근거 및 설치 목적

나. 영상기록장치의 설치 위치, 촬영 범위 및 촬영 시간

다. 정보주체의 영상기록 열람 등 요구에 대한 조치

라. 영상기록에 대한 접근 통제 및 접근 권한의 제한 조치

해설 철도안전법 시행령 제32조(영상기록장치의 운영·관리 지침): '영상기록장치의 설치 대수, 설치 위치 및 촬영 범위'가 옳다.

예제 영상기록장치의 운영·관리 지침 설명으로 틀린 것은?

가. 영상기록의 촬영 시간, 보관기간, 보관장소 및 처리방법

나. 영상기록에 대한 접근 통제 및 접근 권한의 제한 조치

다. 영상기록장치 관리 책임 부서, 관리책임자의 성명 및 연락처

라. 정보주체의 영상기록 열람 등 요구에 대한 조치

해설 철도안전법 시행령 제32조(영상기록장치의 운영 · 관리 지침): '영상기록장치 관리 책임 부서, 관리책임자의 성명 및 연락처'는 영상기록장치의 운영 · 관리 지침에 해당되지 않는다.

규칙 제76조의3(영상기록의 보관기준 및 보관기간)

① 철도운영자는 영상기록장치에 기록된 영상기록을 영 제32조에 따른 영상기록장치 운영 · 관리 지침에서 정하는 보관기간(이하 "보관기간"이라 한다) 동안 보관하여야 한다. 이 경우 보관기간은 3일 이상의 기간이어야 한다.

예제 영상기록장치 [   ]에서의 보관기간은 [   ] 이상의 기간이어야 한다.

정답 운영 · 관리지침, 3일

예제 다음 중 영상기록장치의 영상기록 보관기간으로 옳은 것은?

가. 1일 이상

나. 3일 이상

다. 15일 이상

라. 30일 이상

해설 철도안전법 시행규칙 제76조의3(영상기록의 보관기준 및 보관기간) 제1항: 철도운영자는 영상기록장치에 기록된 영상기록을 영상기록장치 운영·관리 지침에서 정하는 보관기간 동안 보관하여야 한다. 이 경우 보관기간은 3일 이상의 기간이어야 한다.

② 철도운영자는 보관기간이 지난 영상기록을 삭제하여야 한다. 다만, 보관기간 내에 법 제39조의 3제4항 각 호의 어느 하나에 해당하여 영상기록에 대한 제공을 요청 받은 경우에는 해당 영상기록을 제공하기 전까지는 영상기록을 삭제해서는 아니 된다.

시행령 제33조 ~ 제43조 삭제

예제 다음 중 영상기록장치의 장착에 관한 내용으로 틀린 것은?

가. 철도운영자는 철도차량의 운행상황 기록, 교통사고 상황 파악 등을 위하여 철도차량 중 대통령령으로 정하는 동력차에 영상기록장치를 설치하여야 한다.

나. 영상기록장치의 설치 기준, 방법 등은 국토교통부령으로 정한다.

다. 철도운영자는 영상기록장치를 설치하는 경우 운전업무종사자 등이 쉽게 인식할 수 있도록 국토교통부령으로 정하는 바에 따라 안내판 설치 등 필요한 조치를 하여야 한다.

라. 철도운영자는 설치 목적과 다른 목적으로 영상기록장치를 임의로 조작하거나 다른 곳을 비추어서는 아니 된다.

해설 철도안전법 제39조의3(영상기록장치의 장착 등): 철도운영자는(철도운영자등은) 제1항에 따라 영상기록장치를 설치하는 경우 운전업무종사자 등이 쉽게 인식할 수 있도록 대통령령으로 정하는 바에 따라 안내판 설치 등 필요한 조치를 하여야 한다.

예제 영상기록장치를 설치하는 경우 운전업무종사자 등이 쉽게 인식할 수 있도록 (   )으로 정하는 바에 따라 안내판 설치 등 필요한 조치를 하여야 한다.

정답 대통령령

제40조(열차운행의 일시 중지)

철도운영자는 다음 각 호의 어느 하나에 해당하는 경우로서 열차의 안전운행에 지장이 있다고 인정하는 경우에는 열차운행을 일시 중지할 수 있다.

1. 지진, 태풍, 폭우, 폭설 등 천재지변 또는 악천후로 인하여 재해가 발생하였거나 재해가 발생할 것으로 예상되는 경우
2. 그 밖에 열차운행에 중대한 장애가 발생하였거나 발생할 것으로 예상되는 경우

예제 철도운영자는 [   ], [   ], [   ], [   ] 등 천재지변 또는 악천후로 인하여 재해가 발생하였거나 재해가 발생할 것으로 예상되는 경우로서 열차의 [   ]에 지장이 있다고 인정하는 경우에는 열차운행을 일시 [   ]할 수 있다.

정답 지진, 태풍, 폭우, 폭설, 안전운행, 중지

예제 다음 중 열차운행을 일시 중지시킬 수 있는 경우가 아닌 것은?

가. 초속 20m의 강풍이 발생한 경우

나. 태풍으로 재해가 발생할 것으로 예상되는 경우

다. 지진으로 재해가 발생한 경우

라. 열차운행에 중대한 장애가 발생한 것으로 예상되는 경우

해설 철도안전법 제40조(열차운행의 일시 중지): '초속 20m의 강풍이 발생한 경우'는 열차운행을 일시 중지시킬 수 있는 경우가 아니다.

예제 철도안전법령상 열차운행을 일시 중지할 수 있는 경우로 틀린 것은?

가. 천재지변으로 인하여 재해가 발생하였거나 예상되는 경우

나. 악천후로 인하여 재해가 발생하였거나 예상되는 경우

다. 지진, 폭풍, 폭우 등 재해가 발생할 것으로 예상되는 경우

라. 기관사가 열차운행을 할 여건이 되어 있지 않다고 판단하는 경우

해설 철도안전법 제40조(열차운행의 일시 중지): 지진, 태풍, 폭우, 폭설 등 천재지변 또는 악천후로 인하여 재해가 발생하였거나 재해가 발생할 것으로 예상되는 경우 일시중단한다.

예제 다음 중 철도운영자가 열차운행을 일시 중지할 경우로 틀린 것은?

가. 선행열차의 사고로 인해 열차 운행에 중대한 사고가 발생할 것으로 예상되는 경우

나. 열차운행에 중대한 장애가 발생할 것으로 예상되는 경우

다. 지진, 태풍, 폭우, 폭설 등 천재지변 또는 악천후로 인하여 재해가 발생할 것으로 예상되는 경우

라. 열차운행에 중대한 장애가 발생하였을 경우

해설 철도안전법 제40조(열차운행의 일시 중지): 1. 지진, 태풍, 폭우, 폭설 등 천재지변 또는 악천후로 인하여 재해가 발생하였거나 재해가 발생할 것으로 예상되는 경우, 2. 그 밖에 열차운행에 중대한 장애가 발생하였거나 발생할 것으로 예상되는 경우

제40조의2(철도종사자의 준수사항)

① 운전업무종사자는 철도차량의 운전업무 수행 중 다음 각 호의 사항을 준수하여야 한다.

1. 철도차량 출발 전 국토교통부령으로 정하는 조치 사항을 이행할 것
2. 국토교통부령으로 정하는 철도차량 운행에 관한 안전 수칙을 준수할 것

② 관제업무종사자는 관제업무 수행 중 다음 각 호의 사항을 준수하여야 한다.

1. 국토교통부령으로 정하는 바에 따라 운전업무종사자 등에게 열차 운행에 관한 정보를 제공할 것
2. 철도사고 및 운행장애(이하 "철도사고등"이라 한다) 발생 시 국토교통부령으로 정하는 조치 사항을 이행할 것

③ 작업책임자는 철도차량이 운행선로 또는 그 인근에서 철도시설의 건설 또는 관리와 관련된 작업 수행 중 다음 각 호의 사항을 준수하여야 한다.

1. 국토교통부령으로 정하는 바에 따라 작업 수행 전에 작업원을 대상으로 안전교육을 실시할 것
2. 국토교통부령으로 정하는 작업안전에 관한 조치 사항을 이행할 것

④ 철도운행안전관리자는 철도차량의 운행선로 또는 그 인근에서 철도시설의 건설 또는 관리와 관련된 작업 수행 중 다음 각 호의 사항을 준수하여야 한다.

1. 작업일정 및 열차의 운행일정을 작업수행 전에 조정할 것
2. 제1호의 작업일정 및 열차의 운행일정을 작업과 관련하여 관할 역의 관리책임자(정거장에서 철도신호기·선로전환기 또는 조작판 등을 취급하는 사람을 포함한다) 및 관제업무종사자와 협의하여 조정할 것
3. 국토교통부령으로 정하는 열차운행 및 작업안전에 관한 조치 사항을 이행할 것

⑤ 철도사고등이 발생하는 경우 해당 철도차량의 운전업무종사자와 여객승무원은 철도사고 등의 현장을 이탈하여서는 아니 되며, 철도차량 내 안전 및 질서유지를 위하여 승객 구호조치 등 국토교통부령으로 정하는 후속조치를 이행하여야 한다. 다만 의료기관으로의 이송이 필요한 경우 등 국토교통부령으로 정하는 경우에는 그러하지 아니하다.

규칙 제76조의4(운전업무종사자의 준수사항)

① 법 제40조의2제1항제1호에서 "철도차량 출발 전 국토교통부령으로 정하는 조치사항"이란 다음 각 호를 말한다.

1. 철도차량이 「철도산업발전기본법」 제3조제2호나목에 따른 차량정비기지에서 출발하는 경우 다음 각 목의 기능에 대하여 이상 여부를 확인할 것

가. 운전제어와 관련된 장치의 기능

나. 제동장치 기능

다. 그 밖에 운전 시 사용하는 각종 계기판의 기능

2. 철도차량이 역시설에서 출발하는 경우 여객의 승하차 여부를 확인할 것. 다만, 여객 승무원이 대신하여 확인하는 경우에는 그러하지 아니하다.

예제 다음 중 철도차량이 차량정비기지에서 출발하는 경우 다음 기능에 대하여 이상 여부를 확인할 것으로 틀린 것은?

가. 운전제어와 관련된 장치의 기능

나. 배터리 기능

다. 제동장치 기능

라. 그 밖에 운전 시 사용하는 각종 계기판의 기능

해설 철도안전법 시행규칙 제76조의4(운전업무종사자의 준수사항) 제1항: 차량정비기지에서 출발하는 경우 운전제어와 관련된 장치의 기능, 제동장치 기능, 그 밖에 운전 시 사용하는 각종 계기판의 기능에 대해서 이상을 확인할 것

예제 다음 중 기관사의 철도차량 출발 전 확인 조치사항이 아닌 것은?

가. 제동장치 기능

나. 운전에 사용하는 각종 계기판의 기능

다. 역 시설에서 출발하는 경우 여객의 승하차 여부

라. 휴대전화 사용 금지

해설 철도안전법 시행규칙 제76조의4(운전업무종사자의 준수사항) 제1항: '휴대전화 사용 금지'는 기관사의 철도차량 출발 전 확인 조치사항이 아니다.

예제 국토교통부령으로 정하는 철도차량 운행에 관한 안전 수칙의 내용으로 틀린 것은?

가. 운행구간의 이상이 발견된 경우 관제업무종사자에게 즉시 보고할 것

나. 관제업무종사자의 지시를 따를 것

다. 철도신호에 따라 철도차량을 운행할 것

라. 관제업무종사자가 정하는 구간별 제한속도에 따라 운행할 것

철도안전법 시행규칙 제76조의4(운전업무종사자의 준수사항): 제2항 법 제40조의2제1항제2호: "국토교통부령으로 정하는 철도차량 운행에 관한 안전 수칙"

1. 철도신호에 따라 철도차량을 운행할 것
2. 철도차량의 운행 중에 휴대전화 등 전자기기를 사용하지 아니할 것
3. 철도운영자가 정하는 구간별 제한속도에 따라 운행할 것
4. 열차를 후진하지 아니할 것. 다만, 비상상황 발생 등의 사유로 관제업무종사자의 지시를 받는 경우에는 그러하지 아니하다.
5. 정거장 외에는 정차를 하지 아니할 것. 다만, 정지신호의 준수 등 철도차량의 안전운행을 위하여 정차를 하여야 하는 경우에는 그러하지 아니하다.
6. 운행구간의 이상이 발견된 경우 관제업무종사자에게 즉시 보고할 것
7. 관제업무종사자의 지시를 따를 것

규칙 제76조의5(관제업무종사자의 준수사항)

① 법 제40조의2제2항제1호에 따라 관제업무종사자는 다음 각 호의 정보를 운전업무종사자, 여객승무원 또는 영 제3조제4호에 따른 사람에게 제공하여야 한다.

1. 열차의 출발, 정차 및 노선변경 등 열차 운행의 변경에 관한 정보
2. 열차 운행에 영향을 줄 수 있는 다음 각 목의 정보
   가. 철도차량이 운행하는 선로 주변의 공사·작업의 변경 정보
   나. 철도사고등에 관련된 정보
   다. 재난 관련 정보
   라. 테러 발생 등 그 밖의 비상상황에 관한 정보

② 법 제40조의2제2항제2호에서 "국토교통부령으로 정하는 조치사항"이란 다음 각 호를 말한다.

1. 철도사고등이 발생하는 경우 여객 대피 및 철도차량 보호 조치 여부 등 사고현장 현황을 파악할 것
2. 철도사고등의 수습을 위하여 필요한 경우 다음 각 목의 조치를 할 것
   가. 사고현장의 열차운행 통제
   나. 의료기관 및 소방서 등 관계기관에 지원 요청
   다. 사고 수습을 위한 철도종사자의 파견 요청
   라. 2차 사고 예방을 위하여 철도차량이 구르지 아니하도록 하는 조치 지시
   마. 안내방송 등 여객 대피를 위한 필요한 조치 지시

바. 전차선(電車線, 선로를 통하여 철도차량에 전기를 공급하는 장치를 말한다)의 전기공급 차단 조치

사. 구원(救援)열차 또는 임시열차의 운행 지시

아. 열차의 운행간격 조정

[예제] 다음 중 철도사고 및 운행장애 발생 시 국토교통부령으로 정하는 조치 사항으로 틀린 것은?

가. 2차 충돌사고 예방을 위하여 사고차량임을 알리는 신호현시

나. 사고 수습을 위한 철도종사자의 파견 요청

다. 열차의 운행간격 조정

라. 안내방송 및 여객 대피를 위한 필요한 조치 지시

[해설] 철도안전법 시행규칙 제76조5(관제업무종사자의 준수사항) 제2항: '2차 사고 예방을 위하여 철도차량이 구르지 아니하도록 하는 조치 지시'가 맞다.

[예제] 다음 중 관제업무종사자가 운전업무종사자에게 제공하여야할 정보가 아닌 것은?

가. 열차의 출발, 정차 노선변경 등 열차 운행의 변경에 관한 정보

나. 철도사고사례 등에 관련된 교육 정보

다. 철도차량이 운행하는 선로 주변의 공사·작업의 변경정보

라. 테러 발생 등 그 밖의 비상상황에 관한 정보

[해설] 철도안전법 시행규칙 제76조의5(관제업무종사자의 준수사항) 제1항: '철도사고사례 등에 관련된 교육 정보'는 관제업무종사자가 운전업무종사자에게 제공하여야 할 정보가 아니다.

규칙 제76조의6(작업책임자의 준수사항)

① 법 제2조제10호마목에 따른 작업책임자(이하 "작업책임자"라 한다)는 법 제40조의2제3항제1호에 따라 작업 수행 전에 작업원을 대상으로 다음 각 호의 사항이 포함된 안전교육을 실시해야 한다.

1. 해당 작업일의 작업계획(작업량, 작업일정, 작업순서, 작업방법, 작업원별 임무 및 작업장 이동방법 등을 포함한다)

2. 안전장비 착용 등 작업원 보호에 관한 사항

3. 작업특성 및 현장여건에 따른 위험요인에 대한 안전조치 방법

4. 작업책임자와 작업원의 의사소통 방법, 작업통제 방법 및 그 준수에 관한 사항

5. 건설기계 등 장비를 사용하는 작업의 경우에는 철도사고 예방에 관한 사항

6. 그 밖에 안전사고 예방을 위해 필요한 사항으로서 국토교통부장관이 정해 고시하는 사항

② 법 제40조의2제3항제2호에서 "국토교통부령으로 정하는 작업안전에 관한 조치 사항"이란 다음 각 호를 말한다.

1. 법 제40조의2제4항제1호 및 제2호에 따른 조정 내용에 따라 작업계획 등의 조정·보안

2. 작업 수행 전 다음 각 목의 조치

    가. 작업원의 안전장비 착용상태 점검

    나. 작업에 필요한 안전장비·안전시설의 점검

    다. 그 밖에 작업 수행 전에 필요한 조치로서 국토교통부장관이 정해 고시하는 조치

3. 작업시간 내 작업현장 이탈 금지

4. 작업 중 비상상황 발생 시 열차방호 등의 조치

5. 해당 작업으로 인해 열차운행에 지장이 있는지 여부 확인

6. 작업완료 시 상급자에게 보고

7. 그 밖에 작업안전에 필요한 사항으로서 국토교통부장관이 정해 고시하는 사항

규칙 제76조의7(철도운행안전관리자의 준수사항)

법 제40조의2제4항제3호에서 "국토교통부령으로 정하는 열차운행 및 작업안전에 관한 조치 사항'이란 다음 각 호를 말한다.

1. 법 제40조의2제4항제1호 및 제2호에 따른 조정 내용을 작업책임자에게 통지

2. 영 제59조제2항제1호에 따른 업무

3. 작업 수행 전 다음 각 목의 조치

    가. 산업안전보건기준에 관한 규칙, 제407조제1항에 따라 배치한 열차운행감시인의 안전장비 착용상태 및 휴대물품 현황 점검

    나. 그 밖에 작업 수행 전에 필요한 조치로서 국토교통부장관이 정해 고시하는 조치

4. 관할 역의 안전책임자(정거장에서 철도신호기·선로전환기 또는 조작판 등을 취급하는 사람을 포함한다) 및 작업책임자와의 연락체계 구축

5. 작업시간 내 작업현장 이탈 금지

6. 작업이 지연되거나 작업 중 비상상황 발생 시 작업일정 및 열차의 운행일정 재조정 등에 관한 조치

7. 그 밖에 열차운행 및 작업안전에 필요한 사항으로서 국토교통부장관이 정해 고시하는 사람

☞「철도안전법 시행령」제59조제2항 (철도안전 전문인력의 구분)
1. 철도운행안전관리자의 업무
   가. 철도차량의 운행선로나 그 인근에서 철도시설의 건설 또는 관리와 관련한 작업을 수행하는 경우에 작업일정의 조정 또는 작업에 필요한 안전장비·안전시설 등의 점검
   나. 가목에 따른 작업이 수행되는 선로를 운행하는 열차가 있는 경우 해당 열차의 운행일정 조정
   다. 열차접근경보시설이나 열차접근감시인의 배치에 관한 계획 수립·시행과 확인
   라. 철도차량 운전자나 관제업무종사자와 연락체계 구축 등

규칙 제76조의8(철도사고 등의 발생 시 후속조치 등)

① 법 제40조의2제5항 본문에 따라 운전업무종사자와 여객승무원은 다음 각 호의 후속조치를 이행하여야 한다. 이 경우 운전업무종사자와 여객승무원은 후속조치에 대하여 각각의 역할을 분담하여 이행할 수 있다.

1. 관제업무종사자 또는 인접한 역시설의 철도종사자에게 철도사고등의 상황을 전파할 것

2. 철도차량 내 안내방송을 실시할 것. 다만, 방송장치로 안내방송이 불가능한 경우에는 확성기 등을 사용하여 안내하여야 한다.

3. 여객의 안전을 확보하기 위하여 필요한 경우 철도차량 내 여객을 대피시킬 것

4. 2차 사고 예방을 위하여 철도차량이 구르지 아니하도록 하는 조치를 할 것

5. 여객의 안전을 확보하기 위하여 필요한 경우 철도차량의 비상문을 개방할 것

6. 사상자 발생 시 응급환자를 응급처치하거나 의료기관에 긴급히 이송되도록 지원할 것

② 법 제40조의2제5항 단서에서 "의료기관으로의 이송이 필요한 경우 등 국토교통부령으로 정하는 경우"란 다음 각 호의 어느 하나에 해당하는 경우를 말한다.

1. 운전업무종사자 또는 여객승무원이 중대한 부상 등으로 인하여 의료기관으로의 이송이 필요한 경우

2. 관제업무종사자 또는 철도사고등의 관리책임자로부터 철도사고등의 현장 이탈이 가능하다고 통보받은 경우
3. 여객을 안전하게 대피시킨 후 운전업무종사자와 여객승무원의 안전을 위하여 현장을 이탈하여야 하는 경우

예제 운전업무종사자와 여객승무원이 철도사고 등의 발생 시 해야 하는 후속조치 등으로 틀린 것은?

가. 의료기관 및 소방서 등 관계기관에 지원 요청
나. 여객의 안전을 확보하기 위하여 필요한 경우 철도차량 내 여객을 대피시킬 것
다. 여객의 안전을 확보하기 위하여 필요한 경우 철도차량의 비상문을 개방할 것
라. 2차 사고 예방을 위하여 철도차량이 구르지 아니하도록 하는 조치를 할 것

해설 철도안전법 시행규칙 제76조의6(철도사고등의 발생 시 후속조치 등) 제1항: 사상자 발생 시 응급환자를 응급처치하거나 의료기관에 긴급히 이송되도록 지원할 것

제41조(철도종사자의 음주 제한 등)

① 다음 각 호의 어느 하나에 해당하는 철도종사자(실무수습 중인 사람을 포함한다)는 술(「주세법」 제3조제1호에 따른 주류를 말한다. 이하 같다)을 마시거나 약물을 사용한 상태에서 업무를 하여서는 아니 된다.
 1. 운전업무종사자
 2. 관제업무종사자
 3. 여객승무원
 4. 작업책임자
 5. 철도운행안전관리자
 6. 정거장에서 철도신호기·선로전환기 및 조작판 등을 취급하거나 열차의 조성(組成: 철도차량을 연결하거나 분리하는 작업을 말한다)업무를 수행하는 사람
 7. 철도차량 및 철도시설의 점검·정비 업무에 종사하는 사람
② 국토교통부장관 또는 시·도지사(「도시철도법」 제3조제2호에 따른 도시철도 및 같은 법 제24조에 따라 지방자치단체로부터 도시철도의 건설과 운영의 위탁을 받은 법인이 건

설·운영하는 도시철도만 해당한다. 이하 이 조, 제42조, 제45조, 제46조 및 제81조제2항에서 같다)는 철도안전과 위험방지를 위하여 필요하다고 인정하거나 제1항에 따른 철도종사자가 술을 마시거나 약물을 사용한 상태에서 업무를 하였다고 인정할 만한 상당한 이유가 있을 때에는 철도종사자에 대하여 술을 마셨거나 약물을 사용하였는지 확인 또는 검사할 수 있다. 이 경우 그 철도종사자는 국토교통부장관 또는 시·도지사의 확인 또는 검사를 거부하여서는 아니 된다.

③ 제2항에 따른 확인 또는 검사 결과 철도종사자가 술을 마시거나 약물을 사용하였다고 판단하는 기준은 다음 각 호의 구분과 같다.

  1. 술: 혈중 알코올농도가 0.02퍼센트(제1항제4호부터 제6호까지의 철도종사자는 0.03퍼센트) 이상인 경우

  2. 약물: 양성으로 판정된 경우

④ 제2항에 따른 확인 또는 검사의 방법·절차 등에 관하여 필요한 사항은 대통령령으로 정한다.

예제 철도종사자의 음주와 약물에 대한 판단 기준 및 검사에 대한 설명으로 틀린 것은?

가. 음주의 경우 혈액 채취의 방법으로 측정할 수 있다.

나. 약물 검사결과 양성 판정이 된 경우

다. 혈중 알코올 농도 0.05 퍼센트 이상인 경우

라. 약물의 사용 여부 판단을 위해 소변검사, 모발 채취 등의 방법으로 측정한다.

해설 술: 혈중 알코올농도가 0.02퍼센트(제1항제4호부터 제6호까지의 철도종사자는 0.03퍼센트) 이상인 경우'가 맞다.

예제 다음 중 철도종사자의 음주제한에 관한 내용으로 틀린 것은?

가. 철도차량 운전·관제업무에 종사하는 자는 술을 마시거나 약물을 사용한 상태에서 업무를 해서는 아니 된다.

나. 철도종사자가 술을 마시거나 약물을 사용한 상태에서 업무를 하였다고 인정할 만한 상당한 이유가 있을 때에는 철도종사자에 대하여 술을 마셨거나 약물을 사용하였는지 확인 또는 검사할 수 있다.

다. 철도종사자가 술을 마시거나 약물을 사용하였다고 판단하는 기준은 혈중알코올농도 0.02퍼센트 이상, 약물검사결과 양성으로 판정된 경우이다.

라. 철도종사자의 음주 및 약물 사용 여부 확인 또는 검사의 방법·절차 등에 관하여 필요한 사항은 국토교통부령으로 정한다.

[해설] 철도안전법 제41조(철도종사자의 음주 제한 등): 확인 또는 검사의 방법·절차 등에 관하여 필요한 사항은 대통령령으로 정한다.

[예제] 철도종사자의 음주제한 등은 철도종사자가 술을 마시거나 약물을 사용하였다고 판단하는 기준은 혈중알코올농도 (   )퍼센트 이상, 약물검사결과 양성으로 판정된 경우이다.

[정답] 0.02

[예제] 다음 중 음주 등이 제한되는 철도종사자가 아닌 자는?

가. 관제업무종사자
나. 운전업무종사자
다. 철도노선설치감독자
라. 정거장에서 신호기·선로전환기 및 조작판 등을 취급하거나 열차의 조성업무를 수행하는 사람

[해설] 철도안전법 제41조(철도종사자의 음주 제한 등): 1. 운전업무종사자, 2. 관제업무종사자, 3. 여객승무원, 4.작업책임자, 5. 철도운행안전관리자, 6. 정거장에서 철도신호기·선로전환기 및 조작판 등을 취급하거나 열차의 조성업무를 수행하는 사람, 7. 철도차량 및 철도시설의 점검·정비 업무에 종사하는 사람

제42조(위해물품의 휴대 금지)

① 누구든지 무기, 화약류, 유해화학물질 또는 인화성이 높은 물질 등 공중(公衆)이나 여객에게 위해를 끼치거나 끼칠 우려가 있는 물건 또는 물질(이하 "위해물품"이라 한다)을 열차에서 휴대하거나 적재(積載)할 수 없다. 다만, 국토교통부장관 또는 시·도지사의 허가를 받은 경우 또는 국토교통부령으로 정하는 특정한 직무를 수행하기 위한 경우에는 그러하지 아니하다.

② 위해물품의 종류, 휴대 또는 적재 허가를 받은 경우의 안전조치 등에 관하여 필요한 세부사항은 국토교통부령으로 정한다.

예제 다음 중 위해물품 및 위험물에 관한 내용으로 틀린 것은?

가. 대통령령으로 정하는 위험물을 철도로 운송하려는 철도운영자는 국토교통부령으로 정하는 바에 따라 운송 중의 위험 방지 및 인명(人命) 보호를 위하여 안전하게 포장·적재하고 운송하여야 한다.

나. 위해물품의 종류, 휴대 또는 적재 허가를 받은 경우의 안전조치 등에 관하여 필요한 세부사항은 대통령령으로 정한다.

다. 누구든지 무기, 화약류, 유해화학물질 또는 인화성이 높은 물질 등 공중(公衆)이나 여객에게 위해를 끼치거나 끼칠 우려가 있는 물건 또는 물질(이하 "위해물품"이라 한다)을 열차에서 휴대하거나 적재(積載)할 수 없다.

라. 철도로 위험물을 탁송하는 자는 위험물을 안전하게 운송하기 위하여 철도운영자의 안전조치 등에 따라야 한다.

해설 철도안전법 제42조(위해물품의 휴대 금지) 제2항 위해물품의 종류, 휴대 또는 적재 허가를 받은 경우의 안전조치 등에 관하여 필요한 세부사항은 국토교통부령으로 정한다.

예제 철도로 위험물을 탁송하는 자는 위험물을 안전하게 운송하기 위하여 (   )의 안전조치 등에 따라야 한다(철도안전법 제42조(위해물품의 휴대 금지)).

정답 철도운영자

규칙 제77조(위해물품 휴대금지 예외)

법 제42조제1항 단서에서 "국토교통부령으로 정하는 특정한 직무를 수행하기 위한 경우"란 다음 각 호의 사람이 직무를 수행하기 위하여 위해물품을 휴대·적재하는 경우를 말한다.

1. 「사법경찰관리의 직무를 수행할 자와 그 직무범위에 관한 법률」 제5조제11호에 따른 철도공안 사무에 종사하는 국가공무원
2. 「경찰관직무집행법」 제2조의 경찰관 직무를 수행하는 사람
3. 「경비업법」 제2조에 따른 경비원
4. 위험물품을 운송하는 군용열차를 호송하는 군인

예제 다음 중 직무를 수행하기 위하여 위해물품을 휴대·적재할 수 있는 사람에 해당하지 않는 자는?

가. 철도공안 사무에 종사하는 국가 공무원

나. 경찰관 직무를 수행하는 사람

다. 위험물품을 운송하는 군용열차를 호송하는 군인

라. 열차 내에서 승무서비스를 제공하는 승무원

해설 철도안전법 시행규칙 제77조(위해물품 휴대금지 예외): 열차 내에서 승무서비스를 제공하는 승무원은 위해물품을 휴대·적재할 수 있는 사람에 해당하지 않는 자이다.

규칙 제77조(위해물품 휴대금지 예외)

1. '경비법'이라 함은 경비업무의 전부 또는 일부를 도급받아 행하는 영업을 말한다.

　가. 시설경비업무: 경비대상시설에서의 도난·화재 그 밖의 혼잡 등으로 인한 위험발생을 방지하는 업무

　나. 호송경비업무: 운반중에 있는 현금·유가증권·귀금속·상품 그 밖의 물건에 대하여 도난·화재 등 위험발생을 방지하는 업무

　다. 신변보호업무: 사람의 생명이나 신체에 대한 위해의 발생을 방지하고 그 신변을 보호하는 업무

　라. 기계경비업무: 경비대상시설에 설치한 기기에 의하여 감지·송신된 정보를 그 경비대상시설외의 장소에 설치한 관제시설의 기기로 수신하여 도난·화재 등 위험발생을 방지하는 업무

　마. 특수경비업무: 공항(항공기를 포함한다) 등 대통령령이 정하는 국가중요시설(이하 "국가중요시설"이라 한다)의 경비 및 도난·화재 그 밖의 위험발생을 방지하는 업무

2. "경비지도사"라 함은 경비원을 지도·감독 및 교육하는 자를 말하며 일반경비지도사와 기계경비지도사로 구분한다.

3. "경비원"이라 함은 제4조제1항의 규정에 의하여 경비업의 허가를 받은 법인(이하 "경비업자"라 한다)이 채용한 고용인으로서 다음 각목의 1에 해당하는 자를 말한다.

　가. 일반경비원: 제1호 가목 내지 라목의 경비업무를 수행하는 자

　나. 특수경비원: 제1호 마목의 경비업무를 수행하는 자

4. "무기"라 함은 인명 또는 신체에 위해를 가할 수 있도록 제작된 권총·소총 등을 말한다.

5. "집단민원현장"이란 다음 각 목의 장소를 말한다
    가. 「노동조합 및 노동관계조정법」에 따라 노동관계 당사자가 노동쟁의 조정신청을 한 사업장 또는 쟁의행위가 발생한 사업장
    나. 「도시 및 주거환경정비법」에 따른 정비사업과 관련하여 이해대립이 있어 다툼이 있는 장소
    다. 특정 시설물의 설치와 관련하여 민원이 있는 장소
    라. 주주총회와 관련하여 이해대립이 있어 다툼이 있는 장소
    마. 건물·토지 등 부동산 및 동산에 대한 소유권·운영권·관리권·점유권 등 법적 권리에 대한 이해대립이 있어 다툼이 있는 장소
    바. 100명 이상의 사람이 모이는 국제·문화·예술·체육 행사장
    사. 「행정대집행법」에 따라 대집행을 하는 장소

규칙 제78조(위해물품의 종류 등)

① 법 제42조제2항에 따른 위해물품의 종류는 다음 각 호와 같다.
    1. 화약류: 「총포·도검·화약류 등의 안전관리에 관한 법률」에 따른 화약·폭약·화공품과 그 밖에 폭발성이 있는 물질
    2. 고압가스: 섭씨 50도 미만의 임계온도를 가진 물질, 섭씨 50도에서 300킬로파스칼을 초과하는 절대압력(진공을 0으로 하는 압력을 말한다. 이하 같다)을 가진 물질, 섭씨 21.1도에서 280킬로파스칼을 초과하거나 섭씨 54.4도에서 730킬로파스칼을 초과하는 절대압력을 가진 물질이나, 섭씨 37.8도에서 280킬로파스칼을 초과하는 절대가스압력(진공을 0으로 하는 가스압력을 말한다)을 가진 액체상태의 인화성 물질

예제 철도안전법령상 위해물품의 종류에 관한 설명이다. 빈칸에 들어갈 수치로 올바른 것은?

인화성 액체 : 밀폐식 인화점 측정법에 따른 인화점이 섭씨 (   ) 이하인 액체나 개방식 인화점 측정법에 따른 인화점이 섭씨 (   ) 도 이하인 액체

예제 철도안전법령상 위해물품의 종류에 관한 설명이다. 빈칸에 들어갈 수치로 올바른 것은?

- 고압가스 : 섭씨 (㉠)도 미만의 임계온도를 가진 물질
- 인화성액체 : 밀폐식 인화점 측정법에 따른 인화점이 섭씨 (㉡)도 이하인 액체나 개방식 인화점 측정법에 따른 인화점이 섭씨 (㉢)도 이하인 액체

가. ㉠ 50 ㉡ 60.5 ㉢ 65.6   나. ㉠ 40 ㉡ 60.5 ㉢ 63.5
다. ㉠ 60 ㉡ 65.6 ㉢ 60.5   라. ㉠ 30 ㉡ 37.8 ㉢ 53.5

해설 철도안전법 시행규칙 제78조(위해물품의 종류 등): 고압가스 : 섭씨 50도 미만의 임계온도를 가진 물질. 제3호 인화성 액체 : 밀폐식 인화점 측정법에 따른 인화점이 섭씨 60.5도 이하인 액체나 개방식 인화점 측정법에 따른 인화점이 섭씨 65.6도 이하인 액체

3. 인화성 액체: 밀폐식 인화점 측정법에 따른 인화점이 섭씨 60.5도 이하인 액체나 개방식 인화점 측정법에 따른 인화점이 섭씨 65.6도 이하인 액체
4. 가연성 물질류: 다음 각 목에서 정하는 물질
    가. 가연성고체: 화기 등에 의하여 용이하게 점화되며 화재를 조장할 수 있는 가연성 고체
    나. 자연발화성 물질: 통상적인 운송상태에서 마찰 · 습기흡수 · 화학변화 등으로 인하여 자연발열하거나 자연발화하기 쉬운 물질
    다. 그 밖의 가연성물질: 물과 작용하여 인화성 가스를 발생하는 물질

예제 가 [   ]: 화기 등에 의하여 용이하게 점화되며 화재를 조장할 수 있는 가연성 고체
나.[   ]: 통상적인 운송상태에서 마찰 · 습기흡수 · 화학변화 등으로 인하여 자연발열하거나 자연발화하기 쉬운 물질(철도안전법 시행규칙 제78조(위해물품의 종류 등))

정답 가연성 고체, 자연발화성 물질

5. 산화성 물질류: 다음 각 목에서 정하는 물질
    가. 산화성 물질: 다른 물질을 산화시키는 성질을 가진 물질로서 유기과산화물 외의 것

나. 유기과산화물: 다른 물질을 산화시키는 성질을 가진 유기물질

6. 독물류: 다음 각 목에서 정하는 물질

　　가. 독물: 사람이 흡입·접촉하거나 체내에 섭취한 경우에 강력한 독작용이나 자극을 일으키는 물질

　　나. 병독을 옮기기 쉬운 물질: 살아 있는 병원체 및 살아 있는 병원체를 함유하거나 병원체가 부착되어 있다고 인정되는 물질

7. 방사성 물질: 「원자력안전법」 제2조에 따른 핵물질 및 방사성물질이나 이로 인하여 오염된 물질로서 방사능의 농도가 킬로그램당 74킬로베크렐(그램당 0.002마이크로큐리) 이상인 것

8. 부식성 물질: 생물체의 조직에 접촉한 경우 화학반응에 의하여 조직에 심한 위해를 주는 물질이나 열차의 차체·적하물 등에 접촉한 경우 물질적 손상을 주는 물질

9. 마취성 물질: 객실승무원이 정상근무를 할 수 없도록 극도의 고통이나 불편함을 발생시키는 마취성이 있는 물질이나 그와 유사한 성질을 가진 물질

10. 총포·도검류 등: 「총포·도검·화약류 등 단속법」에 따른 총포·도검 및 이에 준하는 흉기류

11. 그 밖의 유해물질: 제1호부터 제10호까지 외의 것으로서 화학변화 등에 의하여 사람에게 위해를 주거나 열차 안에 적재된 물건에 물질적인 손상을 줄 수 있는 물질

예제 유해물품의 종류 등에 대한 설명으로 옳지 않은 것은?

가. 병독을 옮기기 쉬운 물질: 살아있는 병원체 및 살아있는 병원체를 함유하거나 병원체 부착되어 있다고 인정되는 물질

나. 산화성물질: 다른 물질을 산화시키는 성질을 가진 물질로서 유기과산화물 외의 것

다. 인화성액체: 밀폐식인화점 측정법에 의한 인화점이 섭씨 60.5도 이상인 액체 또는 방식인화점 측정법에 의한 인화점이 섭씨 65.6도 이상인 액체

라. 고압가스: 섭씨 50도 미만의 임계온도를 가진 물질

해설 철도안전법 시행규칙 제78조(유해물품의 종류 등): 인화성 액체: 밀폐식 인화점 측정법에 따른 인화점이 섭씨 60.5도 이하인 액체나 방식 인화점 측정법에 따른 인화점이 섭씨 65.6도 이하인 액체

예제 다음 중 위해물품의 종류에 해당되지 않는 것은?

가. 화약류, 인화성 액체, 가연성 물질류, 산화성 물질류

나. 고압가스 중 섭씨 60.5 이상의 임계온도를 가진 물질

다. 총포 도검류, 자연발화성 물질, 독물류

라. 방사성 물질, 부식성 물질, 마취성 물질

해설 안전법 시행규칙 제78조(위해물품의 종류 등) 제1항: 고압가스: 섭씨 50도 미만의 임계온도를 가진 물질

예제 위해물품의 종류에 관한 서술 내용으로 틀린 내용은?

가. 산화성 물질은 유기산화물처럼 물질을 산화시키는 성질을 가진 물질이다.

나. 독물이란 사람이 흡입·접촉하거나 체내에 섭취한 경우에 강력한 독작용이나 자극을 일으키는 물질이다.

다. 방사성 물질이란 핵물질 및 방사성물질이나 이로 인하여 오염된 물질로서 방사능의 농도가 킬로그램당 74로베크렐 이상인 것이다.

라. 마취성 물질이란 객실승무원이 정상근무를 할 수 없도록 극도의 고통이나 불편함을 생시키는 마취성이 있는 물질이나 그와 유사한 성질을 가진 물질이다.

해설 안전법 시행규칙 제78조(위해물품의 종류 등) 제1항 7호: 산화성 물질 : 다른 물질을 산화시키는 성질을 가진 물질로서 유기과산화물 외의 것이다.

② 철도운영자등은 제1항에 따른 위해물품에 대하여 휴대나 적재의 적정성, 포장 및 안전 조치의 적정성 등을 검토하여 휴대나 적재를 허가할 수 있다. 이 경우 해당 위해물품이 위해물품임을 나타낼 수 있는 표지를 포장 바깥면 등이 잘 보이는 곳에 붙여야 한다.

제43조(위험물의 탁송 및 운송금지)

누구든지 점화류(點火類) 또는 점폭약류(點爆藥類)를 붙인 폭약, 니트로글리세린, 건조한 기폭약(起爆藥), 뇌홍질화연(雷汞窒化鉛)에 속하는 것 등 대통령령으로 정하는 위험물을 탁송(託送)할 수 없으며, 철도운영자는 이를 철도로 운송할 수 없다.

시행령 제44조(탁송 및 운송 금지 위험물 등)

법 제43조에서 "점화류(點火類) 또는 점폭약류(點爆藥類)를 붙인 폭약, 니트로글리세린, 건조한 기폭약(起爆藥), 뇌홍질화연(雷汞窒化鉛)에 속하는 것 등 대통령령으로 정하는 위험물"이란 다음 각 호의 위험물을 말한다.

1. 점화 또는 점폭약류를 붙인 폭약
2. 니트로글리세린
3. 건조한 기폭약
4. 뇌홍질화연에 속하는 것
5. 그 밖에 사람에게 위해를 주거나 물건에 손상을 줄 수 있는 물질로서 국토교통부장관이 정하여 고시하는 위험물

예제 다음 중 탁송 및 운송금지위험물로서 대통령령으로 정하는 위험물에 속하지 않는 것은?

가. 건조한 기폭약, 뇌홍질화연에 속하는 것
나. 뇌폭질화연에 속하는 것
다. 점화 또는 점폭약류를 붙인 폭약, 니트로글리세린
라. 그 밖에 사람에게 위해를 주거나 물건에 손상을 줄 수 있는 물질로서 국토교통부장관이 정하여 고시하는 위험물

해설 철도안전법 시행령 제44조(탁송 및 운송 금지 위험물 등) 법 제43조: 대통령령으로 정하는 위험물": 1. 점화 또는 점폭약류를 붙인 폭약, 2. 니트로글리세린, 3. 건조한 기폭약, 4. 뇌홍질화연에 속하는 것

시행령 제44조(위험물의 운송)

① 대통령령으로 정하는 위험물을 철도로 운송하려는 철도운영자는 국토교통부령으로 정하는 바에 따라 운송 중의 위험 방지 및 인명(人命) 보호를 위하여 안전하게 포장·적재하고 운송하여야 한다.
② 철도로 위험물을 탁송하는 자는 위험물을 안전하게 운송하기 위하여 철도운영자의 안전조치 등에 따라야 한다.

예제 철도안전법령상 탁송 및 운송 금지 위험물에 포함되지 않는 것은?

가. 니트로글리세린　　　　　　　　　나. 뇌홍질화연에 속하는 것

다. 점폭약류　　　　　　　　　　　　**라. 맹수 및 맹견을 포함한 동물류**

해설 철도안전법 시행령 제44조(탁송 및 운송 금지 위험물 등): '맹수 및 맹견을 포함한 동물류'는 탁송 및 운송 금지 위험물에 포함되지 않는다.

예제 다음 설명 중 틀린 것은?

가. 철도경계선으로부터 30미터 이내의 지역에서는 행위에 제한을 받는다.

나. 철도운영자등은 철도차량의 안전운행 및 철도 보호를 위하여 필요하다고 인정할 때에는 행위자에게 행위의 금지 또는 제한을 명령할 수 있다.

다. 철도로 위험물을 탁송하는 자는 위험물을 안전하게 운송하기 위하여 철도운영자의 안전조치규칙 등에 따라야 한다.

라. 위해물품의 종류, 휴대 또는 적재 허가를 받은 경우의 안전조치 등에 관하여 필요한 세부사항은 국토교통부령으로 정한다.

해설 철도안전법 제44조(위험물의 운송): 국토교통부장관 또는 시·도지사는 철도차량의 안전운행 및 철도 보호를 위하여 필요하다고 인정할 때에는 토지, 나무, 시설, 건축물, 그 밖의 공작물(이하 "시설등"이라 한다)의 소유자나 점유자에게 조치를 하도록 명령할 수 있다.

예제 다음 중 철도종사자의 음주 등에 대한 확인 또는 검사에 관한 내용으로 틀린 것은?

가. 약물 : 검사 결과 양성으로 판정된 경우

나. 약물의 사용여부를 판단하기 위한 검사는 소변검사 또는 모발 채취 등의 방법으로 실시한다.

다. 음주 등에 대한 확인 또는 검사의 세부절차와 방법 등 필요한 사항은 철도운영자가 정한다.

라. 술을 마셨다고 판단하기 위한 검사는 호흡측정기 검사의 방법으로 실시하고, 검사 결과에 불복하는 사람에 대해서는 그 철도종사자의 동의를 받아 혈액채취 등의 방법으로 다시 측정할 수 있다.

해설 철도안전법 시행령 제43조의2(철도종사자의 음주 등에 대한 확인 또는 검사): 규정에 따른 음주 등에 대한 확인 또는 검사의 세부절차와 방법 등 필요한 사항은 국토교통부장관이 정한다.

다음 중 탁송 및 운송 금지 위험물로 틀린 것은?

가. 니트로글리세린

나. 뇌홍질화연에 속하는 것

다. 철도운송 중 폭발할 우려가 있는 것

라. 그 밖에 사람에게 위해를 주거나 물건에 손상을 줄 수 있는 물질로서 국토교통부장관이 정하여 고시하는 위험물

철도안전법 시행령 영 제44조(탁송 및 운송 금지 위험물 등): '철도운송 중 폭발할 우려가 있는 것'은 탁송 및 운송 금지 위험물에 해당되지 않는다.

시행령 제45조(운송취급주의 위험물)

법 제44조제1항에서 "대통령령으로 정하는 위험물"이란 다음 각 호의 어느 하나에 해당하는 것으로서 국토교통부령으로 정하는 것을 말한다.

운송취급주의 위험물을 철도로 운송하고자 할 때에는 운송 중의 위험방지 및 인명의 안전에 적합하도록 포장·적재하고 운송하여야 한다. 운송취급주의 위험물이 아닌 것은?

가. 철도운송 중 폭발할 우려가 있는 것

나. 유독성 가스를 발생시킬 우려가 있는 것

다. 인화성 산화성 등이 약하지만 주위의 상황으로 인하여 발화할 우려가 있는 것

라. 용기가 파손될 경우 내용물이 누출되어 철도차량·레일·기구 또는 다른 화물 등을 부식시키거나 침해할 우려가 있는 것

철도안전법 시행령 제45조(운송취급주의 위험물): 인화성·산화성 등이 강하여 그 물질 자체의 성질에 따라 발화할 우려가 있는 것

철도안전법령에서 운송 취급주의 위험물로 맞는 것은?

가. 뇌홍질화연에 속하는 것

나. 점화 또는 점폭약류를 붙인 폭약

다. 유독성 가스를 발생시킬 우려가 있는 것

라. 사람에게 위해를 주거나 물건에 손상을 줄 수 있는 물질로서 국토교통부장관이 정하여 고시하는 위험물

철도안전법 시행령 제45조(운송취급주의 위험물)

가, 나, 라는 영 제44조(탁송 및 운송금지 위험물)

제45조(철도보호지구에서의 행위제한 등)

① 철도경계선(가장 바깥쪽 궤도의 끝선을 말한다)으로부터 30미터 이내의 지역(이하 "철도보호지구"라 한다)에서 다음 각 호의 어느 하나에해당하는 행위를 하려는 자는 대통령령으로 정하는 바에 따라 국토교통부장관 또는 시·도지사에게 신고하여야 한다.

1. 토지의 형질변경 및 굴착(掘鑿)
2. 토석, 자갈 및 모래의 채취
3. 건축물의 신축·개축(改築)·증축 또는 인공구조물의 설치
4. 나무의 식재(대통령령으로 정하는 경우만 해당한다)
5. 그 밖에 철도시설을 파손하거나 철도차량의 안전운행을 방해할 우려가 있는 행위로서 대통령령으로 정하는 행위

예제 철도경계선으로부터 [   ] 이내의 지역(이하 "철도보호지구"라 한다)에서 다음 각 호의 어느 하나에 해당하는 행위를 하려는 자는 [   ]으로 정하는 바에 따라 [   ] 또는 시·도지사에게 신고하여야 한다(제45조(철도보호지구에서의 행위제한 등)).

정답 30미터, 대통령령, 국토교통부장관

예제 철도경계선으로부터 30미터 이내의 지역을 무엇이라 하는가?

가. 철도보호구역　　　　　　　　　　　　나. **철도보호지구**

다. 철도보호지역　　　　　　　　　　　　라. 철도보호행위제한지구

해설 철도안전법 제45조(철도보호지구에서의 행위제한: 철도경계선(가장 바깥쪽 궤도의 끝선을 말한다)으로부터 30미터 이내의 지역을 "철도보호지구"라 한다.

예제 철도보호지구에서의 제한되는 행위로 틀린 것은?

가. 토지의 형질변경 및 굴착

나. 토석, 자갈 및 모래의 채취

다. 건축물의 신축·개축·증축 또는 인공구조물의 설치

라. 나무의 식재(대통령령으로 정하는 경우는 제외한다)

해설 철도안전법 제45조(철도보호지구에서의 행위제한 등) 제1항 4호: 나무의 식재(대통령령으로 정하는 경우만 해당한다)

② 노면전차 철도보호지구의 바깥쪽 경계선으로부터 20미터 이내의 지역에서 굴착, 인공구조물의 설치 등 철도시설을 파손하거나 철도차량의 안전운행을 방해할 우려가 있는 행위로서 대통령령으로 정하는 행위를 하려는 자는 대통령령으로 정하는 바에 따라 국토교통부장관 또는 시·도지사에게 신고하여야 한다.

③ 국토교통부장관 또는 시·도지사는 철도차량의 안전운행 및 철도 보호를 위하여 필요하다고 인정할 때에는 제1항 각 호의 어느 하나의 행위를 하는 자에게 그 행위의 금지 또는 제한을 명령하거나 대통령령으로 정하는 필요한 조치를 하도록 명령할 수 있다.

예제 [   ] 또는 [   ]는 철도차량의 안전운행 및 철도 보호를 위하여 필요하다고 인정할 때에는 행위를 하는 자에게 그 행위의 [   ] 또는 [   ]을 명령하거나 [   ]으로 정하는 필요한 조치를 하도록 명령할 수 있다.

정답 국토교통부장관, 시·도지사, 금지, 제한, 대통령령

④ 국토교통부장관 또는 시·도지사는 철도차량의 안전운행 및 철도 보호를 위하여 필요하다고 인정할 때에는 토지, 나무, 시설, 건축물, 그 밖의 공작물의 소유자나 점유자에게 조치를 하도록 명령할 수 있다.

예제 [   ] 또는[   ]는 철도차량의 안전운행 및 철도 보호를 위하여 필요하다고 인정할 때에는 [   ], [   ], [   ], [   ], 그 밖의 공작물의 소유자나 점유자에게 다음의 조치를 하도록 명령할 수 있다.

정답 국토교통부장관, 시·도지사, 토지, 나무, 시설, 건축물

1. 시설등이 시야에 장애를 주면 그 장애물을 제거할 것
2. 시설등이 붕괴하여 철도에 위해(危害)를 끼치거나 끼칠 우려가 있으면 그 위해를 제거하고 필요하면 방지시설을 할 것
3. 철도에 토사 등이 쌓이거나 쌓일 우려가 있으면 그 토사 등을 제거하거나 방지시설을 할 것

⑤ 철도운영자등은 철도차량의 안전운행 및 철도 보호를 위하여 필요한 경우 국토교통부장관 또는 시·도지사에게 제2항 또는 제3항에 따른 해당 행위 금지·제한 또는 조치 명령을 할 것을 요청할 수 있다.

시행령 제46조(철도보호지구에서의 행위 신고절차)

① 법 제45조제1항에 따라 신고하려는 자는 해당 행위의 목적, 공사기간 등이 기재된 신고서에 설계도서(필요한 경우에 한정한다) 등을 첨부하여 국토교통부장관 또는 시·도지사에게 제출하여야 한다. 신고한 사항을 변경하는 경우에도 또한 같다.

② 국토교통부장관 또는 시·도지사는 제1항에 따라 신고나 변경신고를 받은 경우에는 신고인에게 법 제45조제3항에 따른 행위의 금지 또는 제한을 명령하거나 제49조에 따른 안전조치(이하 "안전조치등"이라 한다)를 명령할 필요성이 있는지를 검토하여야 한다.

③ 국토교통부장관 또는 시·도지사는 제2항에 따른 검토 결과 안전조치등을 명령할 필요가 있는 경우에는 제1항에 따른 신고를 받은 날부터 30일 이내에 신고인에게 그 이유를 분명히 밝히고 안전조치등을 명하여야 한다.

④ 제1항부터 제3항까지에서 규정한 사항 외에 철도보호지구에서의 행위에 대한 신고와 안전조치등에 관하여 필요한 세부적인 사항은 국토교통부장관이 정하여 고시한다.

[예제] 국토교통부장관 또는 시·도지사는 안전조치등을 명령할 필요가 있는 경우에는 신고를 받은 날부터 (   )이내에 신고인에게 그 이유를 분명히 밝히고 안전조치등을 명하여야 한다.

[정답] 30일

예제 철도안전법령상 철도보호지구에서 제한되는 행위를 하려는 자에게 신고를 받은 경우 국토교통부장관은 검토 결과 안전조치 등을 명령할 필요가 있는 경우 며칠 이내에 신고인에게 이유를 분명히 밝히고 안전조치 등을 명하여야 하는가?

가. 15일 　　　　　　　　　　　　　　나. 20일
다. 25일 　　　　　　　　　　　　　　라. 30일

해설 철도안전법 시행령 제46조(철도보호지구에서의 행위 신고절차): 국토교통부장관 또는 시·도지사는 안전조치등을 명령할 필요가 있는 경우에는 신고를 받은 날부터 30일 이내에 신고인에게 그 이유를 분명히 밝히고 안전조치등을 명하여야 한다.

예제 다음 중 철도보호지구에서의 행위 신고절차에 관한 내용으로 틀린 것은?

가. 신고하려는 자는 해당 행위의 목적, 공사기간 등이 기재된 신고서에 설계도서 등을 첨부하여 국토교통부장관 또는 시·도지사에게 제출하여야 한다.
나. 철도보호지구에서의 행위에 대한 신고와 안전조치 등에 관하여 필요한 세부적인 사항은 국토교통부장관이 정하여 고시한다.
다. 국토교통부장관 또는 시·도지사는 제1항에 따라 신고나 변경신고를 받은 경우에는 신고인에게 행위의 금지 또는 제한을 명령하거나 제49조에 따른 안전조치를 명령할 필요성이 있는지를 검토하여야 한다.
라. 국토교통부장관 또는 시·도지사는 검토 결과 안전조치 등을 명령할 필요가 있는 경우에는 제1항에 따른 신고를 받은 날부터 20일 이내에 신고인에게 그 이유를 분명히 밝히고 안전조치 등을 명하여야 한다.

해설 철도안전법 시행령 제46조(철도보호지구에서의 행위 신고절차) 제3항 국토교통부장관 또는 시·도지사는 제2항에 따른 검토 결과 안전조치 등을 명령할 필요가 있는 경우에는 신고를 받은 날부터 30일 이내에 신고인에게 그 이유를 분명히 밝히고 안전조치 등을 명하여야 한다.

시행령 제47조(철도보호지구에서의 나무 식재)

법 제45조제1항제4호에서 "대통령령으로 정하는 경우"란 다음 각 호의 어느 하나에 해당하는 경우를 말한다.
1. 철도차량 운전자의 전방 시야 확보에 지장을 주는 경우
2. 나뭇가지가 전차선이나 신호기 등을 침범하거나 침범할 우려가 있는 경우

3. 호우나 태풍 등으로 나무가 쓰러져 철도시설물을 훼손시키거나 열차의 운행에 지장을 줄 우려가 있는 경우

예제 철도안전법령상 나무 식재 시 국토교통부장관에게 신고하지 않아도 되는 경우는?

가. 나뭇가지가 전차선을 침범할 우려가 있는 경우
나. 철도차량 운전자의 전방 시야 확보에 지장을 주는 경우
다. 나뭇가지가 신호기를 침범할 우려가 있는 경우
라. 철도경계선에서 40미터인 지역의 나무가 철도시설물을 훼손할 우려가 있는 경우

해설 철도안전법 시행령 제47조(철도보호지구에서의 나무 식재): '호우나 태풍 등으로 나무가 쓰러져 철도시설물을 훼손시키거나 열차의 운행에 지장을 줄 우려가 있는 경우'에는 신고하여야 한다.

시행령 제48조(철도보호지구에서의 안전운행 저해행위 등)

법 제45조제1항제5호에서 "대통령령으로 정하는 행위"란 다음 각 호의 어느 하나에 해당하는 행위를 말한다.
1. 폭발물이나 인화물질 등 위험물을 제조·저장하거나 전시하는 행위
2. 철도차량 운전자 등이 선로나 신호기를 확인하는 데 지장을 주거나 줄 우려가 있는 시설이나 설비를 설치하는 행위
3. 철도신호등(鐵道信號燈)으로 오인할 우려가 있는 시설물이나 조명 설비를 설치하는 행위
4. 전차선로에 의하여 감전될 우려가 있는 시설이나 설비를 설치하는 행위
5. 시설 또는 설비가 선로의 위나 밑으로 횡단하거나 선로와 나란히 되도록 설치하는 행위
6. 그 밖에 열차의 안전운행과 철도 보호를 위하여 필요하다고 인정하여 국토교통부장관이 정하여 고시하는 행위

예제 철도안전법령상 철도보호지구에서의 안전운행 저해행위에 포함되지 않는 것은?

가. 신호기를 확인하는 데 지장을 줄 우려가 있는 시설을 설치하는 행위
나. 철도차량 운전자 등이 정거장이나 선로전환기를 확인하는 데 지장을 주거나 줄 우려가 있는 시설 이나 설비를 설치하는 행위
다. 전차선로에 의하여 감전될 우려가 있는 시설을 설치하는 행위
라. 시설 또는 설비가 선로의 위나 밑으로 횡단하거나 선로와 나란히 되도록 설치하는 행위

철도안전법 시행령 제48조(철도보호지구에서의 안전운행 저해행위 등): '철도차량 운전자 등이 선로나 신호기를 확인하는 데 지장을 주거나 줄 우려가 있는 시설 이나 설비를 설치하는 행위'가 맞다.

예제 철도보호지구에서의 안전운행 저해 행위 등에 관한 설명 중 맞는 것은?

가. 철도신호등으로 오인할 우려가 있는 시설물이나 조명 설비를 설치하는 행위

나. 건축물의 신축·개축·증축 또는 인공구조물의 설치

다. 선로(철도와 교차된 도로는 제외) 또는 국토교통부령으로 정하는 철도시설에 철도운영자등의 승낙 없이 출입하거나 통행하는 행위

라. 철도종사자의 허락 없이 선로 변에서 총포를 이용하여 수렵하는 행위

해설 철도안전법 시행령 제48조(철도보호지구에서의 안전운행 저해행위 등): '철도신호등(鐵道信號燈)으로 오인할 우려가 있는 시설물이나 조명 설비를 설치하는 행위'는 옳다.

시행령 제49조(철도 보호를 위한 안전조치)

법 제45조제3항에서 "대통령령으로 정하는 필요한 조치"란 다음 각 호의 어느 하나에 해당하는 조치를 말한다.

1. 공사로 인하여 약해질 우려가 있는 지반에 대한 보강대책 수립·시행
2. 선로 옆의 제방 등에 대한 흙막이공사 시행
3. 굴착공사에 사용되는 장비나 공법 등의 변경
4. 지하수나 지표수 처리대책의 수립·시행
5. 시설물의 구조 검토·보강
6. 먼지나 티끌 등이 발생하는 시설·설비나 장비를 운용하는 경우 방진막, 물을 뿌리는 설비 등 분진방지시설 설치
7. 신호기를 가리거나 신호기를 보는 데 지장을 주는 시설이나 설비 등의 철거
8. 안전울타리나 안전통로 등 안전시설의 설치
9. 그 밖에 철도시설의 보호 또는 철도차량의 안전운행을 위하여 필요한 안전조치

예제 다음 중 철도보호를 위한 안전조치로서 대통령령으로 정하는 필요한 조치에 속하지 않는 것은?

가. 안전방호책나 안전동선 등 안전시설의 설치

나. 먼지나 티끌 등이 발생하는 시설·설비나 장비를 운용하는 경우 방진막, 물을 뿌리는 설비 등 분진방지시설 설치

다. 신호기를 가리거나 신호기를 보는 데 지장을 주는 시설이나 설비 등의 철거

라. 공사로 인하여 약해질 우려가 있는 지반에 대한 보강대책 수립·시행

해설 철도안전법 시행령 제49조(철도 보호를 위한 안전조치): '안전울타리나 안전통로 등 안전시설의 설치'가 옳다.

예제 대통령령으로 정하는 철도 보호를 위한 안전조치로 틀린 것은?

가. 굴착공사에 사용되는 장비나 공법 등의 변경

나. 시설물의 구조 검토·보강

다. 신호기를 가리거나 신호기를 보는 데 지장을 주는 시설이나 설비 등의 철거

라. 그 밖에 열차의 안전운행과 철도 보호를 위하여 필요하다고 인정하여 국토교통부장관이 정하여 고시하는 행위

해설 철도안전법 시행령 제49조(철도 보호를 위한 안전조치): 그 밖에 열차의 안전운행과 철도 보호를 위하여 필요하다고 인정하여 대통령령으로 정하는 필요한 조치

제46조(손실보상)

① 국토교통부장관, 시·도지사 또는 철도운영자등은 제45조제3항 또는 제4항에 따른 행위의 금지·제한 또는 조치 명령으로 인하여 손실을 입은 자가 있을 때에는 그 손실을 보상하여야 한다.

예제 [   ], 시·도지사 또는 [   ] 등은 행위의 [   ]·[   ] 또는 [   ] 명령으로 인하여 손실을 입은 자가 있을 때에는 그 [   ]을 [   ]하여야 한다.

정답 국토교통부장관, 철도운영자, 금지, 제한, 손실, 보상

② 제1항에 따른 손실의 보상에 관하여는 국토교통부장관, 시·도지사 또는 철도운영자등이 그 손실을 입은 자와 협의하여야 한다.

③ 제2항에 따른 협의가 성립되지 아니하거나 협의를 할 수 없을 때에는 대통령령으로 정하는 바에 따라 「공익사업을 위한 토지 등의 취득 및 보상에 관한 법률」에 따른 관할 토지수용위원회에 재결(裁決)을 신청할 수 있다.

예제 협의가 성립되지 아니하거나 협의를 할 수 없을 때에는 [   ]으로 정하는 바에 따라 「공익사업을 위한 토지 등의 취득 및 보상에 관한 법률」에 따른 관할 [   ]에 [   ]을 신청할 수 있다.

정답 대통령령, 토지, 수용위원회, 재결

④ 제3항의 재결에 대한 이의신청에 관하여는 「공익사업을 위한 토지 등의 취득 및 보상에 관한 법률」 제83조부터 제86조까지의 규정을 준용한다.

예제 철도보호지구에서 행위의 금지 또는 제한으로 인하여 손실을 입은 자에 관한 내용으로 틀린 것은?

가. 협의가 성립되지 아니하거나 협의를 할 수 없을 때에는 대통령령으로 정하는 바에 따라 「공익사업을 위한 토지 등의 취득 및 보상에 관한 법률」에 따른 관할 토지수용위원회에 재결을 신청할 수 있다.

나. 손실의 보상에 관하여는 국토교통부장관, 시·도지사 또는 철도운영자등이 그 손실을 입은 자와 협의하여야 한다.

다. 국토교통부장관, 시·도지사 또는 철도운영자등은 행위의 금지 또는 제한으로 인하여 손실을 입은 자가 있을 때에는 그 손실을 보상할 수 있다.

라. 재결에 대한 이의신청에 관하여는 「공익사업을 위한 토지 등의 취득 및 보상에 관한 법률」 제83조부터 제86조까지의 규정을 준용한다.

해설 철도안전법 제46조(손실보상): 제1항 국토교통부장관, 시·도지사 또는 철도운영자등은 행위의 금지·제한 또는 조치 명령으로 인하여 손실을 입은 자가 있을 때에는 그 손실을 보상하여야 한다.

예제 협의가 성립되지 아니하거나 협의를 할 수 없을 때에는 [   ]으로 정하는 바에 따라 「공익사업을 위한 토지 등의 취득 및 보상에 관한 법률」에 따른 관할 [   ]에 재결을 신청할 수 있다(철도안전법 제46조(손실보상)).

정답 대통령령, 토지수용위원회

시행령 제50조(손실보상)

① 법 제46조에 따른 행위의 금지 또는 제한으로 인하여 손실을 받은 자에 대한 손실보상 기준 등에 관하여는 「공익사업을 위한 토지 등의 취득 및 보상에 관한 법률」 제68조, 제70조제2항 및 제5항, 제71조, 제75조, 제75조의2, 제76조, 제77조 및 제78조제5항부터 제7항까지의 규정을 준용한다.

② 법 제46조제3항에 따른 재결신청에 대해서는 「공익사업을 위한 토지 등의 취득 및 보상 관한 법률」 제80조제2항을 준용한다.

예제 철도안전법상 손실보상에 관한 내용이다. 틀린 것은?

가. 국토교통부장관, 시·도지사 또는 철도운영자등은 행위의 금지 또는 제한으로 인하여 손실을 입은 자가 있을 때에는 그 손실을 보상하여야 한다.

나. 손실보상에 관하여는 국토교통부장관, 시·도지사 또는 철도운영자등이 그 손실을 입은 자와 협의하여야 한다.

다. 행위의 금지 또는 제한으로 인하여 손실을 받은 자에 대한 손실보상 기준 등에 관하여는 「철도 안전법」에 준용한다.

라. 협의가 성립되지 아니하거나 협의를 할 수 없을 때에는 토지수용위원회에 재결을 신청할 수 있다.

해설 철도안전법 시행령 제50조(손실보상): 행위의 금지 또는 제한으로 인하여 손실을 받은 자에 대한 손실보상 기준 등에 관하여는 「공익사업을 위한 토지 등의 취득 및 보상에 관한 법률에 준용한다.

예제 따른 행위의 금지 또는 제한으로 인하여 손실을 받은 자에 대한 (   ) 등에 관하여는 「공익사업을 위한 (   )에 관한 법률」 규정을 준용한다(시행령 제50조(손실보상)).

정답 손실보상 기준, 토지 등의 취득 및 보상

시행령 제50조의2(인증업무의 위탁)

국토교통부장관은 법 제48조의4제4항에 따라 법 제48조의3에 따른 보안검색장비의 성능 인증 및 점검 업무를 「과학기술분야 정부출연연구기관 등의설립·운영 및 육성에 관한 법률」 제8조에 따라 설립된 한국철도기술연구원(이하 "한국철도기술연구원"이라 한다)에 위탁한다.

제47조(여객열차에서의 금지행위)

① 여객은 여객열차에서 다음 각 호의 어느 하나에 해당하는 행위를 하여서는 아니 된다.
   1. 정당한 사유 없이 국토교통부령으로 정하는 여객출입 금지장소에 출입하는 행위
   2. 정당한 사유 없이 운행 중에 비상정지버튼을 누르거나 철도차량의 옆면에 있는 승강용 출입문을 여는 등 철도차량의 장치 또는 기구 등을 조작하는 행위
   3. 여객열차 밖에 있는 사람을 위험하게 할 우려가 있는 물건을 여객열차 밖으로 던지는 행위
   4. 흡연하는 행위
   5. 철도종사자와 여객 등에게 성적(性的) 수치심을 일으키는 행위
   6. 술을 마시거나 약물을 복용하고 다른 사람에게 위해를 주는 행위
   7. 그 밖에 공중이나 여객에게 위해를 끼치는 행위로서 국토교통부령으로 정하는 행위

예제 여객은 여객열차에서 다음 각 호의 어느 하나에 해당하는 행위를 하여서는 아니 된다.

1. 정당한 사유 없이 [   ]으로 정하는 [   ]에 출입하는 행위

정답 국토교통부령, 여객출입 금지장소

2. 정당한 사유 없이 운행 중에 [   ]을 누르거나 철도차량의 옆면에 있는 승강용 출입문을 여는 등 철도차량의 [   ] 또는 [   ] 등을 조작하는 행위

정답 비상정지버튼 , 장치, 기구

4. [   ]하는 행위

정답 흡연

6. 술을 마시거나 [   ]을 복용하고 다른 사람에게 [   ]를 주는 행위

약물, 위해

7. 그 밖에 공중이나 [   ]에게 위해를 끼치는 행위로서 [   ]으로 정하는 행위

여객, 국토교통부령

② 운전업무종사자, 여객승무원 또는 여객역무원은 제1항의 금지행위를 한 사람에 대하여 필요한 경우 다음 각 호의 조치를 할 수 있다.
   1. 금지행위의 제지
   2. 금지행위의 녹음·녹화 또는 촬영

예제 철도안전법령에서 여객열차에서의 금지행위로 맞는 것은?

가. 열차운행 중에 타고 내리거나 정당한 사유 없이 승강용 출입문의 개폐를 방해하여 열차운행에 지장을 주는 행위
나. 공중이나 여객에게 위해를 끼치는 행위로서 국토교통부령으로 정하는 행위
다. 흡연이 금지된 철도시설이나 철도차량 안에서 흡연하는 행위
라. 철도종사자의 허락 없이 철도시설이나 철도차량에서 광고물을 붙이거나 배포하는 행위

해설 철도안전법 제47조(여객열차에서의 금지행위): 공중이나 여객에게 위해를 끼치는 행위로서 국토교통부령으로 정하는 행위

예제 다음 중 여객열차에서의 금지행위에 해당하는 것으로 틀린 것은?

가. 정당한 사유 없이 국토교통부령으로 정하는 여객출입 금지장소에 출입하는 행위
나. 정당한 사유 없이 운행 중에 비상정지버튼을 누르거나 철도차량의 옆면에 있는 승강용 출입문을 여는 등 철도차량의 장치 또는 기구 등을 조작하는 행위
다. 여객열차 안에 있는 사람을 위험하게 할 우려가 있는 물건을 여객열차 밖으로 던지는 행위
라. 여객열차 안에서 흡연하는 행위

해설 철도안전법 제47조(여객열차에서의 금지행위): 여객열차 밖에 있는 사람을 위험하게 할 우려가 있는 물건을 여객열차 밖으로 던지는 행위

예제 철도종사자가 열차 밖이나 대통령령으로 정하는 지역 밖으로 퇴거시키거나 철거할 수 있는 경우에 해당하는 사람 또는 물건으로 틀린 것은?

가. 정당한 사유없이 운행 중에 비상정지 버튼을 누르는 행위를 한 자

나. 운송 금지 위험물을 탁송하거나 운송하는 자 및 그 위험물

다. 여객 및 화물열차에서 위해물품을 휴대한 사람 및 그 위해물품

라. 국토교통부장관의 행위 금지·제한 또는 조치 명령에 따르지 아니하는 사람 및 그 물건

해설 철도안전법 제47조 (여객열차에서의 금지행위): '여객 및 화물열차에서 위해물품을 휴대한 사람 및 그 위해물품'은 여객열차에서의 금지행위에 해당되지 않는다.

예제 여객열차 안에서의 여객의 금지행위가 아닌 것은?

가. 여객출입금지장소에 출입하는 행위

나. 응급사태 발생으로 비상정지버튼을 누르는 행위

다. 철도종사자와 여객 등에게 성적(性的) 수치심을 일으키는 행위

라. 정당한 사유 없이 승강용 출입문을 여는 행위

해설 철도안전법 제47조(여객열차에서의 금지행위): '응급사태 발생으로 비상정지버튼을 누르는 행위'는 여객열차 안에서의 여객의 금지행위가 아니다.

예제 다음 중 철도안전법상 여객열차에서의 금지행위가 아닌 것은?

가. 공중이나 여객에게 위해를 끼치는 행위로서 대통령령으로 정하는 행위

나. 정당한 사유 없이 운행 중에 비상정지버튼을 누르는 행위

다. 흡연하는 행위

라. 철도종사자와 여객 등에게 성적(性的) 수치심을 일으키는 행위

해설 철도안전법 제47조(여객열차에서의 금지행위): 공중이나 여객에게 위해를 끼치는 행위로서 국토교통부령으로 정하는 행위

규칙 제79조(여객출입 금지장소)

법 제47조제1항제7호에서 "국토교통부령으로 정하는 여객출입 금지장소"란 다음 각 호의 장소를 말한다.

1. 운전실

2. 기관실

3. 발전실

4. 방송실

예제 국토교통부령으로 정하는 여객출입 금지장소란 [   ], [   ], [   ], [   ]이다.

정답 운전실, 기관실, 발전실, 방송실

예제 철도안전법령상 여객의 출입을 금지하는 장소에 해당하지 않는 것은?

가. 운전실   나. 발전실

다. 보안실   라. 방송실

해설 철도안전법 시행규칙 제79조(여객출입 금지장소): 여객출입 금지장소"란 다음 장소를 말한다. 1. 운전실 2. 기관실 3. 발전실 4. 방송실. 따라서 철도안전법령상 보안실은 여객의 출입을 금지하는 장소는 아니다.

규칙 제80조(여객열차에서의 금지행위)

법 제47조제1항제7호에서 "국토교통부령으로 정하는 행위"란 다음 각 호의 행위를 말한다.

1. 여객에게 위해를 끼칠 우려가 있는 동식물을 안전조치 없이 여객열차에 동승하거나 휴대하는 행위

2. 타인에게 전염의 우려가 있는 법정 감염병자가 철도종사자의 허락 없이 여객열차에 타는 행위

3. 철도종사자의 허락 없이 여객에게 기부를 부탁하거나 물품을 판매·배부하거나 연설·권유 등을 하여 여객에게 불편을 끼치는 행위

예제 다음 중 국토교통부령으로 정하는 여객열차에서의 금지행위로 틀린 것은?

가. 여객에게 위해를 끼칠 우려가 있는 동식물을 안전조치 없이 여객열차에 동승하거나 휴대하는 행위

나. 정당한 사유로 운행 중에 비상정지버튼을 누르거나 철도차량의 옆면에 있는 승강용 출입문을 여는 등의 행위

다. 타인에게 전염의 우려가 있는 법정 감염병자가 철도종사자의 허락 없이 여객열차에 타는 행위

라. 철도종사자의 허락 없이 여객에게 기부를 부탁하거나 물품을 판매·배부하거나 연설·권유 등을 하여 여객에게 불편을 끼치는 행위

해설 철도안전법 시행규칙 제80조(여객열차에서의 금지행위): 정당한 사유로 운행 중에 비상정지버튼을 누르거나 철도차량의 옆면에 있는 승강용 출입문을 여는 등의 행위는 금지행위에 해당되지 않는다.

제48조(철도 보호 및 질서유지를 위한 금지행위)

누구든지 정당한 사유 없이 철도 보호 및 질서유지를 해치는 다음 각 호의 어느 하나에 해당하는 행위를 하여서는 아니 된다.

1. 철도시설 또는 철도차량을 파손하여 철도차량 운행에 위험을 발생하게 하는 행위

2. 철도차량을 향하여 돌이나 그 밖의 위험한 물건을 던져 철도차량 운행에 위험을 발생하게 하는 행위

3. 궤도의 중심으로부터 양측으로 폭 3미터 이내의 장소에 철도차량의 안전 운행에 지장을 주는 물건을 방치하는 행위

4. 철도교량 등 국토교통부령으로 정하는 시설 또는 구역에 국토교통부령으로 정하는 폭발물 또는 인화성이 높은 물건 등을 쌓아 놓는 행위

5. 선로(철도와 교차된 도로는 제외한다) 또는 국토교통부령으로 정하는 철도시설에 철도운영자등의 승낙 없이 출입하거나 통행하는 행위

6. 역시설 등 공중이 이용하는 철도시설 또는 철도차량에서 폭언 또는 고성방가 등 소란을 피우는 행위

7. 철도시설에 국토교통부령으로 정하는 유해물 또는 열차운행에 지장을 줄 수 있는 오물을 버리는 행위

8. 역시설 또는 철도차량에서 노숙(露宿)하는 행위

9. 열차운행 중에 타고 내리거나 정당한 사유 없이 승강용 출입문의 개폐를 방해하여 열차운행에 지장을 주는 행위

10. 정당한 사유 없이 열차 승강장의 비상정지버튼을 작동시켜 열차운행에 지장을 주는 행위

11. 그 밖에 철도시설 또는 철도차량에서 공중의 안전을 위하여 질서유지가 필요하다고 인정되어 국토교통부령으로 정하는 금지행위

예제 궤도의 중심으로부터 양측으로 폭 (   )이내의 장소에 철도차량의 안전 운행에 지장을 주는 물건을 방치하는 행위를 해서는 안 된다(제48조(철도 보호 및 질서유지를 위한 금지행위)).

정답 3미터

예제 다음 중 철도 보호 및 질서 유지를 위한 금지행위로서 틀린 것은?

가. 선로의 중심으로부터 양측으로 폭 30미터 이내의 장소에 철도차량의 안전운행에 지장을 주는 물건을 방치하는 행위

나. 철도시설 또는 철도차량을 파손하여 철도차량 운행에 위험을 발생하게 하는 행위

다. 선로(철도와 교차된 도로는 제외한다) 또는 국토교통부령이 정하는 철도시설에 철도운영자등의 승낙 없이 출입하거나 통행하는 행위

라. 정당한 사유 없이 열차 승강장의 비상정지버튼을 작동시켜 열차운행에 지장을 주는 행위

해설 철도안전법 제48조(철도 보호 및 질서유지를 위한 금지행위): 궤도의 중심으로부터 양측으로 폭 3미터 이내의 장소에 철도차량의 안전 운행에 지장을 주는 물건을 방치하는 행위

예제 다음 중 철도보호 및 질서 유지를 위한 금지행위로서 틀린 것은?

가. 철도시설 또는 철도차량을 파손하여 철도차량 운행에 위험을 발생하게 하는 행위

나. 선로(철도와 교차된 도로는 제외한다) 또는 대통령령이 정하는 철도시설에 철도운영자등의 승낙 없이 출입하거나 통행하는 행위

다. 궤도의 중심으로부터 양측으로 폭 3미터 이내의 장소에 철도차량의 안전 운행에 지장을 주는 물건을 방치하는 행위

라. 정당한 사유 없이 열차 승강장의 비상정지버튼을 작동시켜 열차운행에 지장을 주는 행위

해설 철도안전법 제48조(철도 보호 및 질서유지를 위한 금지행위): '선로(철도와 교차된 도로는 제외한다) 또는 국토교통부령으로 정하는 철도시설에 철도운영자등의 승낙 없이 출입하거나 통행하는 행위'가 옳다.

예제 철도안전법령상 질서유지를 위한 금지행위로 틀린 것은?

가. 흡연이 금지된 철도시설이나 철도차량 안에서 흡연하는 행위

나. 철도종사자의 허락 없이 철도시설이나 철도차량에서 광고물을 붙이거나 배포하는 행위

다. 역시설(물류시설, 환승시설, 편의시설을 제외한다)에서 철도종사자의 허락없이 기부를 부탁하거나 물품을 판매, 배부 또는 연설, 권유를 하는 행위

라. 철도종사자의 허락 없이 선로변에서 총포를 이용하여 수렵하는 행위

해설 철도안전법 제48조(철도 보호 및 질서유지를 위한 금지행위): '역시설에서 철도종사자의 허락없이 기부를 부탁하거나 물품을 판매, 배부 또는 연설, 권유를 하는 행위'는 질서유지를 위한 금지행위에 해당되지 않는다.

예제 국토교통부장관이 철도특별사법경찰대장에게 위임한 과태료 부과, 징수에 관한 사항으로 틀린 것은?

가. 여객열차 밖에 있는 사람을 위험하게 할 우려가 있는 물건을 여객열차 밖으로 던지는 행위

나. 선로(철도와 교차된 도로는 제외한다) 또는 국토교통부령으로 정하는 철도시설에 철도운영자 등의 승낙 없이 출입하거나 통행하는 행위

다. 철도시설에 국토교통부령으로 정하는 유해물 또는 열차운행에 지장을 줄 수 있는 오물을 버리는 행위

라. 역시설 등 공중이 이용하는 철도시설 또는 철도차량에서 폭언 또는 고성방가 등 소란을 피우는 행위

해설 철도안전법 제48조(철도 보호 및 질서유지를 위한 금지행위): 철도차량을 향하여 돌이나 그 밖의 위험한 물건을 던져 철도차량 운행에 위험을 발생하게 하는 행위

규칙 제81조(폭발물 등 적치금지 구역)

법 제48조제4호에서 "국토교통부령으로 정하는 구역또는 시설"이란 다음 각 호의 구역 또는 시설을 말한다.

1. 정거장 및 선로(정거장 또는 선로를 지지하는 구조물 및 그 주변지역을 포함한다)
2. 철도 역사
3. 철도 교량
4. 철도 터널

예제 철도안전법령상 폭발물 또는 인화성이 높은 물건 등의 적치행위가 금지되는 구역은 모두 몇 개인가?

ㄱ 정거장 및 선로(정거장 또는 선로를 지지하는 구조물은 제외)
ㄴ 철도 역사
ㄷ 철도 교량
ㄹ 철도 터널

가. 2개 　　　　　　　　　　　　　　　나. 4개
다. 3개 　　　　　　　　　　　　　　　라. 1개

해설 철도안전법 시행규칙 제81조(폭발물 등 적치금지 구역): "국토교통부령으로 정하는 구역 또는 시설"이란 1. 정거장 및 선로 2. 철도 역사 3. 철도 교량 4. 철도 터널이다.

예제 철도안전법령상 폭발물 등의 적치금지 구역과 무관한 장소는?

가. 철도역사
나. 철도교량
다. 정거장 및 선로(정거장 또는 선로를 지지하는 구조물 및 그 주변지역을 제외)
라. 철도터널

해설 철도안전법 시행규칙 제81조(폭발물 등 적치금지 구역) 제1호 정거장 및 선로(정거장 또는 선로를 지지하는 구조물 및 그 주변지역을 포함한다)

규칙 제82조(적치금지 폭발물 등)

법 제48조제4호에서 "국토교통부령으로 정하는 폭발물 또는 인화성이 높은 물건"이란 영 제44조 및 영 제45조에 따른 위험물로서 주변의 물건을 손괴할 수 있는 폭발력을 지니거나 화재를 유발하거나 유해한 연기를 발생하여 여객이나 일
반대중에게 위해를 끼칠 우려가 있는 물건이나 물질을 말한다.

규칙 제83조(출입금지 철도시설)

법 제48조제5호에서 "국토교통부령으로 정하는 철도시설"이란 다음 각 호의 철도시설을 말한다.

1. 위험물을 적하하거나 보관하는 장소
2. 신호·통신기기 설치장소 및 전력기기·관제설비 설치장소
3. 철도운전용 급유시설물이 있는 장소
4. 철도차량 정비시설

예제 국토교통부령으로 정하는 출입금지 철도시설 아닌 것은?

가. 철도차량기지   나. 철도차량 정비시설
다. 신호·통신기기 설치장소   라. 급유시설물이 있는 장소

해설 철도안전법 시행규칙 제83조(출입금지 철도시설): "국토교통부령으로 정하는 출입금지 철도시설":
1. 위험물을 적하하거나 보관하는 장소, 2. 신호·통신기기 설치장소 및 전력기기·관제설비 설치장소,
3. 철도운전용 급유시설물이 있는 장소, 4. 철도차량 정비시설

예제 국토교통부령으로 정하는 출입금지 철도시설은?

1. (   )   2. (   )
3. (   )   4. (   )

정답 1. 위험물을 적하하거나 보관하는 장소
2. 신호·통신기기 설치장소 및 전력기기·관제설비 설치장소
3. 철도운전용 급유시설물이 있는 장소
4. 철도차량 정비시설

규칙 제84조(열차운행에 지장을 줄 수 있는 유해물)

법 제48조제7호에서 "국토교통부령으로 정하는 유해물"이란 철도시설이나 철도차량을 훼손하거나 정상적인 기능·작동을 방해하여 열차운행에 지장을 줄 수 있는 산업폐기물·생활폐기물을 말한다.

규칙 제85조(질서유지를 위한 금지행위)

법 제48조제11호에서 "국토교통부령으로 정하는 금지행위"란 다음 각 호의 행위를 말한다.

1. 흡연이 금지된 철도시설이나 철도차량 안에서 흡연하는 행위
2. 철도종사자의 허락 없이 철도시설이나 철도차량에서 광고물을 붙이거나 배포하는 행위
3. 역시설에서 철도종사자의 허락 없이 기부를 부탁하거나 물품을 판매·배부하거나 연설·권유를 하는 행위
4. 철도종사자의 허락 없이 선로변에서 총포를 이용하여 수렵하는 행위

제48조의2(여객 등의 안전 및 보안)

① 국토교통부장관은 철도차량의 안전운행 및 철도시설의보호를 위하여 필요한 경우에는 「사법경찰관리의 직무를 수행할 자와 그 직무범위에 관한법률」 제5조제11호에 규정된 사람(이하 "철도특별사법경찰관리"라 한다)으로 하여금 여객열차에 승차하는 사람의 신체·휴대물품 및 수하물에 대한 보안검색을 실시하게 할 수 있다.
② 국토교통부장관은 제1항의 보안검색 정보 및 그 밖의 철도보안·치안 관리에 필요한 정보를 효율적으로 활용하기 위하여 철도보안정보체계를 구축·운영하여야 한다.
③ 국토교통부장관은 철도보안·치안을 위하여 필요하다고 인정된 경우에는 차량 운행정보 등을 철도운영자등에게 요구할 수 있고, 철도운영자등은 정당한 사유 없이 그 요구를 거절할 수 없다.
④ 국토교통부장관은 철도보안정보체계를 운영하기 위하여 철도차량의 안전운행 및 철도시설의 보호에 필요한 최소한의 정보만 수집·관리하여야 한다.
⑤ 제1항에 따른 보안검색의 실시방법과 절차 및 보안검색장비 종류 등에 필요한 사항과 제2항에 따른 철도보안정보체계 및 제3항에 따른 정보 확인 등에 필요한 사항은 국토교통부령으로 정한다.

> **예제** 보안검색의 실시방법과 절차 및 보안검색장비 종류 등에 필요한 사항과 (   )및 정보 확인 등에 필요한 사항은 (   )으로 정한다(제48조의2(여객 등의 안전 및 보안)).

예제 철도차량의 안전운행 및 철도시설의 보호를 위해 여객열차에 승차하는 사람의 보안검색을 실시할 수 있는 자는?

가. 고객안전원

나. **철도특별사법경찰관리**

다. 철도역무원

라. 철도경비대원

해설 철도안전법 제48조의2(여객 등의 안전 및 보안): 국토교통부장관은 철도차량의 안전운행 및 철도시설의 보호를 위하여 필요한 경우에는 "철도특별사법경찰관리"로 하여금 여객열차에 승차하는 사람의 신체·휴대물품 및 수하물에 대한보안검색을 실시하게 할 수 있다.

예제 다음 설명 중 틀린 것은?

가. 국토교통부장관은 철도차량의 안전운행 및 철도시설의 보호를 위하여 필요한 경우에는 "철도경찰관리"로 하여금 여객열차에 승차하는 사람의 신체·휴대물품 및 수하물에 대한 보안검색을 실시하게 할 수 있다.

나. 열차 또는 철도시설을 이용하는 사람은 철도안전법에 따라 철도의 안전·보호와 질서유지를 위하여 하는 철도종사자의 직무상 지시에 따라야 한다.

다. 보안검색의 실시방법과 절차 등에 관하여 필요한 사항과 제2항에 따른 직무장비의 종류 및 사용기준 등에 관하여 필요한 사항은 국토교통부령으로 정한다.

라. 누구든지 폭행·협박으로 철도종사자의 직무집행을 방해하여서는 아니 된다.

해설 철도안전법 제48조의2(여객 등의 안전 및 보안): 국토교통부장관은 철도차량의 안전운행 및 철도시설의 보호를 위하여 필요한 경우에는 "철도특별사법경찰관리"로 하여금 여객열차에 승차하는 사람의 신체·휴대물품 및 수하물에 대한 보안검색을 실시하게 할 수 있다.

규칙 제85조의2(보안검색의 실시 방법 및 절차 등)

① 법 제48조의2제1항에 따라 실시하는 보안검색(이하 "보안검색"이라 한다)의 실시 범위는 다음 각 호의 구분에 따른다.

　1. 전부검색: 국가의 중요 행사 기간이거나 국가 정보기관으로부터 테러 위험 등의 정보를 통보받은 경우 등 국토교통부장관이 보안검색을 강화하여야 할 필요가 있다고 판단하는 경우에 국토교통부장관이 지정한 보안검색 대상 역에서 보안검색 대상 전

부에 대하여 실시

   2. 일부검색: 법 제42조에 따른 휴대ㆍ적재 금지 위해물품(이하 "위해물품"이라 한다)을 휴대ㆍ적재하였다고 판단되는 사람과 물건에 대하여 실시하거나 제1호에 따른 전부검색으로 시행하는 것이 부적합하다고 판단되는 경우에 실시

② 위해물품을 탐지하기 위한 보안검색은 법 제48조의2제1항에 따른 보안검색장비(이하 "보안검색장비"라 한다)를 사용하여 검색한다. 다만, 다음 각 호의 어느 하나에 해당하는 경우에는 여객의 동의를 받아 직접 신체나 물건을 검색하거나 특정 장소로 이동하여 검색을 할 수 있다.

   1. 보안검색장비의 경보음이 울리는 경우

   2. 위해물품을 휴대하거나 숨기고 있다고 의심되는 경우

   3. 보안검색장비를 통한 검색 결과 그 내용물을 판독할 수 없는 경우

   4. 보안검색장비의 오류 등으로 제대로 작동하지 아니하는 경우

   5. 보안의 위협과 관련한 정보의 입수에 따라 필요하다고 인정되는 경우

③ 국토교통부장관은 법 제48조의2제1항에 따라 보안검색을 실시하게 하려는 경우에 사전에 철도운영자등에게 보안검색 실시계획을 통보하여야 한다. 다만, 범죄가 이미 발생하였거나 발생할 우려가 있는 경우 등 긴급한 보안검색이 필요한 경우에는 사전 통보를 하지 아니할 수 있다.

④ 제3항 본문에 따라 보안검색 실시계획을 통보받은 철도운영자등은 여객이 해당 실시계획을 알 수 있도록 보안검색 일정ㆍ장소ㆍ대상 및 방법 등을 안내문에 게시하여야 한다.

⑤ 법 제48조의2에 따라 철도특별사법경찰관리가 보안검색을 실시하는 경우에는 검색 대상자에게 자신의 신분증을 제시하면서 소속과 성명을 밝히고 그 목적과 이유를 설명하여야 한다. 다만, 다음 각 호의 어느 하나에 해당하는 경우에는 사전 설명 없이 검색할 수 있다.

   1. 보안검색 장소의 안내문 등을 통하여 사전에 보안검색 실시계획을 안내한 경우

   2. 의심물체 또는 장시간 방치된 수하물로 신고된 물건에 대하여 검색하는 경우

예제 **보안검색 중 동의를 받아 직접 신체나 물건을 검색할 수 있는 경우로 틀린 것은?**

가. 위해물품을 휴대하거나 숨기고 있다고 의심되는 경우

나. 보안의 위협과 관련한 정보의 입수에 따라 필요하다고 인정되는 경우

다. 검색장비의 경보음이 울리는 경우

라. 검색장비를 통한 검색결과 그 내용물을 판독할 수 있는 경우

해설 철도안전법 시행규칙 제85조의2(보안검색의 실시 방법 및 절차 등): '검색장비를 통한 검색결과 그 내용물을 판독할 수 없는 경우'가 맞다.

예제 보안검색에 대한 내용으로 맞는 것은?

가. 위해물품을 휴대, 적재하였다고 판단되는 사람과 물건에 대하여 전부검색을 실시한다.

나. 국토교통부장관은 범죄가 발생할 우려가 있는 경우 철도운영자 등에게 보안검색 실시계획을 통보하여야 한다.

다. 의심물체에 대하여 검색하는 경우 사전 설명은 하고 검색하여야 한다.

라. 보안검색 장소의 안내문 등을 통하여 사전에 보안검색 실시계획을 안내한 경우 사전 설명 없이 검색할 수 있다.

해설 철도안전법 시행규칙 제85조의2(보안검색의 실시 방법 및 절차 등) 제1항: 보안검색 장소의 안내문 등을 통하여 사전에 보안검색 실시계획을 안내한 경우 사전 설명 없이 검색할 수 있다.

규칙 제85조의3(보안검색장비의 종류)

① 법 제48조의2제1항에 따른 보안검색장비의 종류는 다음 각 호의 구분에 따른다.

1. 위해물품을 검색·탐지·분석하기 위한 장비: 엑스선 검색장비, 금속탐지장비(문형금속탐지장비와 휴대용 금속탐지장비를 포함한다), 폭발물 탐지장비, 폭발물흔적탐지장비, 액체폭발물탐지장비 등

2. 보안검색 시 안전을 위하여 착용·휴대하는 장비: 방검복, 방탄복, 방폭 담요 등

예제 철도안전법령상 직무장비의 종류 중 보안 검색 시 안전을 위하여 착용·휴대하는 장비에 해당하지 않는 것은?

가. 방검복   나. 방폭담요

다. 가스발사총   라. 방탄복

해설 철도안전법 시행규칙 제85조의3(보안검색 직무장비 및 사용기준): 보안 검색 시 안전을 위하여 착용·휴대하는 장비는 방검복, 방탄복, 방폭담요 등이다.

예제 다음 중 위해물품을 검색·탐지·분석하기 위한 장비에 해당하지 않는 것은?

가. 엑스선 검색 장비

나. 전자충격기, 가스발사총, 호신용 경봉

다. 금속탐지 장비(게이트형 금속탐지장비와 휴대용 금속 탐지장치는 제외한다.)

라. 액체 폭발물 탐지장비, 폭발물 흔적탐지 장비

해설 철도안전법 시행규칙 제85조의3(보안검색 직무장비 및 사용기준) 제1항: 금속탐지장비(문형금속탐지장비와 휴대용 금속탐지장비를 포함한다)

규칙 제85조의4(철도보안정보체계의 구축·운영 등)

① 국토교통부장관은 법 제48조의2제2항에 따른 철도보안정보체계(이하 "철도보안정보체계"라 한다)를 구축·운영하기 위한 철도보안정보시스템을 구축·운영해야 한다.

② 국토교통부장관이 법 제48조의2제3항에 따라 철도운영자에게 요구할 수 있는 정보는 다음 각 호와 같다.

1. 법 제48조의2제1항에 따른 보안검색 관련 통계(보안검색 횟수 및 보안검색 장비 사용 내역 등을 포함한다)

2. 법 제48조의2제1항에 따른 보안검색을 실시하는 직원에 대한 교육 등에 관한 정보

3. 철도차량 운행에 관한 정보

4. 그 밖에 철도보안·치안을 위해 필요한 정보로서 국토교통부장관이 정해 고시하는 정보

③ 국토교통부장관은 철도보안정보체계를 구축·운영하기 위해 관계 기관과 필요한 정보를 공유하거나 관련 시스템을 연계할 수 있다.

제48조의3(보안검색장비의 성능인증 등)

① 제48조의2제1항에 따른 보안검색을 하는 경우에는 국토교통부장관으로부터 성능인증을 받은 보안검색장비를 사용하여야 한다.

② 제1항에 따른 성능인증을 위한 기준·방법·절차 등 운영에 필요한 사항은 국토교통부령으로 정한다.

③ 국토교통부장관은 제1항에 따른 성능인증을 받은 보안검색장비의 운영, 유지관리 등에 관한 기준을 장하여 고시하여야 한다.

④ 국토교통부장관은 제1항에 따라 성능인증을 받은 보안검색장비가 운영 중에 계속하여 성능을 유지하고 있는지를 확인하기 위하여 국토교통부령으로 정하는 바에 따라 정기적으로 또는 수시로 점검을 실시하여야 한다.

⑤ 국토교통부장관은 제1항에 따른 성능인증을 받은 보안검색장비가 다음 각 호의 어느 하나에 해당하는 경우에는 그 인증을 취소할 수 있다. 다만, 제1호에 해당하는 때에는 그 인증을 취소하여야 한다.

   1. 거짓이나 그 밖의 부정한 방법으로 인증을 받은 경우

   2. 보안검색장비가 제2항에 따른 성능인증 기준에 적합하지 아니하게 된 경우

규칙 제85조의5(보안검색장비의 성능인증 기준)

법 제48조의3제1항에 따른 보안검색장비의 성능인증 기준은 다음 각 호와 같다.
1. 국제표준화기구(ISO)에서 정한 품질경영시스템을 갖출 것
2. 그 밖에 국토교통부장관이 정하여 고시하는 성능, 기능 및 안전성 등을 갖출 것

규칙 제85조의6(보안검색장비의 성능인증 신청 등)

① 법 제48조의3제1항에 따른 보안검색장비의 성능인증을 받으려는 자는 별지 제45호의13 서식의 철도보안검색장비 성능인증 신청서에 다음 각 호의 서류를 첨부하여 「과학기술 분야 정부출연연구기관 등의 설립·운영 및 육성에 관한 법률」 제8조에 따라 설립된 한국철도기술연구원(이하 "한국철도기술연구원"이라 한다)에 제출해야 한다. 이 경우 한국철도기술연구원은 「전자정부법」 제36조제1항에 따른 행정정보의 공동이용을 통해서 법인 등기사항증명서(신청인이 법인인 경우만 해당한다)를 확인해야 한다.

   1. 사업자등록증 사본

   2. 대리인임을 증명하는 서류(대리인이 신청하는 경우에 한정한다)

   3. 보안검색장비의 성능 제원표 및 시험용 물품(테스트 키트)에 관한 서류

   4. 보안검색장비의 구조·외관도

5. 보안검색장비의 사용·운영방법·유지관리 등에 대한 설명서

6. 제85조의5에 따른 기준을 갖추었음을 증명하는 서류

② 한국철도기술연구원은 제1항에 따른 신청을 받으면 법 제48조의4제1항에 따른 시험기관(이하 "시험기관"이라 한다)에 보안검색장비의 성능을 평가하는 시험(이하 "성능시험"이라 한다)을 요청해야 한다. 다만, 제1항제6호에 따른 서류로 성능인증 기준을 충족하였다고 인정하는 경우에는 해당 부분에 대한 성능시험을 요청하지 않을 수 있다.

③ 시험기관은 성능시험 계획서를 작성하여 성능시험을 실시하고, 별지 제45호의14서식의 철도보안검색장비 성능시험 결과서를 한국철도기술연구원에 제출해야 한다.

④ 한국철도기술연구원은 제3항에 따른 성능시험 결과가 제85조의5에 따른 성능인증 기준 등에 적합하다고 인정하는 경우에는 별지 제45호의15서식의 철도보안검색장비 성능인증서를 신청인에게 발급해야 하며, 적합하지 않은 경우에는 그 결과를 신청인에게 통지해야 한다.

⑤ 한국철도기술연구원은 제85조의5에 따른 성능인증 기준에 적합여부 등을 심의하기 위하여 성능인증심사위원회를 구성·운영할 수 있다.

⑥ 제2항에 따른 성능시험 요청 및 제5항에 따른 성능인증심사위원회의 구성·운영 등에 필요한 세부사항은 국토교통부장관이 정하여 고시한다.

예제 다음 중 보안검색장비의 성능인증을 받으려는 자가 한국철도기술연구원에 제출해야 할 서류로 옳지 않은 것은?

가. 사업자등록증 사본

나. 대리인임을 증명하는 서류

다. 보안검색장비의 성능 제원표 및 시험용 물품(테스트 키트)에 관한 서류

라. 보안성능장비의 매뉴얼 및 유지관리 등에 대한 설명서

해설 철도안전법 시행규칙 제85조의6(보안검색장비의 성능인증 신청 등): 보안검색장비의 성능인증을 받으려는 자가 한국철도기술연구원에 제출해야 할 서류: 1. 사업자등록증 사본, 2. 대리인임을 증명하는 서류, 3. 보안검색장비의 성능 제원표 및 시험용 물품(테스트 키트)에 관한 서류, 4. 보안검색장비의 구조·외관도, 5. 보안검색장비의 사용·운영방법·유지관리 등에 대한 설명서

규칙 제85조의7(보안검색장비의 성능점검)

한국철도기술연구원은 법 제48조의3제4항에 따라 보안검색장비가 운영 중에 계속하여 성능을 유지하고 있는지를 확인하기 위해 다음 각 호의 구분에 따른 점검을 실시해야 한다.
1. 정기점검: 매년 1회
2. 수시점검: 보안검색장비의 성능유지 등을 위하여 필요하다고 인정하는 때

제48조의4(시험기관의 지정 등)

① 국토교통부장관은 제48조의3에 따른 성능인증을 위하여 보안검색장비의 성능을 평가하는 시험(이하 "성능시험"이라 한다)을 실시하는 기관(이하 "시험기관"이라 한다)을 지정할 수 있다.

② 제1항에 따라 시험기관의 지정을 받으려는 법인이나 단체는 국토교통부령으로 정하는 지정기준을 갖추어 국토교통부장관에게 지정신청을 하여야 한다.

③ 국토교통부장관은 제1항에 따라 시험기관으로 지정받은 법인이나 단체가 다음 각 호의 어느 하나에 해당하는 경우에는 그 지정을 취소하거나 1년 이내의 기간을 정하여 그 업무의 전부 또는 일부의 정지를 명할 수 있다. 다만, 제1호 또는 제2호에 해당하는 때에는 그 지정을 취소하여야 한다.
  1. 거짓이나 그 밖의 부정한 방법을 사용하여 시험기관으로 지정을 받은 경우
  2. 업무정지 명령을 받은 후 그 업무정지 기간에 성능시험을 실시한 경우
  3. 정당한 사유 없이 성능시험을 실시하지 아니한 경우
  4. 제48조의3제2항에 따른 기준·방법·절차 등을 위반하여 성능시험을 실시한 경우
  5. 제48조의4제2항에 따른 시험기관 지정기준을 충족하지 못하게 된 경우
  6. 성능시험 결과를 거짓으로 조작하여 수행한 경우

④ 국토교통부장관은 인증업무의 전문성과 신뢰성을 확보하기 위하여 제48조의3에 따른 보안검색장비의 성능 인증 및 점검 업무를 대통령령으로 정하는 기관(이하 "인증기관"이라 한다)에 위탁할 수 있다.

규칙 제85조의8(시험기관의 지정 등)

① 법 제48조의4제2항에서 "국토교통부령으로 정하는 지정기준"이란 별표 19에 따른 기준을 말한다.

② 법 제48조의4제2항에 따라 시험기관으로 지정을 받으려는 자는 별지 제45호의16서식의 철도보안검색장비 시험기관 지정 신청서에 다음 각 호의 서류를 첨부하여 국토교통부장관에게 제출해야 한다. 이 경우 국토교통부장관은 「전자정부법」 제36조제1항에 따른 행정정보의 공동이용을 통해서 법인 등기사항증명서(신청인이 법인인 경우만 해당한다)를 확인해야 한다.

 1. 사업자등록증 및 인감증명서(법인인 경우에 한정한다)

 2. 법인의 정관 또는 단체의 규약

 3. 성능시험을 수행하기 위한 조직·인력, 시험설비 등을 적은 사업계획서

 4. 국제표준화기구(ISO) 또는 국제전기기술위원회(IEC)에서 정한 국제기준에 적합한 품질관리규정

 5. 제1항에 따른 시험기관 지정기준을 갖추었음을 증명하는 서류

③ 국토교통부장관은 제2항에 따라 시험기관 지정신청을 받은 때에는 현장평가 등이 포함된 심사계획서를 작성하여 신청인에게 통지하고 그 심사계획에 따라 심사해야 한다.

④ 국토교통부장관은 제3항에 따른 심사 결과 제1항에 따른 지정기준을 갖추었다고 인정하는 때에는 별지 제45호의17서식의 철도보안검색장비 시험기관 지정서를 발급하고 다음 각 호의 사항을 관보에 고시해야 한다.

 1. 시험기관의 명칭

 2. 시험기관의 소재지

 3. 시험기관 지정일자 및 지정번호

 4. 시험기관의 업무수행 범위

⑤ 제4항에 따라 시험기관으로 지정된 기관은 다음 각 호의 사항이 포함된 시험기관 운영규정을 국토교통부장관에게 제출해야 한다.

 1. 시험기관의 조직·인력 및 시험설비

 2. 시험접수·수행 절차 및 방법

 3. 시험원의 임무 및 교육훈련

 4. 시험원 및 시험과정 등의 보안관리

⑥ 국토교통부장관은 제3항에 따른 심사를 위해 필요한 경우 시험기관지정심사위원회를 구성·운영할 수 있다.

[예제] 다음 중 철도보안검색장비 시험기관 지정 신청을 위하여 국토교통부장관에게 제출하여야 할 서류로 틀린 것은?

가. 사업자등록증 및 인감증명서(법인인 경우에 한정한다)

나. 성능시험을 수행하기 위한 모의성능시험기(영상물 등)

다. 국제표준화기구(ISO) 또는 국제전기기술위원회(IEC)에서 정한 국제기준에 적합한 품질관리규정

라. 성능시험을 수행하기 위한 조직·인력, 시험설비 등을 적은 사업계획서

[해설] 철도안전법 시행규칙 제85조의8(시험기관의 지정 등): 철도보안검색장비 시험기관 지정 신청을 위하여 국토교통부장관에게 제출하여야 할 서류: 1. 사업자등록증 및 인감증명서, 2. 법인의 정관 또는 단체의 규약, 3. 성능시험을 수행하기 위한 조직·인력, 시험설비 등을 적은 사업계획서, 4. 국제표준화기구(ISO) 또는 국제전기기술위원회(IEC)에서 정한 국제기준에 적합한 품질관리규정, 5. 제1항에 따른 시험기관 지정기준을 갖추었음을 증명하는 서류

[규칙 별표 19] 시험기관의 지정기준 (제85조의8제1항 관련)

1. 다음 각 목의 요건을 모두 갖춘 법인 또는 단체일 것
   가. 「공공기관의 운영에 관한 법률」 제4조에 따른 공공기관일 것
   나. 「보안업무규정」 제10조에 따른 비밀취급 인가를 받은 기관일 것
   다. 「국가표준기본법」 제23조 및 같은 법 시행령 제16조제2항에 따른 인정기구(이하 "인정기구"라 한다)에서 인정받은 시험기관일 것
2. 다음 각 목의 요건을 갖춘 기술인력을 보유할 것. 다만, 나목 또는 다목의 인력이 라목에 따른 위험물안전관리자의 자격을 보유한 경우에는 라목의 기준을 갖춘 것으로 본다.
   가. 「보안업무규정」 제8조에 따른 비밀취급 인가를 받은 인력을 보유할 것
   나. 인정기구에서 인정받은 시험기관에서 시험업무 경력이 3년 이상인 사람 2명 이상
   다. 보안검색에 사용하는 장비의 시험·평가 또는 관련 연구 경력이 3년 이상인 사람 2명 이상
   라. 「위험물안전관리법」 제15조제1항에 따른 위험물안전관리자 자격 보유자 1명 이상
3. 다음 각 목의 시설 및 장비를 모두 갖출 것
   가. 다음의 시설을 모두 갖춘 시험실
      1) 항온항습 시설
      2) 철도보안검색장비 성능시험 시설
      3) 화학물질 보관 및 취급을 위한 시설
      4) 그 밖에 국토교통부장관이 정하여 고시하는 시설

나. 엑스선검색장비 이미지품질평가용 시험용 장비(테스트 키트)
　다. 엑스선검색장비 표면방사선량률 측정장비
　라. 엑스선검색장비 연속동작시험용 시설
　마. 엑스선검색장비 등 대형장비용 온도·습도시험실(장비)
　바. 폭발물검색장비·액체폭발물검색장비·폭발물흔적탐지장비 시험용 유사폭발물 시료
　사. 문형금속탐지장비·휴대용금속탐지장비·시험용 금속물질 시료
　아. 휴대용 금속탐지장비 및 시험용 낙하시험 장비
　자. 시험데이터 기록 및 저장 장비
　차. 그 밖에 국토교통부장관이 정하여 고시하는 장비

규칙 제85조의9(시험기관의 지정취소 등)

① 법 제48조의4제3항에 따른 시험기관의 지정취소 또는 업무정지 처분의 세부기준은 별표 20과 같다.

② 국토교통부장관은 제1항에 따라 시험기관의 지정을 취소하거나 업무의 정지를 명한 경우에는 그 사실을 해당시험 기관에 통지하고 지체 없이 관보에 고시해야 한다.

③ 제2항에 따라 시험기관의 지정취소 또는 업무정지 통지를 받은 시험기관은 그 통지를 받은 날부터 15일 이내에 철도보안검색장비 시험기관 지정서를 국토교통부장관에게 반납해야 한다.

[규칙 별표 20]시험기관의 지정취소 및 업무정지의 기준 (제85조의9제1항 관련)

1. 일반기준
　가. 위반행위가 둘 이상인 경우 또는 한 개의 위반행위가 둘 이상의 처분기준에 해당하는 경우에는 그 중 무거운 처분기준을 적용한다.
　나. 위반행위의 횟수에 따른 행정처분의 기준은 최근 3년 동안 같은 위반행위로 처분을 받은 경우에 적용한다. 이 경우 기간의 계산은 위반행위에 대해서 처분을 받은 날과 그 처분 후 다시 같은 위반행위를 해서 적발된 날을 기준으로 한다.
　다. 나목에 따라 가중된 행정처분을 하는 경우 가중처분의 적용 차수는 그 위반행위 전 처분 차수(나목에 따른 기간 내에 행정처분이 둘 이상 있었던 경우에는 높은 차수를 말한다)의 다음 차수로 한다.
　라. 국토교통부장관은 다음의 어느 하나에 해당하는 경우에는 제2호의 개별기준에 따른 업무정지 기간의 2분의 1의 범위에서 그 기간을 줄일 수 있다.
　　1) 위반행위가 사소한 부주의나 오류로 인한 것으로 인정되는 경우
　　2) 위반행위자의 법 위반상태를 시정하거나 해소하기 위한 노력이 인정되는 경우

3) 그 밖에 위반행위의 정도, 위반행위의 동기와 그 결과 등을 고려해서 처분기간을 감경할 필요가 있다고 인정되는 경우

마. 국토교통부장관은 다음의 어느 하나에 해당하는 경우에는 제2호의 개별기준에 따른 업무정지 기간의 2분의 1의 범위에서 그 기간을 늘릴 수 있다.

1) 위반의 내용 및 정도가 중대해서 공중에게 미치는 피해가 크다고 인정되는 경우

2) 법 위반 상태의 기간이 3개월 이상인 경우

3) 그 밖에 위반행위의 정도, 위반행위의 동기와 그 결과 등을 고려해서 업무정지 기간을 늘릴 필요가 있다고 인정되는 경우

[예제] 다음 중 시험기관의 1차 위반 시 지정취소하여야 하는 경우는?

가. 업무정지 명령을 받은 후 그 업무정지기간에 성능시험을 실시한 경우

나. 정당한 사유 없이 성능시험을 실시하지 않은 경우

다. 법 제48조의3제2항에 따른 기준 · 방법·절차 등을 위반하여 성능시험을 실시한 경우

라. 법 제48조의4제2항에 따른 시험 기관 지정기준을 충족하지 못하게 된 경우

[해설] 철도안전법 시행규칙 [별표 20] 시험기관의 지정취소 및 업무정지의 기준: 업무정지 명령을 받은 후 그 업무정지기간에 성능시험을 실시한 경우는 시험기관의 1차 위반 시에 해당되어 지정취소하여야 하는 경우이다.

2. 개별기준

위반행위 또는 사유	근거법조문	처분기준		
		1차 위반	2차 위반	3차 이상 위반
가. 거짓이나 그 밖의 부정한 방법을 사용해서 시험기관으로 지정을 받은 경우	법 제48조의4 제3항제1호	지정취소		
나. 업무정지 명령을 받은 후 그 업무정지 기간에 성능시험을 실시한 경우	법 제48조의4 제3항제2호	지정취소		
다. 정당한 사유 없이 성능시험을 실시하지 않은 경우	법 제48조의4 제3항제3호	업무정지 (30일)	업무정지 (60일)	지정취소
라. 법 제48조의3제2항에 따른 기준 · 방법·절차 등을 위반하여 성능시험을 실시한 경우	법 제48조의4 제3항제4호	업무정지 (60일)	업무정지 (120일)	지정취소

마. 법 제48조의4제2항에 따른 시험기관 지 정기준을 충족하지 못하게 된 경우	법 제48조의4 제3항제5호	경고	경고	지정취소
바. 성능시험 결과를 거짓으로 조작해서 수 행한 경우	법 제48조의4 제3항제6호	업무정지 (90일)	지정 취소	

제48조의5(직무장비의 휴대 및 사용 등)

① 철도특별사법경찰관리는 이 법 및 「사법경찰관리의 직무를 수행할 자와 그 직무범위에 관한 법률」 제6조제9호에 따른 직무를 수행하기 위하여 필요하다고 인정되는 상당한 이유가 있을 때에는 합리적으로 판단하여 필요한 한도에서 직무장비를 사용할 수 있다.

② 제1항에서의 "직무장비"란 철도특별사법경찰관리가 휴대하여 범인검거와 피의자 호송 등의 직무수행에 사용하는 수갑, 포승, 가스분사기, 전자충격기, 경비봉을 말한다.

③ 철도특별사법경찰관리가 제1항에 따라 직무수행 중 직무장비를 사용함에 있어 사람의 생명이나 신체에 위해를 끼칠 수 있는 직무장비(전자충격기 및 가스분사기를 말한다)를 사용하는 경우에는 사전에 필요한 안전교육과 안전검사를 받은 후 사용하여야 한다.

규칙 제85조의10(직무장비의 사용기준)

법 제48조의5제1항에 따라 철도특별사법경찰관리가 사용하는 직무장비의 사용기준은 다음 각 호와 같다.

1. 가스분사기ㆍ가스발사총(고무탄은 제외한다)의 경우: 범인의 체포 또는 도주방지, 타인 또는 철도특별사법경찰관리의 생명ㆍ신체에 대한 방호, 공무집행에 대한 항거의 억제를 위해 필요한 경우에 최소한의 범위에서 사용하되, 1미터 이내의 거리에서 상대방의 얼굴을 향해 발사하지 말 것

2. 전자충격기의 경우: 14세 미만의 사람이나 임산부에게 사용해서는 안 되며, 전극침(電極 針) 발사장치가 있는 전자충격기를 사용하는 경우에는 상대방의 얼굴을 향해 전극침을 발사하지 말 것

3. 경비봉의 경우: 타인 또는 철도특별사법경찰관리의 생명·신체의 위해와 공공시설·재산의 위험을 방지하기 위해 필요한 경우에 최소한의 범위에서 사용할 수 있으며, 인명 또는 신체에 대한 위해를 최소화하도록 할 것
4. 수갑·포승의 경우: 체포영장·구속영장의 집행, 신체의 자유를 제한하는 판결 또는 처분을 받은 사람을 법률이 정한 절차에 따라 호송·수용하거나 범인·주취자·정신착란 자의 자살 또는 자해를 방지하기 위해 필요한 경우에 최소한의 범위에서 사용할 것

제49조(철도종사자의 직무상 지시 준수)

① 열차 또는 철도시설을 이용하는 사람은 이 법에 따라 철도의 안전·보호와 질서유지를 위하여 하는 철도종사자의 직무상 지시에 따라야 한다.
② 누구든지 폭행·협박으로 철도종사자의 직무집행을 방해하여서는 아니 된다.

시행령 제51조(철도종사자의 권한표시)

① 법 제49조에 따른 철도종사자는 복장·모자·완장·증표등으로 그가 직무상 지시를 할 수 있는 사람임을 표시하여야 한다.
② 철도운영자등은 철도종사자가 제1항에 따른 표시를 할 수 있도록 복장·모자·완장·증표 등의 지급 등 필요한 조치를 하여야 한다.

예제 다음 중 철도종사자의 권한을 표시할 수 있는 것이 아닌 것은?

가. 모자
나. 호루라가
다. 증표
라. 완장

해설 철도안전법 시행령 제51조(철도종사자의 권한표시) 제1항 법 제49조: 철도종사자는 복장·모자·완장·증표 등으로 그가 직무상 지시를 할 수 있는 사람임을 표시하여야 한다.

제50조(사람 또는 물건에 대한 퇴거조치 등)

철도종사자는 다음 각 호의 어느 하나에 해당하는 사람 또는 물건을 열차 밖이나 대통령령으로 정하는 지역 밖으로 퇴거시키거나 철거할 수 있다.

1. 제42조를 위반하여 여객열차에서 위해물품을 휴대한 사람 및 그 위해물품
2. 제43조를 위반하여 운송 금지 위험물을 탁송하거나 운송하는 자 및 그 위험물
3. 제45조제3항 또는 제4항에 따른 행위 금지·제한 또는 조치 명령에 따르지 아니하는 사람 및 그 물건
4. 제47조제1항을 위반하여 금지행위를 한 사람 및 그 물건
5. 제48조를 위반하여 금지행위를 한 사람 및 그 물건
6. 제48조의2에 따른 보안검색에 따르지 아니한 사람
7. 제49조를 위반하여 철도종사자의 직무상 지시를 따르지 아니하거나 직무집행을 방해하는 사람

예제 철도안전법령상 철도종사자의 권한표시 방법에 해당하지 않는 것은?

가. 명찰　　　　　　　　　　　나. 증표
다. 완장　　　　　　　　　　　라. 모자

해설 철도안전법 시행령 제51조(철도종사자의 권한표시): 철도운영자등은 철도종사자가 권한을 표시를 할 수 있도록 복장·모자·완장·증표 등의 지급 등 필요한 조치를 하여야 한다.

예제 공중 또는 여객의 퇴거조치 대상으로 안전법령상 정해지지 않은 자는?

가. 운송금지 위험물을 탁송 또는 운송하는 자
나. 철도종사자의 직무상 지시를 따르지 않는 자
다. 철도운영자의 직무상 지시를 따르지 아니하거나 직무집행을 방해하는 사람
라. 위해물품을 휴대하고 열차에 승차한 자

해설 철도안전법 제50조(사람 또는 물건에 대한 퇴거 조치 등): 철도종사자의 직무상 지시를 따르지 아니하거나 직무집행을 방해하는 사람

시행령 제52조(퇴거지역의 범위)

법 제50조 각 호 외의 부분에서 "대통령령으로 정하는 지역"이란 다음 각 호의 어느 하나에 해당하는 지역을 말한다.

1. 정거장
2. 철도신호기·철도차량정비소·통신기기·전력설비 등의 설비가 설치되어 있는 장소의 담장이나 경계선 안의 지역
3. 화물을 적하하는 장소의 담장이나 경계선 안의 지역

[예제] 다음 중 대통령령으로 정하는 퇴거지역으로 틀린 것은?

가. 화물을 적하하는 장소의 담장이나 경계선 안의 지역
나. 정거장
다. 철도신호기·철도차량정비소·통신기기·전력설비 등의 설비가 설치되어 있는 장소의 담장이나 경계선 안의 지역
라. 철도역 승강장 경계선의 안 지역

[해설] 철도안전법 시행령 제52조(퇴거지역의 범위) 법 제50조: '철도역 승강장 경계선의 안 지역'은 퇴거지역에 해당되지 않는다.

영 제53조 삭제

영 제54조 삭제

영 제55조 삭제

제6장

철도사고조사 · 처리

제6장

철도사고조사 · 처리

제51조 ~ 제59조 삭제

제60조(철도사고등의 발생 시 조치)

① 철도운영자등은 철도사고등이 발생하였을 때에는 사상자 구호, 유류품관리, 여객 수송
및 철도시설 복구 등 인명피해 및 재산피해를 최소화하고 열차를 정상적으로 운행할 수
있도록 필요한 조치를 하여야 한다.

예제 [   ] 등은 철도사고등이 발생하였을 때에는 [   ]구호, [   ]관리, 여객 수송
및 [   ]복구 등 인명피해 및 [   ]를 최소화하고 열차를 정상적으로 운행할 수
있도록 필요한 조치를 하여야 한다

정답 철도운영자, 사상자, 유류품, 철도시설, 재산피해

② 철도사고등이 발생하였을 때의 사상자 구호, 여객 수송 및 철도시설 복구 등에 필요한
사항은 대통령령으로 정한다.

예제 철도사고등이 발생하였을 때의 [   ], 여객 수송 및 [   ] 등에 필요한 사항은 대통령령으로 정한다.

정답 사상자 구호, 철도시설 복구

③ 국토교통부장관은 제61조에 따라 사고 보고를 받은 후 필요하다고 인정하는 경우에는 철도운영자등에게 사고 수습 등에 관하여 필요한 지시를 할 수 있다. 이 경우 지시를 받은 철도운영자등은 특별한 사유가 없으면 지시에 따라야 한다.

예제 철도사고 등이 발생하였을 때의 사상자 구호, 여객 수송 및 철도시설 복구 등에 필요한 사항은 (   )으로 정한다(철도안전법 제60조(철도사고 등의 발생 시 조치)).

정답 대통령령

예제 철도사고 등이 발생하였을 경우의 조치 및 보고에 관한 내용으로 틀린 것은?

가. 철도운영자등은 철도사고 등이 발생하였을 때에는 사상자 구호, 유류품 관리, 여객 수송 및 철도시설 복구 등 인명피해 및 재산피해를 최소화하고 열차를 인근 차량기지로 전도운행할 수 있도록 필요한 조치를 하여야 한다.

나. 철도운영자등은 철도사고 등을 제외한 철도사고 등이 발생하였을 때에는 국토교통부령으로 정하는 바에 따라 사고 내용을 조사하여 그 결과를 국토교통부장관에게 보고하여야 한다.

다. 철도운영자등은 사상자가 많은 사고 등 대통령령으로 정하는 철도사고 등이 발생하였을 때에는 국토교통부령으로 정하는 바에 따라 즉시 국토교통부장관에게 보고하여야 한다.

라. 철도사고 등이 발생하였을 때의 사상자 구호, 여객 수송 및 철도시설 복구 등에 필요한 사항은 대통령령으로 정한다.

해설 철도안전법 제60조(철도사고 등의 발생 시 조치): 철도운영자등은 철도사고등이 발생하였을 때에는 사상자 구호, 유류품관리, 여객 수송 및 철도시설 복구 등 인명피해 및 재산피해를 최소화하고 열차를 정상적으로 운행할 수 있도록 필요한 조치를 하여야 한다.

예제 철도사고 발생 시 조치에 관한 설명으로 틀린 것은?

가. 철도사고 등이 발생하였을 때의 사망자 처리, 여객운송및 철도시설 복구, 사상자 보상 및 예우 등에 필요한 사항은 대통령령으로 정한다.

나. 철도운영자등은 철도사고 등이 발생하였을 때에는 사상자 구호, 유류품 관리, 여객 수송 및 철도시설 복구 등 인명피해 및 재산피해를 최소화하고 열차를 정상적으로 운행할 수 있도록 필요한 조치를 취해야 한다.

다. 국토교통부장관은 사고 보고를 받은 후 필요하다고 인정하는 경우에는 철도운영자등에게 사고수습 등에 관하여 필요한 지시를 할 수 있다.

라. 지시를 받은 철도운영자등은 특별한 사유가 없으면 지시에 따라야 한다.

해설 철도안전법 제60조(철도사고 등의 발생 시 조치): 철도사고등이 발생하였을 때의 사상자 구호, 여객 수송 및 철도시설 복구 등에 필요한 사항은 대통령령으로 정한다.

시행령 제56조(철도사고등의 발생 시 조치사항)

법 제60조제2항에 따라 철도사고등이 발생한 경우 철도운영자등이 준수하여야 하는 사항은 다음 각 호와 같다.

1. 사고수습이나 복구작업을 하는 경우에는 인명의 구조와 보호에 가장 우선순위를 둘 것
2. 사상자가 발생한 경우에는 법 제7조제1항에 따른 안전관리체계에 포함된 비상대응계획에서 정한 절차(이하 "비상대응절차"라 한다)에 따라 응급처치, 의료기관으로 긴급이송, 유관기관과의 협조 등 필요한 조치를 신속히 할 것
3. 철도차량 운행이 곤란한 경우에는 비상대응절차에 따라 대체교통수단을 마련하는 등 필요한 조치를 할 것

예제 철도안전법령상 철도사고 사상자 발생 시 조치사항 중 안전관리체계에 포함된 비상대응계획 중 바르지 못한 조치는 무엇인가?

가. 국토교통부장관에게 보고　　　　나. 유관기관과의 협조
다. 응급처치　　　　　　　　　　　　라. 의료기관으로 긴급이송

해설 철도안전법 시행령 제56조(철도사고등의 발생 시 조치사항) 제2호: 사상자가 발생한 경우에는 법 제7조제1항에 따른 안전관리체계에 포함된 비상대응계획에서 정한 절차(이하 "비상대응절차"라 한다)에 따라 응급처치, 의료기관으로 긴급이송, 유관기관과의 협조 등 필요한 조치를 신속히 할 것

예제 철도사고 등이 발생한 경우 철도운영자등이 준수하여야 하는 사항으로서 해당하지 않는 것은?

가. 사고수습이나 복구 작업을 하는 경우에는 인명의 구조와 보호에 가장 우선순위를 둘 것

나. **열차의 고장으로 열차가 역과 역 사이에서 정차하여 운행이 불가능한 경우 신속하게 승객을 인근 역까지 인도할 것**

다. 철도차량 운행이 곤란한 경우에는 비상대응절차에 따라 대체교통수단을 마련하는 등 필요한 조치를 할 것

라. 사상자가 발생한 경우에는 안전관리체계에 포함된 비상대응계획에서 정한 절차에 따라 응급처치, 의료기관으로 긴급이송, 유관기관과의 협조 등 필요한 조치를 신속히 할 것

해설 철도안전법 시행령 제56조(철도사고등의 발생 시 조치사항) 법 제60조제2항: '열차의 고장으로 열차가 역과 역 사이에서 정차하여 운행이 불가능한 경우 신속하게 승객을 인근 역까지 인도할 것'은 옳지 않다.

예제 사고수습이나 [   ]을 하는 경우에는 [   ]와 [   ]에 가장 우선순위를 둘 것(철도안전법 시행령 제56조(철도사고등의 발생 시 조치사항))

정답 복구작업, 인명의 구조, 보호

예제 철도사고등의 발생 시 조치사항 중 사고수습이나 복구작업을 하는 경우에 가장 우선하여야 하는 것은?

가. 유관기관과의 협조   나. 응급처치
다. 의료기관으로 긴급이송   **라. 인명의 구조와 보호**

해설 철도안전법 시행령 제56조(철도사고등의 발생 시 조치사항) 법 제60조제2항: 사고수습이나 복구작업을 하는 경우에는 인명의 구조와 보호에 가장 우선순위를 둘 것

예제 철도사고등의 발생 시 조치사항 중 인명의 구조 및 보호에 가장 우선순위를 두어야 하는 경우는?

가. 응급처치   **나. 사고수습**
다. 유관기관과의 협조   라. 의료기관으로 긴급이송

해설 철도안전법 시행령 제56조(철도사고등의 발생 시 조치사항) 법 제60조제2항: 사고수습이나 복구작업을 하는 경우에는 인명의 구조와 보호에 가장 우선순위를 둘 것

제61조(철도사고등 보고)

① 철도운영자등은 사상자가 많은 사고 등 대통령령으로 정하는 철도사고등이 발생하였을 때에는 국토교통부령으로 정하는 바에 따라 즉시 국토교통부장관에게 보고하여야 한다.

② 철도운영자등은 제1항에 따른 철도사고 등을 제외한 철도사고등이 발생하였을 때에는 국토교통부령으로 정하는 바에 따라 사고 내용을 조사하여 그 결과를 국토교통부장관에게 보고하여야 한다.

예제 다음 설명 중 틀린 것은?

가. 정상운행을 하기 전의 신설선에서 철도차량을 운행할 경우 철도교통관제업무에서 제외된다.

나. 철도시설관리자는 철도사고 등이 발생하였을 때에는 국토교통부령으로 정하는 바에 따라 사고 내용을 조사하여 그 결과를 즉시 국토교통부장관에게 보고하여야 한다.

다. 철도운영자등은 사상자가 많은 사고 등 대통령령으로 정하는 철도사고 등이 발생하였을 때에는 국토교통부령으로 정하는 바에 따라 즉시 국토교통부장관에게 보고하여야 한다.

라. 철도차량을 보수·정비하기 위한 차량정비기지 및 차량유치시설에서 철도차량을 운행하는 경우 철도교통관제업무에서 제외된다.

해설 철도안전법 제61조(철도사고등 보고): 철도운영자 등은 제1항에 따른 철도사고 등을 제외한 철도사고 등이 발생하였을 때에는 국토교통부령으로 정하는 바에 따라 사고 내용을 조사하여 그 결과를 국토교통부장관에게 보고하여야 한다.

예제 정상운행을 하기 전의 신설선에서 철도차량을 운행할 경우와 철도차량을 보수·정비하기 위한 차량정비기지 및 차량유치시설에서 철도차량을 운행하는 경우 [   ]에서 제외된다.

정답 철도교통관제업무

예제 철도안전법의 내용 일부를 보여준 것이다. 괄호 안에 들어가는 단어로 틀린 것은?

⊙ 철도운영자 등은 사상자가 많은 사고 등 (ⓐ)으로 정하는 철도사고 등이 발생하였을 때에는 (ⓑ)으로 정하는 바에 따라 (ⓒ)에게 보고하여야 한다.

ⓛ 철도운영자 등은 ⊙에 따른 철도사고 등을 제외한 철도사고 등이 발생하였을 때에는 국토교통부령으로 정하는 바에 따라 사고 내용을 조사하여 그 결과를 (ⓓ)에게 보고하여야 한다.

가. ⓐ - 대통령령   나. ⓑ - 국토교통부령
다. ⓒ - 대통령   라. ⓓ - 국토교통부장관

해설 철도안전법 제61조(철도사고 등 보고): 교통운영자 등은 사상자가 많은 사고 등 대통령령으로 정하는 철도사고 등이 발생하였을 때에는 국토교통부령으로 정하는 바에 따라 국토부장관에게 보고하여야 한다. 철도운영자 등은 사상자가 많은 사고 등 대통령령으로 정하는 철도사고 등이 발생하였을 때에는 국토교통부령으로 정하는 바에 따라 국토교통부장관에게 보고하여야 한다.

시행령 제57조(국토교통부장관에게 즉시 보고하여야 하는 철도사고 등)

법 제61조제1항에서 "사상자가 많은 사고 등 대통령령으로 정하는 철도사고등"이란 다음 각 호의 어느 하나에 해당하는 사고를 말한다.

1. 열차의 충돌이나 탈선사고
2. 철도차량이나 열차에서 화재가 발생하여 운행을 중지시킨 사고
3. 철도차량이나 열차의 운행과 관련하여 3명 이상 사상자가 발생한 사고
4. 철도차량이나 열차의 운행과 관련하여 5천만원 이상의 재산피해가 발생한 사고

예제 다음 중 국토교통부장관에게 즉시 보고하여야 하는 철도사고에 해당하는 사항이 아닌 것은?

가. 열차의 충돌이나 탈선사고
나. 철도차량이나 열차에서 화재가 발생하여 운행을 중지시킨 사고
다. 철도차량이나 열차의 운행과 관련하여 3명 이상 사상자가 발생한 사고
라. 철도차량이나 열차의 운행과 관련하여 3천만원 이상 의 재산피해가 발생한 사고

해설 철도안전법 시행령 제57조(국토교통부장관에게 즉시 보고하여야 하는 철도사고 등): 철도차량이나 열차의 운행과 관련하여 5천만원 이상의 재산피해가 발생한 사고는 국토교통부장관에게 즉시 보고하여야 하는 철도사고에 해당된다.

국토교통부장관에게 즉시 보고하여야 하는 철도사고에 해당하는 것은?

가. 열차의 단순 고장으로 인한 지연

나. 철도차량의 화재가 발생하여 운행을 중지시킨 사고

다. 열차운행과 관련하여 1명이라도 사상자가 발생한 사고

라. 철도차량과 관련하여 3천만원의 재산피해가 발생한 사고

해설 철도안전법 시행령 제57조(국토교통부장관에게 즉시 보고하여야 하는 철도사고 등): '철도차량이나 열차에서 화재가 발생하여 운행을 중지시킨 사고'는 국토교통부장관에게 즉시 보고하여야 하는 철도사고에 해당한다.

예제 다음 중 철도사고 등의 보고에 관한 구분에서 철도교통사고로 틀린 것은?

가. 건널목사고   나. 철도교통사상사고

다. 열차사고   **라. 철도화재사고**

해설 시행령령 57조: 비상시조치 철도사고의 분류: 철도교통사고에는 열차사고, 건널목사고, 철도교통사상사고가 있다.

규칙 제86조(철도사고 등의 보고)

① 철도운영자등은 법 제61조제1항에 따른 철도사고 등이 발생한 때에는 다음 각 호의 사항을 국토교통부장관에게 즉시 보고하여야 한다.

　1. 사고 발생 일시 및 장소

　2. 사상자 등 피해사항

　3. 사고 발생 경위

　4. 사고 수습 및 복구 계획 등

예제 철도사고등이 발생한 때에는 다음 각 호의 사항을 국토교통부장관에게 즉시 보고하여야 한다.

1. 사고 발생 [   ]

2. 사상자 등 [   ]

3. 사고 [   ]

4. 사고 [   ] 등

일시 및 장소, 피해사항, 발생 경위, 수습 및 복구 계획

예제 열차 운행 중 탈선사고가 발생한 경우 철도운영자가 국토교통부장관에게 보고하여야 할 사항으로 틀린 것은?

가. 사고발생 일시 및 장소
나. 사상자 등 피해사항
다. 사고 목격자의 인적사항
라. 사고발생 경위

해설 철도안전법 시행규칙 제86조(철도사고 등의 보고) 제1항: 사고 목격자의 인적사항은 해당 되지 않는다.

예제 철도안전법령상 철도사고 발생 시 철도운영자는 누구에게 즉시 보고를 해야 하는 자는?

가. 대통령
나. 시 ·도지사
다. 국토교통부장관
라. 한국교통안전공단 이사장

해설 철도안전법 시행규칙 제86조(철도사고 등의 보고) 제1항: 철도사고 등이 발생한 때에는 다음 철도운영자는 국토교통부장관에게 즉시 보고하여야 한다.

② 철도운영자등은 법 제61조제2항에 따른 철도사고등이 발생한 때에는 다음 각 호의 구분에 따라 국토교통부장관에게 이를 보고하여야 한다.
  1. 초기보고: 사고발생현황 등
  2. 중간보고: 사고수습 · 복구상황 등
  3. 종결보고: 사고수습 · 복구결과 등

예제 철도운영자등은 철도사고등이 발생한 때에는 [   ]보고, [   ]보고, [   ]보고로 나누어 단계별로 국토교통부장관에게 이를 보고하여야 한다.

정답 초기, 중간, 종결

예제 철도운영자등은 철도사고가 발생하였을 때 구분에 따라 국토교통부장관에게 보고하여야 하는데 이에 관한 내용으로 맞지 않는 것은?

가. 초기보고 : 사고 발생현황 등
나. 중간보고 : 사고수습 · 복구상황 등
다. 종결보고 : 사고수습 및 복구결과 등
라. 최종보고 : 사고조치 · 복구작업 등 최종결과

해설 철도안전법 시행규칙 제86조(철도사고 등의 보고) 제2항: '최종보고 : 사고조치 · 복구작업 등 최종결과' 는 해당되지 않는다. '종결보고: 사고수습, 복귀결과 등'이 맞다.

③ 제1항 및 제2항에 따른 보고의 절차 및 방법 등에 관한 세부적인 사항은 국토교통부장 관이 정하여 고시한다.

제62조 ~ 제67조 삭제

영 제58조 삭제

규칙 제87조 삭제

규칙 제88조 삭제

규칙 제89조 삭제

규칙 제90조 삭제

제7장

철도안전기반 구축

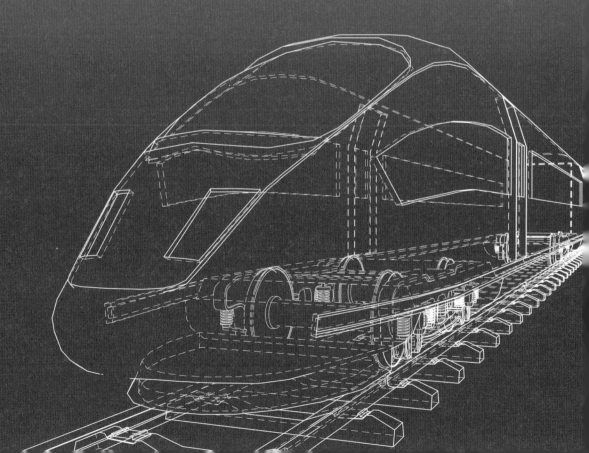

철도안전기반 구축

제68조(철도안전기술의 진흥)

국토교통부장관은 철도안전에 관한 기술의 진흥을 위하여 연구·개발의 촉진 및 그 성과의 보급 등 필요한 시책을 마련하여 추진하여야 한다.

예제 국토교통부장관은 철도안전에 관한 기술의 [   ]을 위하여 [   ]·[   ]의 촉진 및 그 [   ]의 [   ] 등 필요한 시책을 마련하여 추진하여야 한다.

정답 진흥, 연구, 개발, 성과, 보급

예제 철도안전법의 내용 일부를 보여준 것이다. 괄호 안에 들어가는 단어로 틀린 것은?

(ⓐ)은 철도안전에 관한 (ⓑ)을 위하여 연구·개발의 촉진 및 그 성과의 보급 등 필요한 (ⓒ)을 마련하여 (ⓓ)하여야 한다.

가. ⓐ - 국토교통부장관　　　　　나. ⓑ - 기술의 진흥
다. ⓒ - 시책　　　　　　　　　　**라. ⓓ - 수행**

해설 철도안전법 제68조(철도안전기술의 진흥): 연구·개발의 촉진 및 그 성과의 보급 등 필요한 시책을 마련하여 추진하여야 한다.

제69조(철도안전 전문기관 등의 육성)

① 국토교통부장관은 철도안전에 관한 전문기관 또는 단체를 지도·육성하여야 한다.

② 국토교통부장관은 철도시설의 건설, 운영 및 관리와 관련된 안전점검업무 등 대통령령으로 정하는 철도안전업무에 종사하는 전문인력(이하 "철도안전 전문인력"이라 한다)을 원활하게 확보할 수 있도록 시책을 마련하여 추진하여야 한다.

③ 국토교통부장관은 철도안전 전문인력의 분야별 자격을 다음 각 호와 같이 구분하여 부여할 수 있다.

  1. 철도운행안전관리자

  2. 철도안전전문기술자

예제 [   ]은 철도안전 전문인력의 분야별 자격을 다음 각 호와 같이 구분하여 부여할 수 있다.

1. [   ]   2. [   ]

정답 국토교통부장관, 철도운행안전관리자, 철도안전전문기술자

④ 철도안전 전문인력의 분야별 자격기준, 자격부여 절차 및 자격을 받기 위한 안전교육훈련 등에 관하여 필요한 사항은 대통령령으로 정한다.

⑤ 국토교통부장관은 철도안전에 관한 전문기관(이하 "안전전문기관"이라 한다)을 지정하여 철도안전 전문인력의 양성 및 자격관리 등의 업무를 수행하게 할 수 있다.

⑥ 안전전문기관의 지정기준, 지정절차 등에 관하여 필요한 사항은 대통령령으로 정한다.

⑦ 안전전문기관의 지정취소 및 업무정지 등에 관하여는 제15조제6항 및 제15조의2를 준용한다. 이 경우 "운전적성검사기관"은 "안전전문기관"으로, "운전적성검사 업무"는 "안전교육훈련 업무"로, "제15조제5항"은 "제69조제6항"으로, "운전적성검사 판정서"는 "안전교육훈련 수료증 또는 자격증명서"로 본다.

예제 철도안전 전문기관 등의 육성에 관한 다음 설명 중 옳지 않는 것은?

가. 안전전문기관의 지정기준, 지정절차 등에 관하여 필요한 사항은 국토교통부령으로 정한다.

나. 국토교통부장관은 철도시설의 건설, 운영 및 관리와 관련된 안전점검업무 등 대통령령으로 정하는 철도안전업무에 종사하는 전문인력을 원활하게 확보할수 있도록 시책을 마련하여 추진하여야 한다.

다. 철도안전 전문인력의 분야별 자격기준, 자격부여 절차 및 자격을 받기 위한 안전교육 훈련 등에 관하여 필요한 사항은 대통령령으로 정한다.

라. 국토교통부장관은 철도안전에 관한 전문기을을 지정하여 철도안전 전문인력의 양성 및 자격관리 등의 업무를 수행하게 할 수 있다.

해설 철도안전법 제69조(철도안전 전문기관 등의 육성) 제4항, 5항: 안전전문기관의 지정기준, 지정절차 등에 관하여 필요한 사항은 대통령령으로 정한다.

예제 철도안전 전문기관 등의 육성에 관한 내용이다. 다음 중 틀린 것은?

가. 국토교통부장관은 철도안전에 관한 전문기관 또는 단체를 지도·육성하여야 한다.

나. 국토교통부장관은 철도안전에 관한 전문기관(이하 "안전전문기관"이라 한다)을 지정하여 철도안전 전문인력의 양성 및 자격관리 등의 업무를 수행하게 할 수 있다.

다. 철도안전 전문인력의 분야별 자격기준, 자격부여 절차 및 자격을 받기 위한 안전교육훈련 등에 관하여 필요한 사항은 대통령령으로 정한다.

라. 안전전문기관의 지정방법, 교육과정 등에 관하여 필요한 사항은 대통령령으로 정한다.

해설 철도안전법 제69조(철도안전 전문기관 등의 육성): 안전전문기관의 지정기준, 지정절차 등에 관하여 필요한 사항은 대통령령으로 정한다.

예제 안전전문기관의 (   ) (   ) 등에 관하여 필요한 사항은 (   )으로 정한다(철도안전법 제69조(철도안전 전문기관 등의 육성)).

정답 지정기준, 지정절차, 대통령령

예제 다음 설명 중 틀린 것은?

가. 국토교통부장관은 철도안전에 관한 기술의 진흥을 위하여 철도안전기술개발의 촉진 및 그 성과의 홍보 등 필요한 시책을 마련하여 추진하여야 한다.

나. 국토교통부장관은 철도안전에 관한 지식의 보급과 철도안전의식을 고취하기 위하여 필요한 시책을 마련하여 추진하여야 한다.

다. 안전전문기관의 지정기준, 지정절차 등에 관하여 필요한 사항은 대통령령으로 정한다.

라. 국토교통부장관은 이 법에 따른 철도안전시책을 효율적으로 추진하기 위하여 철도안전에 관한 정보를 종합관리 한다.

해설 철도안전법 제69조(철도안전 전문기관 등의 육성): 국토교통부장관은 철도안전에 관한 기술의 진흥을 위하여 연구·개발의 촉진 및 그 성과의 보급 등 필요한 시책을 마련하여 추진하여야 한다.

제69조의2(철도운행안전관리자의 배치 등)

① 철도운영자등은 철도차량의 운행선로 또는 그 인근에서 철도시설의 건설 또는 관리와 관련한 작업을 시행할 경우 철도운행안전관리자를 배치하여야 한다. 다만, 철도운영자 등이 자체적으로 작업 또는 공사 등을 시행하는 경우 등 대통령령으로 정하는 경우에는 그러하지 아니하다.

② 제1항에 따른 철도운행안전관리자의 배치기준, 방법 등에 관하여 필요한 사항은 국토교통부령으로 정한다.

시행령 제59조(철도안전 전문인력의 구분)

① 법 제69조제2항에서 "대통령령으로 정하는 철도안전업무에 종사하는 전문인력"이란 다음 각 호의 어느 하나에 해당하는 인력을 말한다.

  1. 철도운행안전관리자
  2. 철도안전전문기술자
    가. 전기철도 분야 철도안전전문기술자
    나. 철도신호 분야 철도안전전문기술자
    다. 철도궤도 분야 철도안전전문기술자

라. 철도차량 분야 철도안전전문기술자

② 제1항에 따른 철도안전 전문인력(이하 "철도안전 전문인력"이라 한다)의 업무 범위는 다음 각 호와 같다.

1. 철도운행안전관리자의 업무

   가. 철도차량의 운행선로나 그 인근에서 철도시설의 건설 또는 관리와 관련한 작업을 수행하는 경우에 작업일정의 조정 또는 작업에 필요한 안전장비·안전시설 등의 점검

   나. 가목에 따른 작업이 수행되는 선로를 운행하는 열차가 있는 경우 해당 열차의 운행일정 조정

   다. 열차접근경보시설이나 열차접근감시인의 배치에 관한 계획 수립·시행과 확인

   라. 철도차량 운전자나 관제업무종사자와 연락체계 구축 등

2. 철도안전전문기술자의 업무

   가. 제1항제2호가목부터 다목까지의 철도안전전문기술자: 해당 철도시설의 건설이나 관리와 관련된 설계·시공·감리·안전점검 업무나 레일용접 등의 업무

   나. 제1항제2호라목의 철도안전전문기술자: 철도차량의 설계·제작·개조·시험검사·정밀안전진단·안전점검 등에 관한 품질관리 및 감리 등의 업무

예제 철도안전 전문인력의 구분에서 대통령령으로 정하는 철도안전업무에 종사하는 전문인력 중 철도안전 전문기술자에 해당하는 인력에 해당하지 않는 것은?

가. 전기철도 분야 철도안전전문기술자　　　나. **철도선로 분야 철도안전전문기술자**
다. 철도신호 분야 철도안전전문기술자　　　라. 철도궤도 분야 철도안전전문기술자

해설 철도안전법 시행령 제59조(철도안전 전문인력의 구분) 제1항 법 제69조제2항: "대통령령으로 정하는 철도안전업무에 종사하는 전문인력"이란 다음 각 호의 어느 하나에 해당하는 인력을 말한다.

1. 철도운행안전관리자
2. 철도안전전문기술자
   가. 전기철도 분야 철도안전전문기술자
   나. 철도신호 분야 철도안전전문기술자
   다. 철도궤도 분야 철도안전전문기술자
   라. 철도차량 분야 철도안전전문기술자

예제 다음 중 철도안전전문기술자의 업무로 맞는 것은?

가. 철도차량의 운행선로의 전 선로에 걸쳐서 철도시설의 건설 또는 안전시공 관련한 작업

나. 열차접근경보시설이나 열차접근감시인의 배치에 관한 계획 수립·시행과 확인

다. 철도차량의 운행선로나 그 인근에서 철도시설의 건설 또는 관리와 관련한 작업을 수행하는 경우에 작업일정의 조정 또는 작업에 필요한 안전장비·안전시설 등의 점검

라. 작업이 수행되는 선로를 운행하는 열차가 있는 경우 해당 열차의 운행일정조정

해설 철도안전법 시행령 제59조(철도안전 전문인력의 구분) 제2항 제1항: '철도차량의 운행선로의 전 선로에 걸쳐서 철도시설의 건설 또는 안전시공 관련한 작업'은 철도안전전문기술자의 업무로 맞다.

예제 철도안전법령상 철도운행안전관리자의 업무에 해당하지 않는 것은?

가. 철도차량의 운행선로나 그 인근에서 철도시설의 건설 또는 관리와 관련한 작업을 수행하는 경우에 작업일정의 조정 또는 작업에 필요한 안전장비·안전시설 등의 점검

나. 철도시설건설이나 시설관리와 관련된 설계·시공·감리·안전점검

다. 열차접근경보시설이나 열차접근감시인의 배치에 관한 계획 수립·시행과 확인

라. 철도차량 운전자나 관제업무종사자와의 연락체계 구축

해설 철도안전법 시행령 제59조(철도안전 전문인력의 구분) 제2항 제1항: 철도시설건설이나 시설관리와 관련된 설계·시공·감리·안전점검은 철도운행안전관리자의 업무에 해당하지 않는다.

예제 철도운행안전관리자의 업무로 틀린 것은?

가. 열차접근경보시설이나 열차접근감시인의 배치에 관한 안전관리계획 기획

나. 작업이 수행되는 선로를 운행하는 열차가 있는 경우 해당 열차의 운행일정조정

다. 철도차량의 운행선로나 그 인근에서 철도시설의 건설 또는 관리와 관련한 작업을 수행하는 경우에 작업일정의 조정 또는 작업에 필요한 안전장비·안전시설등의 점검

라. 철도차량 운전자나 관제업무종사자와 연락체계 구축 등

해설 철도안전법 시행령 제59조(철도안전 전문인력의 구분) 제2항 제1항: 열차접근경보시설이나 열차접근감시인의 배치에 관한 계획 수립·시행과 확인

시행령 제60조(철도안전 전문인력의 자격기준)

① 법 제69조제3항제1호에 따른 철도운행안전관리자의 자격을 부여받으려는 사람은 다음 각 호의 어느 하나에 해당하는 자격기준을 갖추어야 한다.
1. 관제업무에 종사한 경력이 2년 이상일 것
2. 국토교통부장관이 인정한 교육훈련기관에서 국토교통부령으로 정하는 교육훈련을 수료할 것

② 법 제69조제3항제2호에 따른 철도안전전문기술자의 자격기준은 별표 5와 같다.

예제 철도운행안전관리자의 자격을 부여받으려는 사람은 [   ]에 종사한 경력이 [   ] 이상의 자격기준을 갖추어야 한다.

정답 관제업무, 2년

예제 철도운행안전관리자의 자격을 부여받기 위해선 관제업무에 종사한 경력이 몇 년 이상 필요한가?

가. 2년 이상   나. 3년 이상
다. 5년 이상   라. 7년 이상

해설 철도안전법 시행령 제60조(철도안전 전문인력의 자격기준) 제1항: 관제업무에 종사한 경력이 2년 이상일 것

구분	자격 부여 범위
	[시행령 별표 5] 철도안전전문기술자의 자격기준 (제60조제2항 관련)
1. 특급	가. 「전력기술관리법」, 「전기공사업법」, 「정보통신공사업법」이나 「건설기술 진흥법」 (이하 "관계법령"이라 한다)에 따른 특급기술자·특급기술인·특급감리원·수석 감리사 또는 특급전기공사기술자로서 다음의 어느 하나에 해당하는 사람 1) 「국가기술자격법」에 따른 철도의 해당 기술 분야의 기술사 또는 기사자격 취득자 2) 3년 이상 철도의 해당 기술 분야에 종사한 경력이 있는 사람 나. 별표 1의2에 따른 1등급 철도차량정비기술자로서 경력에 포함되는 기술자격의 종목과 관련된 기술사, 기능장 또는 기사자격 취득자

	가. 관계법령에 따른 특급기술자·특급기술인·특급감리원·수석감리사 또는 특급 공사기술자로서 1년 6개월 이상 철도의 해당 기술 분야에 종사한 경력이 있는 사람

2. 고급	나. 관계법령에 따른 고급기술자·고급기술인·고급감리원·감리사 또는 고급전기 공사기술자로서 다음의 어느 하나에 해당하는 사람
	  1) 「국가기술자격법」에 따른 철도의 해당 기술 분야의 기사 또는 산업기사 자격 취득자
	  2) 3년 이상 철도의 해당 기술 분야에 종사한 경력이 있는 사람

	다. 별표 1의2에 따른 2등급 철도차량정비기술자로서 경력에 포함되는 기술자격의 종목과 관련된 기사 또는 산업기사 자격 취득자
	가. 관계법령에 따른 고급기술자·고급기술인·고급감리원·감리사 또는 고급전기 공사기술자로서 1년 6개월 이상 철도의 해당 기술 분야에 종사한 경력이 있는 사람

3. 중급	나. 관계법령에 따른 중급기술자·중급기술인·중급감리원 또는 중급전기공사기술 자로서 다음의 어느 하나에 해당하는 사람
	  1) 「국가기술자격법」에 따른 철도의 해당 기술 분야의 기사, 산업기사 또는 기능사자격 취득자
	  2) 3년 이상 철도의 해당 기술 분야에 종사한 경력이 있는 사람

	다. 별표 1의2에 따른 3등급 철도차량정비기술자로서 경력에 포함되는 기술자격의 종목과 관련된 기사, 산업기사 또는 기능사 자격 취득자
	가. 관계법령에 따른 중급기술자·중급기술인·중급감리원 또는 중급전기공사기술 자로서 1년 6개월 이상 철도의 해당 기술 분야에 종사한 경력이 있는 사람
	나. 관계법령에 따른 초급기술자·초급기술인·초급감리원·감리사보 또는 초급전 기공사 기술자로서 다음의 어느 하나에 해당하는 사람 1) 「국가기술자격법」에 따른 철도의 해당 기술 분야의 기사, 산업기사 또는 기능사 자격 취득자
4. 초급	2) 3년 이상 철도의 해당 기술 분야에 종사한 경력이 있는 사람
	다. 국토교통부령으로 정하는 철도의 해당 기술 분야의 설계·감리·시공·안전점검 관련 교육과정을 수료하고 수료 시 시행하는 검정시험에 합격한 사람
	라. 「국가기술자격법」에 따른 용접자격을 취득한 사람으로서 국토교통이 지정한 전 문기관 또는 단체의 레일용접인정자격시험에 합격한 사람
	마. 별표 1의2에 따른 4등급 철도차량정비기술자로서 경력에 포함되는 기술자격의 종목과 관련된 기사, 산업기사 또는 기능사 자격 취득자

예제 철도안전법령상 철도안전전문기술자가 되기 위하여 필요한 해당 기술 분야에 종사한 경력이 [   ] 이상이어야 한다.

정답 3년

예제 다음 중 철도안전 전문인력에 관한 내용으로 틀린 것은?

가. 철도안전전문기술자는 각 분야별로 해당 철도시설의 건설이나 관리와 관련된 설계·시공·감리·안전점검 업무나 레일용접 등의 업무를 한다.

나. 철도운행안전관리자는 열차접근경보시설이나 열차접근감시인의 배치에 관한 계획 수립·시행과 확인을 한다.

다. 관제업무에 종사한 경력이 3년 이상일 것

라. 국토교통부장관이 인정한 교육훈련기관에서 국토교통부령으로 정하는 교육훈련을 수료할 것

해설 철도안전법 시행령 제60조(철도안전 전문인력의 자격기준): 철도운행안전관리자의 자격을 부여받으려는 사람은 다음 각 호의 어느 하나에 해당하는 자격기준을 갖추어야 한다.
  1. 관제업무에 종사한 경력이 2년 이상일 것
  2. 국토교통부장관이 인정한 교육훈련기관에서 국토교통부령으로 정하는 교육훈련을 수료할 것

예제 철도안전전문기술의 자격기준에 대한 다음 설명 중 틀린 것은?

가. 특급의 자격부여 범위는 국가기술자격법에 따른 철도의 해당 기술 분야의 기술사, 기사자격 취득자

나. 고급의 자격부여 범위는 국가기술자격법에 따른 철도의 해당 기술 분야의 기술사 또는 기사자격 취득자

다. 중급의 자격부여 범위는 국가기술자격법에 따른 철도의 해당 기술 분야의 기사 산업기사, 기능사 자격 취득자

라. 초급의 자격부여 범위는 국가기술자격법에 따른 철도의 해당 기술 분야의 기사 산업기사, 기능사 자격 취득자

해설 철도안전법 시행령 [별표 5] 철도안전전문기술의 자격기준: 나. 고급의 자격부여 범위는 국가기술자격법에 따른 철도의 해당 기술 분야의 기사, 산업기사 자격 취득자

시행령 제60조의2(철도안전 전문인력의 자격부여 절차 등)

① 법 제69조제3항에 따른 자격을 부여받으려는 사람은 국토교통부령으로 정하는 바에 따라 국토교통부장관에게 자격부여 신청을 하여야 한다.

② 국토교통부장관은 제1항에 따라 자격부여 신청을 한 사람이 해당 자격기준에 적합한 경우에는 제59조제1항에 따른 전문인력의 구분에 따라 자격증명서를 발급하여야 한다.

③ 국토교통부장관은 제1항에 따라 자격부여 신청을 한 사람이 해당 자격기준에 적합한지를 확인하기 위하여 그가 소속된 기관이나 업체 등에 관계 자료 제출을 요청할 수 있다.

④ 국토교통부장관은 철도안전 전문인력의 자격부여에 관한 자료를 유지·관리하여야 한다.

⑤ 제1항부터 제4항까지의 규정에 따른 자격부여 절차와 방법, 자격증명서 발급 및 자격의 관리 등에 필요한 사항은 국토교통부령으로 정한다.

예제 다음 중 철도안전 전문인력의 자격부여 절차에 관한 설명으로 틀린 것은?

가. 국토교통부장관은 철도안전 전문인력의 자격부여에 관한 자료를 유지·관리하여야 한다.

나. 국토교통부장관은 자격부여 신청을 한 사람이 해당 자격기준에 적합한 경우에는 전문인력의 구분에 따라 안전인증자격증명서를 발급하여야 한다.

다. 자격을 부여받으려는 사람은 국토교통부령으로 정하는 바에 따라 국토교통부장관에게 자격부여 신청을 하여야 한다.

라. 자격부여 절차와 방법, 자격증명서 발급 및 자격의 관리 등에 필요한 사항은 국토교통부령으로 정한다.

해설 철도안전법 시행령 제60조의2(철도안전 전문인력의 자격부여 절차 등): 자격부여 신청을 한 사람이 해당 자격기준에 적합한 경우에는 전문인력의 구분에 따라 자격증명서를 발급하여야 한다.

시행령 제60조의3(안전전문기관 지정기준)

① 법 제69조제6항에 따른 안전전문기관으로 지정받을 수 있는 기관이나 단체는 다음 각 호의 어느 하나와 같다.

　1. 법 또는 다른 법률에 따라 철도안전과 관련된 업무를 수행하기 위하여 설립된 법인

　2. 철도안전과 관련된 업무를 수행하는 학회·기관이나 단체

3. 철도안전과 관련된 업무를 수행하는 「민법」 제32조에 따라 국토교통부장관의 허가를 받아 설립된 비영리법인

② 법 제69조제6항에 따른 안전전문기관의 지정기준은 다음 각 호와 같다.

1. 업무수행에 필요한 상설 전담조직을 갖출 것

2. 분야별 교육훈련을 수행할 수 있는 전문인력을 확보할 것

3. 교육훈련 시행에 필요한 사무실·교육시설과 필요한 장비를 갖출 것

4. 안전전문기관 운영 등에 관한 업무규정을 갖출 것

③ 국토교통부장관은 필요하다고 인정하는 경우에는 국토교통부령으로 정하는 바에 따라 분야별로 구분하여 안전전문기관을 지정할 수 있다.

④ 제2항에 따른 안전전문기관의 세부 지정기준은 국토교통부령으로 정한다.

예제 다음 중 안전전문기관으로 지정을 받을 수 있는 기관이나 단체에 해당하지 않는 것은?

가. 철도안전과 관련된 업무를 수행하는 학회·기관이나 단체

나. 철도안전정책과 관련된 정책을 계획하고 수행하는 사단법인이나 연구원

다. 법 또는 다른 법률에 따라 철도안전과 관련된 업무를 수행하기 위하여 설립된 법인

라. 철도안전과 관련된 업무를 수행하는 「민법」 제32조에 따라 국토교통부장관의 허가를 받아 설립된 비영리법인

해설 철도안전법 시행령 제60조의3(안전전문기관 지정기준) 제1항 법 제69조제6항: '철도안전과 관련된 업무를 수행하는 학회·기관이나 단체'가 옳다.

예제 다음 중 안전전문기관의 지정기준에 관한 내용으로 틀린 것은?

가. 업무수행에 필요한 상설 전담조직을 갖출 것

나. 안전전문기관에 관한 국토교통부장관의 인증서를 갖출 것

다. 분야별 교육훈련을 수행할 수 있는 전문인력을 확보할 것

라. 교육훈련 시행에 필요한 사무실·교육시설과 필요한 장비를 갖출 것

해설 철도안전법 시행령 제60조의3(안전전문기관 지정기준): '안전전문기관 운영 등에 관한 업무규정을 갖출 것'이 맞다.

시행령 제60조의4(안전전문기관 지정절차 등)

① 법 제69조제6항에 따른 안전전문기관으로 지정을 받으려는 자는 국토교통부령으로 정하는 바에 따라 철도안전 전문기관 지정신청서를 제출하여야 한다.

② 국토교통부장관은 제1항에 따라 안전전문기관의 지정 신청을 받은 경우에는 다음 각 호의 사항을 종합적으로 심사한 후 지정 여부를 결정하여야 한다.

1. 제60조의3에 따른 지정기준에 관한 사항
2. 안전전문기관의 운영계획
3. 철도안전 전문인력 등의 수급에 관한 사항
4. 그 밖에 국토교통부장관이 필요하다고 인정하는 사항

③ 국토교통부장관은 안전전문기관을 지정하였을 경우에는 국토교통부령으로 정하는 바에 따라 철도안전 전문기관 지정서를 발급하고 그 사실을 관보에 고시하여야 한다.

예제 다음 중 안전전문기관 지정절차에 관한 내용으로 틀린 것은?

가. 안전전문기관으로 지정을 받으려는 자는 국토교통부령으로 정하는 바에 따라 철도안전 전문기관 지정신청서를 제출하여야 한다.

나. 국토교통부장관은 안전전문기관의 지정 신청을 받은 경우에는 안전전문기관의 운영계획, 철도 전문인력 등의 수급에 관한 사항, 필요한 장비를 종합적으로 심사한 후 지정 여부를 결정하여야 한다.

다. 국토교통부장관은 안전전문기관의 지정 신청을 받은 경우에는 철도안전에 관한 안전전문기관의 철도안전체계를 종합적으로 심사한 후 지정 여부를 결정하여야 한다.

라. 국토교통부장관은 안전전문기관을 지정하였을 경우에는 국토교통부령으로 정하는 바에 따라 철도안전 전문기관 지정서를 발급하고 그 사실을 관보에 고시하여야 한다.

해설 철도안전법 시행령 제60조의4(안전전문기관 지정절차 등): 국토교통부장관은 안전전문기관의 지정 신청을 받은 경우에는 다음 각 호의 사항을 종합적으로 심사한 후 지정 여부를 결정하여야 한다.
1. 제60조의3에 따른 지정기준에 관한 사항
2. 안전전문기관의 운영계획
3. 철도안전 전문인력 등의 수급에 관한 사항
4. 그 밖에 국토교통부장관이 필요하다고 인정하는 사항

예제 철도안전법령상 안전전문기관으로 지정하기 위하여 심사하여야 하는 내용이 아닌 것은?

가. 안전체계 교육훈련계획
나. 안전전문기관의 운영계획
다. 철도안전 전문인력 등의 수급에 관한 사항
라. 교육훈련 시행에 필요한 장비

해설 철도안전법 시행령 제60조의4(안전전문기관 지정절차 등) 제2항: 안전체계 교육훈련계획은 안전전문기관으로 지정하기 위하여 심사하여야 하는 내용이 아니다.

시행령 제60조의5(안전전문기관의 변경사항 통지)

① 안전전문기관은 그 명칭·소재지나 그 밖에 안전전문기관의 업무수행에 중대한 영향을 미치는 사항의 변경이 있는 경우에는 해당 사유가 발생한 날부터 15일 이내에 국토교통부장관에게 그 사실을 알려야 한다.

② 국토교통부장관은 제1항에 따른 통지를 받은 경우에는 그 사실을 관보에 고시하여야 한다.

예제 안전전문기관은 그 명칭·소재지나 그 밖에 안전전문기관의 업무수행에 중대한 영향을 미치는 사항의 변경이 있는 경우에는 해당 사유가 발생한 날부터 [   ] 이내에 국토교통부장관에게 그 사실을 알려야 한다. 시행령 제60조의5(안전전문기관의 변경사항 통지)

정답 15일

시행령 제60조의6(철도운행안전관리자의 배치)

법 제69조의2제1항 단서에서 "철도운영자등이 자체적으로 작업 또는 공사 등을 시행하는 경우 등 대통령령으로 정하는 경우"란 다음 각 호의 어느 하나에 해당하는 경우를 말한다.

1. 철도운영자등이 선로 점검 작업 등 3명 이하의 인원으로 할 수 있는 소규모 작업 또는 공사 등을 자체적으로 시행하는 경우
2. 천재지변 또는 철도사고 등 부득이한 사유로 긴급 복구 작업 등을 시행하는 경우

제69조의3(철도안전 전문인력의 정기교육)

① 제69조에 따라 철도안전 전문인력의 분야별 자격을 부여받은 사람은 직무 수행의 적정성 등을 유지할 수 있도록 정기적으로 교육을 받아야 한다.
② 철도운영자등은 제1항에 따른 정기교육을 받지 아니한 사람을 관련 업무에 종사하게 하여서는 아니 된다.
③ 제1항에 따른 철도안전 전문인력에 대한 정기교육의 주기, 교육 내용, 교육 절차 등에 관하여 필요한 사항은 국토교통부령으로 정한다.

규칙 제91조(철도안전 전문인력의 교육훈련)

① 영 제60조제1항제2호 및 영 별표 5에 따른 철도안전 전문인력의 교육훈련은 별표 24에 따른다.
② 제1항에 따른 교육훈련의 방법·절차 등에 관하여 필요한 세부사항은 국토교통부장관이 정한다.

[규칙 별표 24] 철도안전 전문인력의 교육훈련 (제91조제1항 관련)

대상자	교육시간	교육내용	교육시기
철도운행 안전 관리자	120시간(3주) • 직무관련: 100시간 • 교양교육: 20시간	• 열차운행의 통제와 조정 • 안전관리 일반 • 관계법령 • 비상 시 조치 등	• 철도운행안전 관리자로 인정받으려는 경우
철도안전 전문 기술자 (초급)	120시간(3주) • 직무관련: 100시간 • 교양교육: 20시간	• 기초전문 직무교육 • 안전관리 일반 • 관계법령 • 실무실습	• 철도안전전문 초급기술자로 인정받으려는 경우

예제 철도안전 전문인력 교육훈련의 대상자는 [   ]와 [   ](초급)이다.

정답 철도운행안전관리자, 철도안전전문기술자

예제 철도안전법령상 철도운전안전관리자와 철도안전전문기술자의 교육시간은 [   ]이다

정답 120시간

예제 철도안전법령상 철도안전전문기술자(초급)의 교육훈련내용으로 맞지 않는 것은?

가. 실무실습　　　　　　　　　　　　나. 기초전문 직무교육

다. 안전관리 일반　　　　　　　　　　**라. 열차운행의 통제와 조정**

해설 철도안전법 시행규칙 [별표 24] 철도안전 전문인력의 교육훈련: 열차운행의 통제와 조정은 철도운행안전관리자 교육내용에 포함되는 과목이다.

예제 철도안전법령상 철도안전 전문인력의 교육훈련에 관한 설명으로 틀린 것은?

가. 교육시간 중 교양교육시간은 20시간이다.

나. 열차운행의 통제와 조정을 교육받는 대상자는 철도운행안전관리자이다.

다. 철도운행안전관리자와 철도안전전문기술자의 교육훈련시간은 다르다.

라. 철도안전 전문인력 교육훈련의 대상자는 철도운행안전관리자와 철도안전전문기술자(기초)이다.

해설 철도안전법 시행규칙 [별표 24] 철도안전 전문인력의 교육훈련: 철도운행안전관리자와 철도안전전문기술자의 교육훈련시간은 120시간(직무관련: 100시간, 교양교육: 20시간)으로 같다.

예제 철도안전전문기술자에 대한 설명 중 맞는 것은?

가. 철도안전전문기술자는 전기철도, 철도신호, 철도궤도, 철도차량 분야가 있다.

나. 철도안전운행관리자로 인정받으려는 경우의 교육내용은 기초전문직무교육, 열차운행의 통제와 조정, 안전운전일반, 관계법령, 비상시 조치가 있다.

다. 철도안전전문기술자로 인정받으려는 경우의 교육내용은 차량운행의 통제와 조정, 안전관리 일반, 관계법령, 신호체계일반 등이 있다.

라. 교양교육은 10시간 이상 받아야 한다.

해설 철도안전법 시행령 제59조(철도안전 전문인력의 구분). 규칙 [별표 24]:
　　　가. 철도안전전문기술자는 전기철도, 철도신호, 철도궤도, 철도차량 분야가 있다.

예제 철도안전법령상 철도안전전문기술자의 교육훈련내용으로 맞지 않는 것은?

가. 비상시 조치　　　　　　　　　　　나. 안전관리 일반

다. 기초전문 직무교육　　　　　　　　라. 실무실습

철도안전법 시행규칙 [별표 24] 철도안전 전문인력의 교육훈련(제91조제1항 관련): 비상시 조치는 철도안전전문기술자의 교육훈련내용으로 맞지 않다.

규칙 제92조(철도안전 전문인력 자격부여 절차 등)

① 영 제60조의2제1항에 따른 철도안전 전문인력의 자격을 부여받으려는 자는 별지 제46호서식의 철도안전 전문인력 자격부여(증명서 재발급) 신청서에 다음 각 호의 서류를 첨부하여 법 제69조제5항에 따라 지정받은 안전전문기관(이하 "안전전문기관"이라 한다)에 제출하여야 한다.

  1. 경력을 확인할 수 있는 자료
  2. 교육훈련 이수증명서(해당자에 한정한다)
  3. 「전기공사업법」에 따른 전기공사 기술자, 「전력기술관리법」에 따른 전력기술인, 「정보통신공사업법」에 따른 정보통신기술자 경력수첩 또는 「건설기술 진흥법」에 따른 건설기술경력증 사본(해당자에 한정한다)
  4. 국가기술자격증 사본(해당자에 한정한다)
  5. 이 법에 따른 철도차량정비경력증 사본(해당자에 한정한다)
  6. 사진(3.5센티미터×4.5센티미터)

예제 철도안전 전문인력 자격부여 신청서에 포함하여 할 서류에 관한 내용으로 틀린 것은?

가. 경력을 확인할 수 있는 자료
나. 교육훈련 수행증명서(해당자에 한정한다)
다. 사진(3.5센티미터×4.0센티미터)
라. 국가기술자격증 사본(해당자에 한정한다)

해설 철도안전법 시행규칙 제92조(철도안전 전문인력 자격부여 절차 등) 제1항: 교육훈련 이수증명서이다

② 안전전문기관은 제1항에 따른 신청인이 영 제60조제1항 및 제2항에 따른 자격기준에 적합한 경우에는 별지 제47호서식의 철도안전 전문인력 자격증명서를 신청인에게 발급하여야 한다.

③ 제2항에 따라 철도안전 전문인력 자격증명서를 발급받은 사람이 철도안전 전문인력 자격증명서를 잃어버렸거나 헐어 못 쓰게 된 때에는 안전전문기관에 별지 제46호서식에

따라 철도안전 전문인력 자격증명서의 재발급을 신청하고, 안전전문기관은 자격부여 사실을 확인한 후 철도안전 전문인력 자격증명서 신청인에게 재발급하여야 한다.

④ 안전전문기관은 해당 분야 자격 취득자의 자격증명서 발급 등에 관한 자료를 유지·관리하여야 한다.

규칙 제92조의2(분야별 안전전문기관 지정)

국토교통부장관은 영 제60조의3제3항에 따라 다음 각 호의 분야별로 구분하여 전문기관을 지정할 수 있다.

1. 철도운행안전 분야
2. 전기철도 분야
3. 철도신호 분야
4. 철도궤도 분야
5. 철도차량 분야

예제 철도안전법령상 안전전문기관을 구분할 수 있는데 이에 해당되지 않는 분야는?

가. 철도관제 분야 　　　　　　　나. 전기철도 분야
다. 철도신호 분야 　　　　　　　라. 철도운행안전 분야

해설 철도안전법 시행규칙 제92조의2(분야별 안전전문기관 지정): 철도안전법령상 안전전문기관에 해당되지 않는 분야는 철도관제 분야이다.

예제 철도안전법령상 안전전문기관의 분야로서 맞지 않는 것은?

가. 철도신호 분야 　　　　　　　나. 철도궤도 분야
다. 철도통신 분야 　　　　　　　라. 철도운행안전 분야

해설 철도안전법 시행규칙 제92조의2(분야별 안전전문기관 지정): 철도통신 분야는 철도안전법령상 안전전문기관의 분야로서 맞지 않는다.

규칙 제92조의3(안전전문기관의 세부 지정기준 등)

① 영 제60조의3제4항에 따른 안전전문기관의 세부 지정기준은 별표 25와 같다.

② 영 제60조의5제1항에 따른 안전전문기관의 변경사항 통지는 별지 제11호의2서식에 따른다.

[규칙 별표 25] 철도안전 전문기관 세부 지정기준 (제92조의3 관련)

1. 기술인력의 기준
가. 자격기준

등급	기술자격자	학력 및 경력자
교육 책임자	1) 철도 관련 해당 분야 기술사 또는 이와같은 수준 이상의 자격을 취득한 사람으로서 10년 이상 철도 관련 분야에 근무한 경력이 있는 사람 2) 철도 관련 해당 분야 기사 자격을 취득한 사람으로서 15년 이상 철도 관련 분야에 근무한 경력이 있는 사람 3) 철도 관련 해당 분야 산업기사 자격을 취득한 사람으로서 20년 이상 철도 관련분야에 근무한 경력이 있는 사람 4) 「근로자직업능력 개발법」 제33조에 따라 직업능력개발훈련교사자격증을 취득한 사람으로서 철도 관련 분야 재직경력이 10년 이상인 사람	1) 철도 관련 분야 박사학위를 취득한 사람으로서 10년 이상 철도 관련 분야에 근무한 경력이 있는 사람 2) 철도 관련 분야 석사학위를 취득한 사람으로서 15년 이상 철도 관련 분야에 근무한 경력이 있는 사람 3) 철도 관련 분야 학사학위를 취득한 사람으로서 20년 이상 철도 관련 분야에 근무한 경력이 있는 사람 4) 관련 분야 4급 이상 공무원 경력자 또는 이와 같은 수준 이상의 경력자로서 철도 관련 분야 재직경력이 10년 이상인 사람
이론 교관	1) 철도 관련 해당분야 기술사 또는 이와 같은 수준 이상의 자격을 취득한 사람 2) 철도 관련 해당분야 기사 자격을 취득한 사람으로서 10년 이상 철도 관련 분야에 근무한 경력이 있는 사람 3) 철도 관련 해당 분야 산업기사 자격을 취득한 사람으로서 15년 이상 철도 관련 분야에 근무한 경력이 있는 사람	1) 철도 관련 분야 박사학위를 취득한 사람으로서 5년 이상 철도 관련 분야에 근무한 경력이 있는 사람 2) 철도 관련 분야 석사학위를 취득한 사람으로서 10년 이상 철도 관련 분야에 근무한 경력이 있는 사람 3) 철도 관련 분야 학사학위를 취득한 사람으로서 15년 이상 철도 관련 분야에 근무한 경력이 있는 사람 4) 철도 관련 분야 6급 이상의 공무원 경력자 또는 이와 같은 수준 이상의 경력자로서 철도 관련 분야 재직경력이 10년 이상인 사람

기능 교관	1) 철도 관련 해당 분야 기사 이상의 자격을 취득한 사람으로서 2년 이상 철도 관련 분야에 근무한 경력이 있는 사람 2) 철도 관련 해당 분야 산업기사 이상의 자격을 취득한 사람으로서 3년 이상 철도 관련 분야에 근무한 경력이 있는 사람	1) 철도 관련 분야 석사학위를 취득한 사람으로서 2년 이상 철도 관련 분야에 근무한 경력이 있는 사람 2) 철도 관련 분야 학사학위를 취득한 사람으로서 3년 이상 철도 관련 분야에 근무한 경력이 있는 사람 3) 철도 관련 분야 7급 이상의 공무원 경력자 또는 이와 같은 수준 이상의 경력자로서 철도 관련 분야 재직경력이 10년 이상인 사람

비고 :
1. 박사 · 석사 · 학사 학위는 학위수여학과에 관계없이 학위 취득 시 학위논문 제목에 철도 관련 연구임이 명기되어야 함.
2. "철도 관련 분야"란 철도안전, 철도차량 운전, 관제, 전기철도, 신호, 궤도, 통신 및 철도차량 분야를 말한다.

나. 보유기준
   1) 최소보유기준: 교육책임자 1명, 이론교관 3명, 기능교관을 2명 이상 확보하여야 한다.
   2) 1회 교육생 30명을 기준으로 교육인원이 10명 추가될 때마다 이론교관을 1명 이상 추가로 확보하여야 한다. 다만 추가로 확보하여야 하는 이론교관은 비전임으로 할 수 있다.
   3) 이론교관 중 기능교관 자격을 갖춘 사람은 기능교관을 겸임할 수 있다.
   4) 안전점검 업무를 수행하는 경우에는 영 제59조에 따른 분야별 철도안전 전문인력 8명(특급 3명, 고급 이상 2명, 중급 이상 3명) 이상, 열차운행 분야의 경우에는 철도운행안전관리자 3명 이상을 확보할 것

2. 시설 · 장비의 기준
   가. 강의실: 60㎡ 이상(의자, 탁자 및 교육용 비품을 갖추고 1㎡당 수용인원이 1명을 초과하지 않도록 한다)
   나. 실습실: 125㎡(20명 이상이 동시에 실습할 수 있는 실습실 및 실습 장비를 갖추어야 한다) 이상이어야 한다. 다만, 철도운행안전관리자의 경우 60㎡ 이상으로 할 수 있으며, 강의실에 실습 장비를 함께 설치하여 활용할 수 있는 경우는 제외한다.
   다. 시청각 기자재: 텔레비전 · 비디오 1세트, 컴퓨터 1세트, 빔 프로젝터 1대 이상
   라. 철도차량 운행, 전기철도, 신호, 궤도 및 철도안전 등 관련 도서 100권 이상
   마. 그 밖에 교육훈련에 필요한 사무실 · 집기류 · 편의시설 등을 갖추어야 한다.
   바. 전기철도 · 신호 · 궤도분야의 경우 다음과 같은 교육 설비를 확보하여야 한다.
      1) 전기철도 분야: 모터카 진입이 가능한 궤도와 전차선로 600㎡ 이상의 실습장을 확보하여 절연구분장치, 브래킷, 스팬선, 스프링밸런서, 균압선, 행거, 드롭퍼, 콘크리트 및 H형 강주 등이 설치되어 전차선가선 시공기술을 반복하여 실습할 수 있는 설비를 확보할 것
      2) 철도신호 분야: 계전연동장치, 신호기장치, 자동폐색장치, 궤도회로장치, 선로전환장치, 신호용 전력공급장치, ATS장치 등을 갖춘 실습장을 확보하여 신호보안장치시공기술을 반복하여 실습할

수 있는 설비를 확보할 것

    3) 궤도 분야: 표준 궤간의 철도선로 200m 이상과 평탄한 광장 90㎡ 이상의 실습장을 확보하여 장대레일 재설정, 받침목다짐, GAS압접, 테르밋용접 등을 반복하여 실습할 수 있는 설비를 확보할 것

사. 장비 및 자재기준

    1) 전기철도 분야: 교육을 실시할 수 있는 사다리차, 전선크램프, 도르레, 절연저항측정기, 전차선 가선측정기, 특고압 검전기, 접지걸이, 장선기, 가스누설 측정기, 활선용피뢰기 진단기, 적외선 온도측정기, 콘크리트 강도 측정기, 아연도금 피막 측정기, 토오크 측정기, 슬리브 압축기, 애자 인장기, 자분 탐상기, 초저항 측정기, 접지저항 측정기, 초음파 측정기 등 장비와 실습용으로 사용할 수 있는 크램프, 금구, 급전선, 행거이어, 조가선, 애자, 드롭퍼용 전선, 슬리브, 완철, 전차선, 구분장치, 브래킷, 밴드, 장력조정장치, 표지, 전기철도자재 샘플보드 등 자재를 보유할 것

    2) 신호 분야: 오실로스코프, 접지저항계, 절연저항계, 클램프미터, 습도계(Hygrometer), 멀티미터(Multimeter), 선로전환기 전환력 측정기, 멀티테스터, 인터그레터, ATS지상자 측정기 등 장비를 보유할 것

    3) 궤도 분야: 레일 절단기, 레일 연마기, 레일 다지기, 양로기, 레일 가열기, 샤링머신, 연마기, 그라인더, 얼라이먼트, 가스압접기, 테르밋 용접기, 고압펌프, 압력평행기, 발전기, 단면기, 초음파 탐상기, 레일단면 측정기 등 장비와 레일 온도계, 팬드롤바, 크램프척, 버너(불판) 등 공구를 보유할 것

    4) 철도운행안전관리자는 열차운행선 공사(작업) 시 안전조치에 관한 교육을 실시할 수 있는 무전기 등 장비와 단락용 동선 등 교육자재를 갖출 것

    5) 철도차량 분야: 절연저항측정기, 내전압시험기, 온도측정기, 습도계, 전기측정기(AC/DC 전류, 전압, 주파수 등), 차상신호장치 시험기, 자분탐상기, 초음파 탐상기, 음향측정기, 다채널 데이터 측정기(소음, 진동 등), 거리측정기(비접촉), 속도측정기, 윤중(輪重: 철도차량 바퀴에 의하여 철도선로에 수직으로 가해지는 중량) 동시측정기, 제동압력 시험기 등의 장비·공구를 확보하여 철도차량 설계·제작·개조·개량·정밀안전진단 안전점검 기술을 반복하여 실습할 수 있는 설비를 갖출 것

[예제] 철도안전 전문기관 세부 지정기중의 장비 및 자재기준에 관한 설명으로 틀린 것은?

가. 전기철도 분야 – 초저항 측정기 장비

나. 궤도 분야 – 초음파 측정기 장비

다. 철도운행안전관리자 – 무전기 등 장비와 단락용 동선 등 교육자재를 갖출 것

라. 신호 분야 – 절연저항계 장비

[해설] 철도안전법 시행규칙 [별표 25] 철도안전 전문기관 세부 지정기준(제92조의3 관련): 궤도분야에서는 초음파 측정기 장비가 아니고 초음파 탐상기가 포함되어 있다.

[예제] 철도안전 전문기관 세부 지정기준에 대한 다음 설명 중 맞는 것은?

가. "철도 관련 분야"란 철도안전, 철도차량 운전, 관제, 전기철도, 신호, 궤도,통신, 건축 분야를 말한다.

나. 강의실: 60㎡ 이상(의자, 탁자 및 교육용 비품을 갖추고 1㎡당 수용인원이 1명을 초과하지 않도록 한다)

다. 기술인력의 최소보유기준은 교육책임자 1명, 이론교관 2명, 기능교관 2명 이상 확보하여야 한다.

라. 기능교관의 학력 및 경력 기준은 철도관련분야 석사학위를 취득한 사람으로서 5년 이상 철도 관련 분야에 근무한 경력이 있는 사람

[해설] 철도안전법 시행령 [별표 25] 철도안전 전문기관 세부 지정기준 비고:

　　가. "철도 관련 분야"란 철도안전, 철도차량 운전, 관제, 전기철도, 신호, 궤도, 통신 및 철도차량 분야를 말한다.

　　나. 시설·장비의 기준에서 실습실은 125제곱미터 이상이어야 한다.

　　다. 최소보유기준은 교육책임자 1명, 이론교관 3명, 기능교관을 2명 이상 확보하여야 한다.

　　라. 기능교관의 학력 및 경력 기준은 철도관련분야 석사학위를 취득한 사람으로서 2년 이상 철도 관련 분야에 근무한 경력이 있는 사람.

[예제] 철도안전법령상 기술자격자 중에서 철도 관련 해당 분야 산업기사 자격을 취득한 사람으로서 20년 이상 철도관련 분야에 근무한 경력이 있는 기술인력 자격자 등급은?

가. 기능교관　　　　　　　　　　　　나. 실습교관

다. 이론교관　　　　　　　　　　　　**라. 교육책임자**

[해설] 철도안전법 시행규칙 [별표 25] 철도안전 전문기관 세부 지정기준(제92조의3 관련): 기술자격자 중에서 철도 관련 해당 분야 산업기사 자격을 취득한 사람으로서 20년 이상 철도관련 분야에 근무한 경력이 있는 기술인력 자격자 등급은 교육책임자이다.

[예제] 철도안전법령상 기술자격자 중에서 철도 관련 해당 분야 기사 자격을 취득한 사람으로서 10년 이상 철도관련 분야에 근무한 경력이 있는 기술인력 자격자 등급은?

가. 실습교육　　　　　　　　　　　　나. 기능교관

다. 교육책임자　　　　　　　　　　　**라. 이론교관**

[해설] 철도안전법 시행규칙 [별표 25] 철도안전 전문기관 세부 지정기준: 이론교관이다.

규칙 제92조의4(안전전문기관 지정 신청 등)

① 영 제60조의4제1항에 따라 안전전문기관으로 지정받으려는 자는 별지 제47호의2서식의 철도안전 전문기관 지정신청서(전자문서를 포함한다)에 다음 각 호의 서류를 첨부하여 국토교통부장관에게 제출하여야 한다.

1. 안전전문기관 운영 등에 관한 업무규정
2. 교육훈련이 포함된 운영계획서(교육훈련평가계획을 포함한다)
3. 정관이나 이에 준하는 약정(법인 그 밖의 단체의 경우만 해당한다)
4. 교육훈련, 철도시설 및 철도차량의 점검 등 안전업무를 수행하는 사람의 자격·학력·경력 등을 증명할 수 있는 서류
5. 교육훈련, 철도시설 및 철도차량의 점검에 필요한 강의실 등 시설·장비 등 내역서
6. 안전전문기관에서 사용하는 직인의 인영

예제 철도안전법령상 철도안전 전문기관 지정신청서에 포함하여 할 서류에 관한 내용으로 틀린 것은?

가. 안전전문기관 운영 등에 관한 업무규정
나. 교육훈련이 포함된 운영계획서(교육훈련평가계획을 포함한다)
다. 정관이나 이에 준하는 규정(법인 그 밖의 단체의 경우만 제외한다)
라. 안전전문기관에서 사용하는 직인의 인영

해설 철도안전법 시행규칙 제92조의4(안전전문기관 지정 신청 등) 제1항: 정관이나 이에 준하는 약정(법인 그 밖의 단체의 경우만 해당한다)

예제 안전전문기관 지정 신청에 필요한 서류로 틀린 것은?

가. 안전전문기관에서 사용하는 직인의 인영
나. 정관이나 이에 준하는 약정
다. 교육훈련이 포함된 운영계획서(교육훈련평가계획을 포함한다)
라. 안전전문기관 관리규정

해설 철도안전법 시행규칙 제92조의4(안전전문기관 지정 신청 등): '안전전문기관 운영 등에 관한 업무규정'이 맞다.

② 영 제60조의4제3항에 따른 철도안전 전문기관 지정서는 별지 제47호의3서식에 따른다.

규칙 제92조의5(안전전문기관의 지정취소·업무정지 등)

① 법 제69조제7항에서 준용하는 법 제15조의2에 따른 안전전문기관의 지정취소 및 업무 정지의 기준은 별표 26과 같다.
② 국토교통부장관은 안전전문기관의 지정을 취소하거나 업무정지의 처분을 한 경우에는 지체 없이 그 안전전문기관에 별지 제11호의3서식의 지정기관 행정처분서를 통지하고 그 사실을 관보에 고시하여야 한다.

예제 [   ]은 안전전문기관의 지정을 취소하거나 업무정지의 처분을 한 경우에는 지체 없이 그 안전전문기관에 [   ]를 통지하고 그 사실을 [   ]에 고시하여야 한다.

정답 국토교통부장관, 지정기관 행정처분서, 관보

[규칙 별표 26] 안전전문기관의 지정취소 및 업무정지의 기준 (제92조의5제1항 관련)

위반사항	해당 법조문	처분기준			
		1차 위반	2차 위반	3차 위반	4차 위반
1. 거짓이나 그 밖의 부정한 방법으로 지정을 받은 경우	법 제15조의2 제1항제1호 및 제69조제7항	지정취소			
2. 업무정지 명령을 위반하여 그 정지기간 중 안전교육훈련업무를 한 경우	법 제15조의2 제1항제2호 및 제69조제7항	지정취소			
3. 법 제69조제6항에 따른 지정기준에 맞지 아니하게 된 경우	법 제15조의2 제1항제3호 및 제69조제7항	경고 또는 보완명령	업무정지 1개월	업무정지 3개월	지정취소
4. 정당한 사유 없이 안전교육훈련 업무를 거부한 경우	법 제15조의2 제1항제4호 및 69조제7항	경고	업무정지 1개월	업무정지 3개월	지정취소

5. 법 제15조제6항을 위반하여 거짓이나 그 밖의 부정한 방법으로 안전교육훈련 수료증 또는 자격증명서를 발급한 경우	법 제15조의2 제1항제5호 및 제69조제7항	업무정지 1개월	업무정지 3개월	지정취소

비고 :

1. 위반행위가 둘 이상인 경우로서 그에 해당하는 각각의 처분기준이 다른 경우에는 그 중 무거운 처분기준에 따르며, 위반행위가 둘 이상인 경우로서 그에 해당하는 각각의 처분기준이 같은 경우에는 무거운 처분기준의 2분의 1까지 가중할 수 있되, 각 처분기준을 합산한 기간을 초과할 수 없다.
2. 위반행위의 횟수에 따른 행정처분의 가중된 부과기준은 최근 1년간 같은 위반행위로 행정처분을 받은 경우에 적용한다. 이 경우 기간의 계산은 위반행위에 대하여 행정처분을 받은 날과 그 처분 후 다시 같은 위반행위를 하여 적발된 날을 기준으로 한다.
3. 비고 제2호에 따라 가중된 행정처분을 하는 경우 가중처분의 적용 차수는 그 위반행위 전 부과처분 차수(비고 제2호에 따른 기간 내에 행정처분이 둘 이상 있었던 경우에는 높은 차수를 말한다)의 다음 차수로 한다.
4. 처분권자는 위반행위의 동기·내용 및 위반의 정도 등 다음 각 목에 해당하는 사유를 고려하여 그 처분을 감경할 수 있다. 이 경우 그 처분이 업무정지인 경우에는 그 처분기준의 2분의 1 범위에서 감경할 수 있고, 지정취소인 경우(거짓이나 그 밖의 부정한 방법으로 지정을 받은 경우나 업무정지 명령을 위반하여 그 정지기간 중 안전교육훈련업무를 한 경우는 제외한다)에는 3개월의 업무정지 처분으로 감경할 수 있다.
   가. 위반행위가 고의나 중대한 과실이 아닌 사소한 부주의나 오류로 인한 것으로 인정되는 경우
   나. 위반의 내용·정도가 경미하여 이해관계인에게 미치는 피해가 적다고 인정되는 경우

예제 다음 중 안전전문기관의 지정취소 및 업무정지의 기준에 관한 내용으로 틀린 것은?

가. 거짓이나 그 밖의 부정한 방법으로 지정을 받은 경우 - 1차: 업무정지 3개월, 2차 : 지정취소
나. 지정기준에 맞지 아니한 경우 - 1차 : 경고 또는 보완명령, 2차: 업무정지1개월, 3차: 업무정지3개월, 4차: 지정취소
다. 정당한 사유 없이 교육훈련업무를 거부한 경우 - 1차 : 경고, 2차 : 업무정지1개월, 3차: 업무정지 3개월, 4차: 지정 취소
라. 거짓이나 그 밖의 부정한 방법으로 교육훈련 수료증을 발급한 경우- 1차 : 업무정지 1개월, 2차 : 업무정지 3개월, 3차 : 지정취소

해설 철도안전법 시행규칙 [별표 26] 안전전문기관의 지정취소 및 업무정지기준(제92조의5제1항 관련): 거짓이나 그 밖의 부정한 방법으로 지정을 받은 경우 - 1차 : 지정취소

규칙 제92조의6(철도운행안전관리자의 배치기준 등)

① 법 제69조의2제2항에 따른 철도운행안전관리자의 배치기준 등은 별표 27과 같다.
② 철도운행안전관리자는 배치된 기간 중에 수행한 업무에 대하여 별지 제47호의4서식의 근무상황일지를 작성하여 철도운영자등에게 제출해야 한다.

[규칙 별표 27] 철도운행안전관리자의 배치기준 등 (제92조의6제1항 관련)

1. 철도운영자등은 작업 또는 공사가 다음 각 목의 어느 하나에 해당하는 경우에는 작업 또는 공사 구간 별로 철도운행안전관리자를 1명 이상 별도로 배치해야 한다. 다만, 열차의 운행빈도가 낮아 위험이 적은 경우에는 국토교통부장관과 사전 협의를 거쳐 작업책임자가 철도운행안전관리자 업무를 수행하게 할 수 있다.
   가. 도급 및 위탁 계약 방식의 작업 또는 공사
      1) 철도운영자등이 도급(공사)계약 방식으로 시행하는 작업 또는 공사
      2) 철도운영자등이 자체 유지 · 보수 작업을 전문용역업체 등에 위탁하여 6개월 이상 장기간 수행하는 작업 또는 공사.
   나. 철도운영자등이 직접 수행하는 작업 또는 공사로서 4명 이상의 직원이 수행하는 작업 또는 공사
2. 철도운영자등은 작업 또는 공사의 효율적인 수행을 위해서는 제1호에도 불구하고 제1호가 목2) 및 같은 호 나목에 따른 작업 또는 공사에 대해 철도운행안전관리자를 작업 또는 공사를 수행하는 직원으로 지정할 수 있고, 제1호 각 목에 따른 작업 또는 공사에 대해 철도운행안전관리자 2명 이상이 3개 이상의 인접한 작업 또는 공사 구간을 관리하게 할 수 있다.

예제 다음 중 철도운행안전관리자의 배치 기준으로 틀린 것은?

가. 철도운영자등이 도급계약 방식으로 시행하는 작업 또는 공사
나. 철도운영자등이 위탁계약 방식으로 시행하는 작업 또는 공사
다. 철도운영자등이 자체 유지 ·보수 작업을 전문용역업체 등에 위탁하여 6개월 이상 장기간 수행하는 작업 또는 공사
라. 철도운영자등이 직접 수행하는 작업 또는 공사로서 10명 이상의 직원이 수행하는 작업 또는 공사

해설 철도안전법 시행규칙 [별표 27] 철도운행안전관리자의 배치기준 등: 철도운영자등이 직접 수행하는 작업 또는 공사로서 4명 이상의 직원이 수행하는 작업 또는 공사가 맞다.

규칙 제92조의7(철도안전 전문인력의 정기교육)

① 법 제69조의3제1항에 따른 철도안전 전문인력에 대한 정기교육의 주기, 교육 내용, 교육 절차 등은 별표 28과 같다.

② 철도안전 전문인력의 정기교육은 안전전문기관에서 실시한다.

③ 제1항 및 제2항에서 규정한 사항 외에 철도안전 전문인력의 정기교육에 필요한 세부사항은 국토교통부장관이 정하여 고시한다.

[규칙 별표 28] 철도안전 전문인력의 정기교육 (제92조의7제2항 관련)

1. 정기교육의 주기: 3년
2. 정기교육 시간: 15시간 이상
3. 교육 내용 및 절차
   가. 철도운행안전관리자

교육과목	교육내용	교육절차
직무전문 교육	철도운행선 안전관리자로서 전문지식과 업무수행능력 배양 1) 열차운행선 지장작업의 순서와 절차 및 철도운행안전협의사항, 기타 안전조치 등에 관한 사항 2) 선로지장작업 관련 사고사례 분석 및 예방 대책 3) 철도인프라(정거장, 선로, 전철전력시스템, 열차제어시스템) 4) 일반 안전 및 직무 안전관리 등	강의 및 토의
철도안전 관련법령	철도안전법령 및 관련규정의 이해 1) 철도안전 정책 2) 철도안전법 및 관련 규정 3) 열차운행선 지장작업에 따른 관련 규정 및 취급절차 등 4) 운전취급관련 규정 등	강의 및 토의
실무실습	철도운행안전관리자의 실무능력 배양 1) 열차운행조정 협의 2) 선로작업의 시행 절차 3) 작업시행 전 작업원 안전교육(작업원, 건널목임시관리원, 열차감시원, 전기철도안전관리자) 4) 이례운전취급에 따른 안전조치 요령 등	토의 및 실습

비고 :
1. 정기교육은 철도안전 전문인력의 분야별 자격을 취득한 날 또는 종전의 정기교육 유효기간 만료일부터 3년이 되는 날 전 1년 이내에 받아야 한다. 이 경우 그 정기교육의 유효기간은 자격취득 후 3년이 되는 날 또는 종전 정기교육 유효기간 만료일의 다음 날부터 기산한다.
2. 철도안전 전문인력이 제1호 전단에 따른 기간이 지난 후에 정기교육을 받은 경우 그 정기교육의 유효기간은 정기교육을 받은 날부터 기산한다.

제69조의4(철도운행안전관리자 자격 취소 · 정지)

① 국토교통부장관은 철도운행안전관리자가 다음 각 호의 어느 하나에 해당할 때에는 철도운행안전관리자 자격을 취소하거나 1년 이내의 기간을 정하여 철도운행안전관리자 자격을 정지시킬 수 있다. 다만, 제1호부터 제3호까지의 규정에 해당할 때에는 철도운행안전관리자 자격을 취소하여야 한다.

1. 거짓이나 그 밖의 부정한 방법으로 철도운행안전관리자 자격을 받았을 때
2. 철도운행안전관리자 자격의 효력정지기간 중에 철도운행안전관리자 업무를 수행하였을 때
3. 철도운행안전관리자 자격을 다른 사람에게 대여하였을 때
4. 철도운행안전관리자의 업무 수행 중 고의 또는 중과실로 인한 철도사고가 일어났을 때
5. 제41조제1항을 위반하여 술을 마시거나 약물을 사용한 상태에서 철도운행안전관리자 업무를 하였을 때
6. 제41조제2항을 위반하여 술을 마시거나 약물을 사용한 상태에서 업무를 하였다고 인정할 만한 상당한 이유가 있음에도 불구하고 국토교통부장관 또는 시 · 도지사의 확인 또는 검사를 거부하였을 때

② 제1항에 따른 철도운행안전관리자 자격의 취소 또는 효력정지의 기준 및 절차 등에 관하여는 제20조제2항부터 제6항까지를 준용한다. 이 경우 "운전면허"는 "철도운행안전관리자 자격"으로, "운전면허증"은 "철도운행안전관리자 자격증명서"로 본다.

규칙 제92조의8(철도운행안전관리자의 자격 취소 · 정지)

① 법 제69조의4제1항에 따른 철도운행안전관리자 자격의 취소 또는 효력정지 처분의 세부기준은 별표 29와 같다.
② 법 제69조의4제1항에 따른 철도운행안전관리자 자격의 취소 및 효력정지 처분의 통지 등에 관하여는 제34조를 준용한다. 이 경우 "운전면허"는 "철도운행안전관리자 자격"으로, "별지 제22호서식의 철도차량 운전면허 취소 · 효력정지 처분 통지서"는 "별지 제47호의5서식의 철도운행안전관리자 자격 취소 · 효력정지 처분 통지서"로, "운전면허시험기관"은 "안전전문기관"으로, "한국교통안전공단"은 "해당 안전전문기관"으로, "운전면허증"은 "철도운행안전관리자 자격증명서"로 본다.

[규칙 별표 29] 철도운행안전관리자 자격취소 · 효력정지 처분의 세부기준 (제92조의8 관련)

1. 일반기준

가. 위반행위가 둘 이상인 경우로서 그에 해당하는 각각의 처분기준이 다른 경우에는 그 중 무거운 처분기준에 따르며, 위반행위가 둘 이상인 경우로서 그에 해당하는 각각의 처분기준이 같은 경우에는 무거운 처분기준의 2분의 1까지 가중하되, 각 처분기준을 합산한기간을 초과할 수 없다.

나. 위반행위의 횟수에 따른 행정처분의 기준은 최근 1년간 같은 위반행위로 행정처분을 받은 경우에 적용한다. 이 경우 행정처분 기준의 적용은 같은 위반행위에 대하여 최초로 행정처분을 한 날과 그 처분 후의 위반행위가 다시 적발된 날을 기준으로 한다.

2. 개별기준

위반사항 및 내용	근거법조문	처분기준		
		1차 위반	2차 위반	3차 위반
가. 거짓이나 그 밖의 부정한 방법으로 철도운행안전관리자 자격을 받은 경우	법 제69조의4 제1항제1호	자격취소		
나. 철도운행안전관리자 자격의 효력정지 기간 중 철도운행안전관리자 업무를 수행한 경우	법 제69조의4 제1항제2호	자격취소		
다. 철도운행안전관리자 자격을 다른 사람에게 대여한 경우	법 제69조의4 제1항제3호	자격취소		
라. 철도운행안전관리자의 업무 수행 중 고의 또는 중과실로 인한 철도사고가 일어난 경우				
1) 사망자가 발생한 경우	법 제69조의4 제1항제4호	자격취소		
2) 부상자가 발생한 경우		효력정지 6개월	자격취소	
3) 1천만 원 이상 물적 피해가 발생한 경우		효력정지 3개월	효력정지 6개월	자격취소
마. 법 제41조제1항을 위반한 경우				
1) 법 제41조제1항을 위반하여 약물을 사용한 상태에서 철도운행안전관리자 업무를 수행한 경우		자격취소		
2) 법 제41조제1항을 위반하여 술에 만취한 상태(혈중 알코올농도 0.1퍼센트 이상)에서 철도운행안전관리자 업무를 수행한 경우	법 제69조의4 제1항제5호	자격취소		
3) 법 제41조제1항을 위반하여 술을 마신 상태의 기준(혈중 알코올농도 0.03퍼센트 이상)을 넘어서 철도운행안전관리자 업무를 하다가 철도사고를 일으킨 경우		자격취소		

	4) 법 제41조제1항을 위반하여 술을 마신 상태(혈중 알코올농도 0.03퍼센트 이상 0.1퍼센트 미만)에서 철도운행안전관리자 업무를 수행한 경우		효력정지 3개월	자격취소
바.	법 제41조제2항을 위반하여 술을 마시거나 약물을 사용한 상태에서 업무를 하였다고 인정할 만한 상당한 이유가 있음에도 불구하고 확인이나 검사 요구에 불응한 경우	법 제69조의4 제1항제6호	자격취소	

예제 다음 중 철도운행안전관리자의 자격취소를 하여야 하는 경우로 옳지 않은 것은?

가. 거짓이나 그 밖의 부정한 방법으로 철도운행안전관리자의 자격을 받은 경우

나. 철도운행안전관리자 자격의 효력정지 기간 중 철도운행안전관리자 업무를 수행한 경우

다. 철도운행안전관리자의 업무 수행 중 고의 또는 중과실로 인한 사망자가 발생한 경우

라. 술을 마신 상태(혈중 알코올농도 0.03퍼센트 이상 0.1퍼센트 미만)에서 철도운행안전관리자 업무를 수행한 경우

해설 철도안전법 시행규칙 [별표 29] 철도운행안전관리자의 자격취소·효력정지 처분의 세부기준: 술을 마신 상태(혈중 알코올농도 0.03퍼센트 이상 0.1퍼센트 미만)에서 철도운행안전관리자 업무를 수행한 경우 1차 위반시 효력정지 3개월이다.

제70조(철도안전 지식의 보급 등)

국토교통부장관은 철도안전에 관한 지식의 보급과 철도안전의식을 고취하기 위하여 필요한 시책을 마련하여 추진하여야 한다.

예제 철도안전에 관한 지식의 보급과 철도안전의식을 고취하기 위하여 필요한 시책을 마련하여 추진하여야 하는 자는?

가. 국토교통부장관

나. 대통령

다. 한국교통안전공단 이사장

라. 한국철도시설공단 이사장

철도안전법 제70조(철도안전 지식의 보급 등): 국토교통부장관은 철도안전에 관한 지식의 보급과 철도 안전의식을 고취하기 위하여 필요한 시책을 마련하여 추진하여야 한다.

제71조(철도안전 정보의 종합관리 등)

① 국토교통부장관은 이 법에 따른 철도안전시책을 효율적으로 추진하기 위하여 철도안전에 관한 정보를 종합관리하고, 관계 지방자치단체의 장 또는 철도운영자등, 운전적성검사기관, 관제적성검사기관, 운전교육훈련기관, 관제교육훈련기관, 인증기관, 시험기관, 안전전문기관 및 제77조제2항에 따라 업무를 위탁받은 기관또는 단체(이하 "철도관계기관등"이라 한다)에 그 정보를 제공할 수 있다.

☞ 「철도안전법」 제77조 (권한의 위임 · 위탁)
② 국토교통부장관은 이 법에 따른 업무의 일부를 대통령령으로 정하는 바에 따라 철도안전 관련 기관 또는 단체에 위탁할 수 있다.
② 국토교통부장관은 제1항에 따른 정보의 종합관리를 위하여 관계 지방자치단체의 장 또는 철도관계기관 등에 필요한 자료의 제출을 요청할 수 있다. 이 경우 요청을 받은 자는 특별한 이유가 없으면 요청에 응하여야 한다.

제72조(재정지원)

정부는 다음 각 호의 기관 또는 단체에 보조 등 재정적 지원을 할 수 있다.
1. 운전적성검사기관, 관제적성검사기관 또는 정밀안전진단기관
2. 운전교육훈련기관, 관제교육훈련기관 또는 정비교육훈련기관
3. 인증기관, 시험기관, 안전전문기관 및 철도안전에 관한 단체
4. 제77조제2항에 따라 업무를 위탁받은 기관 또는 단체

예제 정부의 보조 등 재정적 지원을 받을 수 있는 기관 또는 단체로 틀린 것은?

가. 안전연구개발기관 또는 관제교육훈련기관

나. 운전교육기관 또는 관제교육훈련기관

다. 안전전문기관 및 철도안전에 관한 단체

라. 운전적성검사기관 또는 관제적성검사기관

해설 철도안전법 제72조(재정지원): 안전연구개발기관은 해당되지 않는다.

예제 철도안전법령상 정부의 보조 등 재정적 지원을 받을 수 있는 기관이 아닌 것은?

가. 교육훈련기관   나. 적성검사기관

다. 신체검사지정병원   라. 철도안전에 관한 단체

해설 철도안전법 제72조(재정지원): 신체검사지정병원은 제정지원 대상이 아니다.

제72조의2(철도횡단교량 개축 · 개량지원)

① 국가는 철도의 안전을 위하여 철도횡단교량의 개축 또는 개량에 필요한 비용의 일부를 지원할 수 있다.

② 제1항에 따른 개축 또는 개량의 지원대상, 지원조건 및 지원비율 등에 관하여 필요한 사항은 대통령령으로 정한다.

예제 국가는 철도의 안전을 위하여 (   )의 개축 또는 개량의 (   ), (   ), 지원조건 및 지원비율 등에 관하여 필요한 사항은 (   )으로 정한다(철도안전법 제72조2(철도횡단교량 개축 · 개량 지원)).

정답 철도횡단교량, 지원대상, 지원비용, 대통령령

제8장

보칙

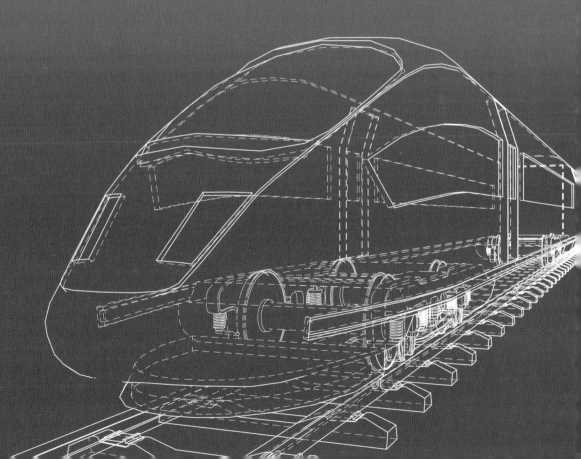

제8장

보칙

제73조(보고 및 검사)

① 국토교통부장관이나 관계 지방자치단체는 다음 각 호의 어느 하나에 해당하는 경우 대통령령으로 정하는 바에 따라 철도관계기관등에 대하여 필요한 사항을 보고하게 하거나 자료의 제출을 명할 수 있다.

예제 [   ]이나 [   ]는 [   ]으로 정하는 바에 따라 철도관계기관등에 대하여 필요한 사항을 [   ]하게 하거나 [   ]의 [   ]을 명할 수 있다.

정답 국토교통부장관, 관계 지방자치단체, 대통령령, 보고, 자료, 제출

1. 철도안전 종합계획 또는 시행계획의 수립 또는 추진을 위하여 필요한 경우 1의2. 제6조의2제1항에 따른 철도안전투자의 공시가 적정한지를 확인하려는 경우
2. 제8조제2항에 따른 점검·확인을 위하여 필요한 경우 2의2. 제9조의3제1항에 따른 안전관리 수준평가를 위하여 필요한 경우
3. 운전적성검사기관, 관제적성검사기관, 운전교육훈련기관, 관제교육훈련기관, 안전전문기관, 정비교육훈련기관, 정밀안전진단기관, 인증기관 또는 시험기관의 업무 수행 또는 지정기준 부합 여부에 대한 확인이 필요한 경우

4. 철도운영자등의 제21조의2, 제22조의2 또는 제23조제3항에 따른 철도종사자 관리의무 준수 여부에 대한 확인이 필요한 경우

4의2. 제31조제4항에 따른 조치의무 준수 여부를 확인하려는 경우

5. 제38조제2항에 따른 검토를 위하여 필요한 경우

5의2. 제38조의9에 따른 준수사항 이행 여부를 확인하려는 경우

6. 제40조에 따라 철도운영자가 열차운행을 일시 중지한 경우로서 그 결정 근거 등의 적정성에 대한 확인이 필요한 경우

7. 제44조제2항에 따른 철도운영자의 안전조치 등이 적정한지에 대한 확인이 필요한 경우

8. 제61조에 따른 보고와 관련하여 사실 확인 등이 필요한 경우

9. 제68조, 제69조제2항 또는 제70조에 따른 시책을 마련하기 위하여 필요한 경우

10. 제72조의2제1항에 따른 비용의 지원을 결정하기 위하여 필요한 경우

예제 철도안전법에서 정하는 보고 및 검사에 관한 내용으로 틀린 것은?

가. 철도안전 종합계획 또는 시행계획의 수립 또는 추진을 위하여 필요한 경우 철도관계기관 등에 대하여 필요한 사항을 보고하게 하거나 자료의 제출을 명할 수 있다.

나. 철도안전투자의 예산산출이 적정한지를 확인하려는 경우

다. 철도종사자 관리의무 준수 여부에 대한 확인이 필요한 경우

라. 철도운영자가 열차운행을 일시 중지한 경우로서 그 결정 근거 등의 적정성에 대한 확인이 필요한 경우

해설 철도안전법 제73조(보고 및 검사): 철도안전투자의 공시가 적정한지를 확인하려는 경우 국토교통부장관이나 관계 지방자치단체는 소속 공무원으로 하여금 철도관계기관 등의 사무소 또는 사업장에 출입하여 관계인에게 질문하게 하거나 서류를 검사하게 할 수 있다.

☞ 「철도안전법」 제6조의2 (철도안전투자의 공시)
① 철도운영자는 철도차량의 교체, 철도시설의 개량 등 철도안전 분야에 투자(이하 이 조에서 "철도안전투자"라 한다)하는 예산 규모를 매년 공시하여야 한다.

☞ 「철도안전법」 제8조 (안전관리체계의 유지 등)
② 국토교통부장관은 철도운영자등이제1항에 따른 안전관리체계를 지속적으로 유지하는지를 점검·확인하기 위하여 국토교통부령으로 정하는 바에 따라 정기 또는 수시로 검사할 수 있다.

☞ 「철도안전법」 제9조의3 (철도운영자등에 대한 안전관리 수준평가)
① 국토교통부장관은 철도운영자등의 자발적인 안전관리를 통한 철도안전 수준의 향상을 위하여 철도운영자등의 안전관리 수준에 대한 평가를 실시할 수 있다.

☞ 「철도안전법2」 제21조의2 (무자격자의 운전업무 금지 등)
철도운영자등은 운전면허를 받지 아니하거나(제20조에 따라 운전면허가 취소되거나 그 효력이 정지된 경우를 포함한다) 제21조에 따른 실무수습을 이수하지 아니한 사람을 철도차량의 운전업무에 종사하게 하여서는 아니 된다.

☞ 「철도안전법」 제22조의2 (무자격자의 관제업무 금지 등)
철도운영자등은 관제자격증명을 받지 아니하거나(제21조의11에 따라 관제자격증명이 취소되거나 그 효력이 정지된 경우를 포함한다) 제22조에 따른 실무수습을 이수하지 아니한 사람을 관제업무에 종사하게 하여서는 아니 된다.

☞ 「철도안전법」 제23조 (운전업무종사자 등의 관리)
③ 철도운영자등은 제1항에 따른 업무에 종사하는 철도종사자가 같은 항에 따른 신체검사 · 적성검사에 불합격하였을 때에는 그 업무에 종사하게 하여서는 아니 된다.

☞ 「철도안전법」 제31조 (형식승인 등의 사후관리)
④ 제26조의6제1항에 따라 철도차량 완성검사를 받은 자가 해당 철도차량을 판매하는 경우 다음 각 호의 조치를 하여야 한다.

☞ 「철도안전법」 제38조 (종합시험운행)
② 국토교통부장관은 제1항에 따른 보고를 받은 경우에는 「철도의 건설 및 철도시설 유지관리에 관한 법률」 제19조제1항에 따른 기술기준에의 적합 여부, 철도시설 및 열차운행체계의 안전성 여부, 정상운행 준비의 적절성 여부 등을 검토하여 필요하다고 인정하는 경우에는 개선 · 시정할 것을 명할 수 있다.

☞ 「철도안전법」 제38조의9 (인증정비조직의 준수사항)
인증정비조직은 다음 각 호의 사항을 준수하여야 한다.
1. 철도차량정비기술기준을 준수할 것
2. 정비조직인증기준에 적합하도록 유지할 것
3. 정비조직운영기준을 지속적으로 유지할 것
4. 중고 부품을 사용하여 철도차량정비를 할 경우 그 적정성 및 이상 여부를 확인할 것
5. 철도차량정비가 완료되지 않은 철도차량은 운행할 수 없도록 관리할 것

시행령 제61조(보고 및 검사)

① 국토교통부장관 또는 관계 지방자치단체의 장은 법 제73조제1항에 따라 보고 또는 자료의 제출을 명할 때에는 7일 이상의 기간을 주어야 한다. 다만, 공무원이 철도사고등이 발생한 현장에 출동하는 등 긴급한 상황인 경우에는 그러하지 아니하다.

② 국토교통부장관은 법 제73조제2항에 따른 검사 등의 업무를 효율적으로 수행하기 위하여 특히 필요하다고 인정하는 경우에는 철도안전에 관한 전문가를 위촉하여 검사 등의 업무에 관하여 자문에 응하게 할 수 있다.

> **예제** 국토교통부장관 또는 관계 지방자치단체의 장은 법 제73조 제1항에 따라 보고 또는 자료의 제출을 명할 때에는 [   ] 이상의 기간을 주어야 한다.

> **정답** 7일

규칙 제93조(검사공무원의 증표)

법 제73조제4항에 따른 증표는 별지 제48호서식에 따른다.

제74조(수수료)

① 이 법에 따른 교육훈련, 면허, 검사, 진단, 성능인증 및 성능시험 등을 신청하는 자는 국토교통부령으로 정하는 수수료를 내야 한다. 다만, 이 법에 따라 국토교통부장관의 지정을 받은 운전적성검사기관, 관제적성검사기관, 운전교육훈련기관, 관제교육훈련기관, 정비교육훈련기관, 정밀안전진단기관, 인증기관, 시험기관 및 안전전문기관(이하 이 조에서 "대행기관"이라 한다) 또는 제77조제2항에 따라 업무를 위탁받은 기관(이하 이 조에서 "수탁기관"이라 한다)의 경우에는 대행기관 또는 수탁기관이 정하는 수수료를 대행기관 또는 수탁기관에 내야 한다.

> **예제** [   ], 면허, 검사, 진단, [   ] 및 성능시험 등을 신청하는 자는 [   ]으로 정하는 수수료를 내야 한다.

② 제1항 단서에 따라 수수료를 정하려는 대행기관 또는 수탁기관은 그 기준을 정하여 국 토교통부장관의 승인을 받아야 한다. 승인받은 사항을 변경하려는 경우에도 또한 같다.

예제 다음 설명 중 틀린 것은?

가. 국토교통부장관은 수수료의 기준을 정하여 대행기관 또는 수탁기관에 공시해 주어야 한다.

나. 교육훈련, 면허, 검사, 진단, 성능인증 및 성능시험 등을 신청하는 자는 국토교통부령으로 정하 는 수수료를 내야 한다.

다. 국토교통부장관은 필요하다고 인정하면 소속 공무원으로 하여금 철도관계기관 등의 사무소 또 는 사업장에 출입하여 관계인에게 질문하게 하거나 서류를 검사하게 할 수 있다.

라. 수수료를 정하려는 대행기관 또는 수탁기관은 그 기준을 정하여 국토교통부장관의 승인을 받 아야 한다.

해설 철도안전법 제74조(수수료): 수수료를 정하려는 대행기관 또는 수탁기관은 그 기준을 정하여 국토교통 부장관의 승인을 받아야 한다.

예제 다음 설명 중 틀린 것은?

가. 수수료를 정하려는 대행기관 또는 수탁기관은 그 기준을 정하여 국토교통부장관의 승인을 받 아야 한다.

나. 출입·검사를 하는 공무원은 그 권한을 표시하는 증표를 지니고 이를 관계인에게 보여 주어야 한다.

다. 승인받은 사항을 변경하려는 경우에는 대통령령으로 승인을 받아야 한다.

라. 국토교통부장관은 필요하다고 인정하면 소속 공무원으로 하여금 철도관계기관 등의 사무소 또 는 사업장에 출입하여 관계인에게 질문하게 하거나 서류를 검사하게 할 수 있다.

해설 철도안전법 제74조(수수료) 제1항: 승인받은 사항을 변경하려는 경우에는 국토교통부장관의 승인을 받 아야 한다.

규칙 제94조(수수료의 결정절차)

① 법 제74조제1항 단서에 따른 대행기관 또는 수탁기관(이하 이 조에서 "대행기관 또는 수탁기관"이라 한다)이 같은 조 제2항에 따라 수수료에 대한 기준을 정하려는 경우에는 해당 기관의 인터넷 홈페이지에 20일간 그 내용을 게시하여 이해관계인의 의견을 수렴하여야 한다. 다만, 긴급하다고 인정하는 경우에는 인터넷 홈페이지에 그 사유를 소명하고 10일간 게시할 수 있다.

② 제1항에 따라 대행기관 또는 수탁기관이 수수료에 대한 기준을 정하여 국토교통부장관의 승인을 얻은 경우에는 해당 기관의 인터넷 홈페이지에 그 수수료 및 산정내용을 공개하여야 한다.

예제 철도안전법령상 교육훈련, 면허, 검사 등의 대행기관이 수수료에 관한 기준을 정하는 경우에는 해당 기관의 인터넷 홈페이지에 일반적으로 며칠 간 내용을 게시하여 의견을 수렴하여야 하는가?

가. 5일　　　　　　　　　　　나. 10일
다. 20일　　　　　　　　　　　라. 30일

해설 철도안전법 시행규칙 제94조(수수료의 결정절차): 수수료에 대한 기준을 정하려는 경우에는 해당 기관의 인터넷 홈페이지에 20일간 그 내용을 게시하여 이해관계인의 의견을 수렴하여야 한다.

예제 교육훈련, 면허, 검사 등의 수탁기관이 수수료에 대한 기준을 정하는 경우에는 해당기관의 인터넷 홈페이지에 긴급하다고 인정할 때 그 사유를 소명하고 며칠 동안 내용을 게시하여 의견을 수렴하여야 하는가?

가. 5일　　　　　　　　　　　나. 7일
다. 20일　　　　　　　　　　　라. 10일

해설 철도안전법 시행규칙 제94조(수수료의 결정절차) 제1항: 긴급하다고 인정하는 경우에는 인터넷 홈페이지에 그 사유를 소명하고 10일간 게시할 수 있다.

규칙 제95조 삭제

제75조(청문)

국토교통부장관은 다음 각 호의 어느 하나에 해당하는 처분을 하는 경우에는 청문을 하여야 한다.

1. 제9조제1항에 따른 안전관리체계의 승인 취소
2. 제15조의2에 따른 운전적성검사기관의 지정취소(제16조제5항, 제21조의6제5항, 제21조의7제5항, 제24조의4제5항 또는 제69조제7항에서 준용하는 경우를 포함한다)
3. 삭제
4. 제20조제1항에 따른 운전면허의 취소 및 효력정지
4의2. 제21조의11제1항에 따른 관제자격증명의 취소 또는 효력정지
4의3. 제24조의5제1항에 따른 철도차량정비기술자의 인정 취소
5. 제26조의2제1항(제27조제4항에서 준용하는 경우를 포함한다)에 따른 형식승인의 취소
6. 제26조의7(제27조의2제4항에서 준용하는 경우를 포함한다)에 따른 제작자승인의 취소
7. 제38조의10제1항에 따른 인증정비조직의 인증 취소
8. 제38조의13제3항에 따른 정밀안전진단기관의 지정 취소
9. 제48조의4제3항에 따른 시험기관의 지정 취소

예제 국토교통부장관이 청문을 실시하는 경우가 아닌 것은?

가. 안전관리체계의 승인 취소　　　　나. 운전적성검사기관의 지정취소
다. 관제자격증명의 취소　　　　　　**라. 신체검사기관의 지정취소**

해설 철도안전법 제75조(청문): 신체검사기관의 지정취소는 국토교통부장관이 청문을 실시하는 경우가 아니다.

☞ 「철도안전법」 제9조(승인의 취소 등)
① 국토교통부장관은 안전관리체계의 승인을 받은 철도운영자등이 다음 각 호의 어느 하나에 해당하는 경우에는 그 승인을 취소하거나 6개월 이내의 기간을 정하여 업무의 제한이나 정지를 명할 수 있다. 다만, 제1호에 해당하는 경우에는 그 승인을 취소하여야 한다.

제76조(벌칙 적용에서 공무원 의제)

다음 각 호의 어느 하나에 해당하는 사람은 「형법」 제129조부터 제132조까지의 규정을 적용할 때에는 공무원으로 본다.

1. 운전적성검사 업무에 종사하는 운전적성검사기관의 임직원 또는 관제적성검사 업무에 종사하는 관제적성검사기관의 임직원

2. 운전교육훈련 업무에 종사하는 운전교육훈련기관의 임직원 또는 관제교육훈련 업무에 종사하는 관제교육훈련기관의 임직원

2의2. 정비교육훈련 업무에 종사하는 정비교육훈련기관의 임직원

2의3. 정밀안전진단 업무에 종사하는 정밀안전진단기관의 임직원

2의4. 제48조의4에 따른 성능시험 업무에 종사하는 시험기관의 임직원 및 성능인증·점검 업무에 종사하는 인증기관의 임직원

2의5. 제69조제5항에 따른 철도안전 전문인력의 양성 및 자격관리 업무에 종사하는 안전전문기관의 임직원

3. 제77조제2항에 따라 위탁업무에 종사하는 철도안전 관련 기관 또는 단체의 임직원

예제 벌칙을 적용함에 있어 공무원으로 보는 경우가 아닌 것은?

가. 운전적성검사업무에 종사하는 운전적성검사기관의 임직원

나. 철도기술연구원에서 연구에 종사하는 연구원 및 직원

다. 운전교육훈련 업무에 종사하는 운전교육훈련기관의 임직원

라. 위탁업무에 종사하는 철도안전 관련 기관 또는 단체의 임직원

해설 철도안전법 제76조: 철도기술연구원에서 연구에 종사하는 연구원 및 직원은 벌칙을 적용함에 있어 공무원으로 보는 경우가 아니다.

예제 철도안전법에 의한 벌칙적용에 있어서 공무원 의제 적용에 관한 설명으로 틀린 것은?

가. 국토교통부장관이 위임한 국토교통부령으로 정하는 바에 의하여 위탁업무에 종사하는 철도 관련기관등의 임직원

나. 국토교통부장관이 지정한 철도차량운전에 관한 전문교육훈련기관에서 교육 훈련업무에 종사하는 교육훈련기관의 임직원

다. 국토교통부장관이 지정한 철도안전 전문인력의 양성 및 자격관리 업무에 종사하는 안전전문기관의 임직원

라. 국토교통부장관이 지정한 적성검사에 관한 전문기관에서 적성검사 업무에 종사하는 적성검사기관의 임직원

해설 철도안전법 제76조(벌칙적용에 있어서의 공무원 의제): '국토교통부장관이 지정한 국토교통부령으로 정하는 바에 의하여 위탁업무에 종사하는 철도 관련기관등의 임직원'이 맞다.

☞ 「철도안전법」 제69조(철도안전 전문기관 등의 육성)
⑤ 국토교통부장관은 철도안전에 관한 전문기관(이하 "안전전문기관"이라 한다)을 지정하여 철도안전 전문인력의 양성 및 자격관리 등의 업무를 수행하게 할 수 있다.

☞ 「철도안전법」 제77조(권한의 위임 · 위탁)
② 국토교통부장관은 이 법에 따른 업무의 일부를 대통령령으로 정하는 바에 따라 철도안전 관련 기관 또는 는 단체에 위탁할 수 있다.

제77조(권한의 위임 · 위탁)

① 국토교통부장관은 이 법에 따른 권한의 일부를 대통령령으로 정하는 바에 따라 소속 기관의 장 또는 시 · 도지사에게 위임할 수 있다.

② 국토교통부장관은 이 법에 따른 업무의 일부를 대통령령으로 정하는 바에 따라 철도안전 관련 기관 또는 단체에 위탁할 수 있다.

시행령 제62조(권한의 위임)

① 국토교통부장관은 법 제77조제1항에 따라 해당 특별시 · 광역시 · 특별자치시 · 도 또는 특별자치도의 소관 도시철도(「도시철도법」 제3조제2호에 따른 도시철도 또는 같은 법 제24조 또는 제42조에 따라 도시철도건설사업 또는 도시철도운송사업을 위탁받은 법인이 건설 · 운영하는 도시철도를 말한다)에 대한 다음 각 호의 권한을 해당 시 · 도지사에게 위임한다.

예제 다음 중 국토교통부장관이 해당 시·도지사에게 권한을 위임하는 것으로 맞는 것은?

가. 형식승인검사

나. 기술기준의 제정 및 개정을 위한 연구·개발

다. 안전관리체계에 대한 검사

라. 철도차량을 운행하는 자 등에 따른 이동·출발 등의 명령과 운행기준 등의 지시·조언·정보의 제공

해설 철도안전법 시행령 제62조(권한의 위임) 제1항: 이동·출발 등의 명령과 운행기준 등의 지시, 조언·정보의 제공 및 안전조치 업무

1. 법 제39조의2제1항부터 제3항까지에 따른 이동·출발 등의 명령과 운행기준 등의 지시, 조언·정보의 제공 및 안전조치 업무
2. 법 제81조제1항제10호에 따른 과태료의 부과·징수
3. 삭제
4. 삭제
5. 삭제

② 국토교통부장관은 법 제77조제1항에 따라 다음 각 호의 권한을 「국토교통부와 그 소속 기관 직제」 제40조에 따른 철도특별사법경찰대장에게 위임한다.
1. 법 제41조제2항에 따른 술을 마셨거나 약물을 사용하였는지에 대한 확인 또는 검사
2. 법 제48조의2제2항에 따른 철도보안정보체계의 구축·운영
3. 법 제47조제1항제1호·제3호·제4호 또는 제7호, 법 제48조제5호·제7호·제9호·제10호, 법 제49조제1항을 위반한 자에 대한 법 제81조제1항에 따른 과태료의 부과·징수

예제 다음 중 국토교통부장관이 철도특별사법경찰대장에게 권한을 위임하는 것으로 맞는 것은?

가. 안전관리기준에 대한 적합 여부 검사

나. 손실보상에 관한 협의

다. 철도보호지구에서의 행위의 신고 수리

라. 법령에 따른 술을 마셨거나 약물을 사용하였는지에 대한 확인 또는 검사

해설 철도안전법 시행령 제62조(권한의 위임) 제2항: 법령에 따른 술을 마셨거나 약물을 사용하였는지에 대한 확인 또는 검사는 국토교통부장관이 철도특별사법경찰대장에게 위임하는 권한이다.

시행령 제63조(업무의 위탁)

① 국토교통부장관은 법 제77조제2항에 따라 다음 각 호의 업무를 「한국교통안전공단법」에 따른 한국교통안전공단에 위탁한다.

1. 법 제7조제4항에 따른 안전관리기준에 대한 적합 여부 검사

1의2. 법 제7조제5항에 따른 기술기준의 제정 또는 개정을 위한 연구·개발

1의3. 법 제8조제2항에 따른 안전관리체계에 대한 정기검사 또는 수시검사

1의4. 법 제9조의3제1항에 따른 철도운영자등에 대한 안전관리 수준평가

2. 법 제17조제1항에 따른 운전면허시험의 실시

3. 법 제18조제1항(법 제21조의9에서 준용하는 경우를 포함한다)에 따른 운전면허증 또는 관제자격증명서의 발급과 법 제18조제2항(법 제21조의9에서 준용하는 경우를 포함한다)에 따른 운전면허증 또는 관제자격증명서의 재발급이나 기재사항의 변경

4. 법 제19조제3항(법 제21조의9에서 준용하는 경우를 포함한다)에 따른 운전면허증 또는 관제자격증명서의 갱신 발급과 법 제19조제6항(법 제21조의9에서 준용하는 경우를 포함한다)에 따른 운전면허 또는 관제자격증명 갱신에 관한 내용 통지

5. 법 제20조제3항 및 제4항(법 제21조의11제2항에서 준용하는 경우를 포함한다)에 따른 운전면허증 또는 관제자격증명서의 반납의 수령 및 보관

6. 법 제20조제6항(법 제21조의11제2항에서 준용하는 경우를 포함한다)에 따른 운전면허 또는 관제자격증명의 발급·갱신·취소 등에 관한 자료의 유지·관리

6의2. 법 제21조의8제1항에 따른 관제자격증명시험의 실시

6의3. 법 제24조의2제1항부터 제3항까지에 따른 철도차량정비기술자의 인정 및 철도차량정비경력증의 발급·관리

6의4. 법 제24조의5제1항 및 제2항에 따른 철도차량정비기술자 인정의 취소 및 정지에 관한 사항

6의5. 법 제38조제2항에 따른 종합시험운행 결과의 검토

6의6. 법 제38조의5제5항에 따른 철도차량의 이력관리에 관한 사항

6의7. 법 제38조의7제1항 및 제2항에 따른 철도차량 정비조직의 인증 및 변경인증의 적합 여부에 관한 확인

6의8. 법 제38조의7제3항에 따른 정비조직운영기준의 작성

7. 법 제70조에 따른 철도안전에 관한 지식 보급과 법 제71조에 따른 철도안전에 관한

정보의 종합관리를 위한 정보체계 구축 및 관리

7의2. 법 제75조제4호의3에 따른 철도차량정비기술자의 인정 취소에 관한 청문

예제 [   ] 또는 관제자격증명서의 발급과 법 제18조제2항에 따른 [   ] 또는 관제자격증명서의 재발급이나 기재사항의 변경은 '한국교통안전공단법'에 따라 국토교통부장관이 [   ]에 위탁한다(시행령 제63조(업무의 위탁)).

정답 운전면허증, 운전면허증, 한국교통안전공단

예제 국토교통부장관이 한국교통안전공단법에 따라 한국교통안전공단에 위탁하는 업무가 아닌 것은?

가. 운전면허 또는 관제자격증명의 발급·갱신·취소 등에 관한 자료 유지·관리

나. 종합시험운행 결과의 검토와 기술기준의 제정 또는 개정을 위한 연구·개발

다. 안전관리체계에 대한 정기검사 또는 수시검사와 안전관리기준에 대한 적합여부 검사

라. 운전적성검사기관, 운전교육훈련기관, 관제적성검사기관 및 관제교육훈련기관의 적합성 평가

해설 철도안전법 시행령 제63조(업무의 위탁): '운전적성검사기관, 운전교육훈련기관, 관제적성검사기관 및 관제교육훈련기관의 적합성 평가'는 국토교통부장관이 한국교통안전공단에 위탁하는 업무가 아니다.

예제 철도안전법령상 한국교통안전공단이 국토교통부장관으로부터 위탁받는 업무가 아닌 것은?

가. 안전관리체계 위반사항으로 인한 과태료의 부과·징수

나. 안전관리체계에 대한 정기검사 또는 수시검사

다. 안전관리기준에 대한 적합 여부 검사

라. 종합시험운행 결과의 검토

해설 철도안전법 시행령 제63조(권한의 위탁): 안전관리체계 위반사항으로 인한 과태료의 부과·징수는 한국교통안전공단이 국토교통부장관으로부터 위탁받는 업무가 아니다.

예제 철도안전법령상 국토교통부장관이 한국교통안전공단에 위탁하는 업무는?

가. 안전관리기준에 대한 적합 여부 검사   나. 철도운행의 안전성 평가에 관한 업무

다. 표준규격의 제정·개정 등에 관한 업무   라. 완성차량형식검사 업무

예제 국토교통부장관이 철도안전에 관한 지식 보급 및 정보의 종합관리를 위한 정보체계의 구축, 관리 업무를 위탁한 곳은?

가. 한국교통안전공단   나. 한국철도기술연구원

다. 한국철도시설공단   라. 한국철도기술연구원

② 국토교통부장관은 법 제77조제2항에 따라 다음 각 호의 업무를 한국철도기술연구원에 위탁한다.

1. 법 제25조제1항, 제26조제3항, 제26조의3제2항, 제27조제2항 및 제27조의2제2항에 따른 기술기준의 제정 또는 개정을 위한 연구·개발

2. 법 제26조제3항에 따른 형식승인검사

3. 법 제26조의3제2항에 따른 제작자승인검사

4. 법 제26조의6제1항에 따른 완성검사(제4항제1호에 따른 완성차량검사 업무는 제외한다)

5. 법 제26조의8 및 제27조의2제4항에서 준용하는 법 제8조제2항에 따른 정기검사 또는 수시검사

6. 법 제27조제2항에 따른 형식승인검사

7. 법 제27조의2제2항에 따른 제작자승인검사

8. 법 제34조제1항에 따른 철도차량·철도용품 표준규격의 제정·개정 등에 관한 업무 중 다음 각 목의 업무

　　가. 표준규격의 제정·개정·폐지에 관한 신청의 접수

　　나. 표준규격의 제정·개정·폐지 및 확인 대상의 검토

　　다. 표준규격의 제정·개정·폐지 및 확인에 대한 처리결과 통보

　　라. 표준규격서의 작성

　　마. 표준규격서의 기록 및 보관

예제 국토교통부장관은 기술기준의 제정 또는 개정을 위한 연구·개발, [   ]검사, [   ]검사 등의 업무를 [   ]에 위탁한다(시행령 제63조(업무의 위탁) 법 제77조제2항)).

정답 차량형식승인, 차량제작자승인, 한국철도기술연구원

예제 국토교통부장관은 표준규격서의 작성에 관한 업무를 「과학기술분야 정부출연기관 등의 설립·운영 및 육성에 관한 법률」에 따라 [   ]에 위탁한다(철도안전법 시행령 제63조(업무의 위탁)).

정답 한국철도기술연구원

예제 국토교통부장관이 "과학기술분야 정부출연 연구기관 등의 설립운용에 관한 법률"에 따라 한국철도기술연구원에 위탁하는 업무가 아닌 것은?

가. 형식승인검사
나. 제작자승인검사
다. 기술기준의 제정 또는 개정을 위한 연구·개발
라. 철도차량의 국제규격 승인여부 등에 관한 업무

해설 철도안전법 시행령 제63조(업무의 위탁) 제2항 국토교통부장관은 법 제77조: '철도차량의 국제규격 승인여부 등에 관한 업무'는 한국철도기술연구원에 위탁하는 업무가 아니다.

③ 국토교통부장관은 법 제77조제2항에 따라 철도보호지구 관리에 관한 다음 각 호의 업무를 「한국철도시설공단법」에 따른 한국철도시설공단에 위탁한다.

   1. 법 제45조제1항에 따른 철도보호지구에서의 행위의 신고 수리와 같은 조 제2항에 따른 행위 금지·제한이나 필요한 조치명령
   2. 법 제46조에 따른 손실보상과 손실보상에 관한 협의

예제 국토교통부장관은 철도보호지구 관리에 관한 업무를 [   ]에 따른 [   ]에 위탁한다(시행령 제63조(업무의 위탁 법 제77조제2항).

정답 한국철도시설공단법, 한국철도시설공단

예제 철도안전법령상 철도보호지구 관리에 관한 손실보상과 손실보상에 관한 협의 업무를 위탁한 곳은?

가. 한국교통안전공단 　　　　　　　　나. 한국철도시설공단

다. 한국토지주택공사 　　　　　　　　라. 해당 시·도지사

정답 철도안전법 시행령 제63조(업무의 위탁): 국토교통부장관은 철도보호지구 관리를 위하여 손실보상과 손실보상에 관한 업무는 한국철도시설공단에 위탁한다.

④ 국토교통부장관은 법 제77조제2항에 따라 다음 각 호의 업무를 국토교통부장관이 지정하여 고시하는 철도안전에 관한 전문기관이나 단체에 위탁한다.

　1. 법 제26조의6제1항에 따른 완성검사 업무 중 완성차량검사 업무(철도차량이 기술기준에 적합하고 형식승인을 받은 설계대로 제작되었는지를 확인하는 검사를 말한다)

　2. 법 제69조제4항에 따른 자격부여 등에 관한 업무 중 제60조의2에 따른 자격부여신청 접수, 자격증명서 발급, 관계 자료 제출 요청 및 자격부여에 관한 자료의 유지·관리 업무

예제 국토교통부장관은 법 제77조제2항에 따라 완성검사 업무 중 [　　　　　]를 국토교통부장관이 지정하여 고시하는 철도안전에 관한 [　　　　]이나 [　　　]에 위탁한다(시행령 제63조(업무의 위탁) 제3항법 제77조제2항).

정답 완성차량검사 업무, 전문기관, 단체

예제 국토교통부장관이 완성검사 업무 중 완성차량검사 업무를 위탁한 곳은?

가. 철도안전에 관한 전문기관이나 단체

나. 한국교통안전공단

다. 한국철도시설공단

라. 한국철도기술연구원

해설 철도안전법 시행령 제63조(업무의 위탁) 제4항 국토교통부장관은 법 제77조: 완성검사 업무 중 완성차량검사 업무는 철도안전에 관한 전문기관이나 단체에 위탁한다.

시행령 제63조의2(민감정보 및 고유식별정보의 처리)

국토교통부장관(제63조제1항에 따라 국토교통부장관의 권한을 위탁받은 자를 포함한다), 법 제13조에 따른 의료기관과 운전적성검사기관, 운전교육훈련기관, 관제적성검사기관 및 관제교육훈련기관은 다음 각 호의 사무를수행하기 위하여 불가피한 경우 「개인정보 보호법」 제23조에 따른 건강에 관한 정보나 같은 법 시행령 제19조제1호 또는 제2호에 따른 주민등록번호 또는 여권번호가 포함된 자료를 처리할 수 있다.

1. 법 제12조에 따른 운전면허의 신체검사에 관한 사무
2. 법 제15조에 따른 운전적성검사에 관한 사무
3. 법 제16조에 따른 운전교육훈련에 관한 사무
4. 법 제17조에 따른 운전면허시험에 관한 사무
5. 법 제21조의5에 따른 관제자격증명의 신체검사에 관한 사무
6. 법 제21조의6에 따른 관제적성검사에 관한 사무
7. 법 제21조의7에 따른 관제교육훈련에 관한 사무
8. 법 제21조의8에 따른 관제자격증명시험에 관한 사무
9. 법 제24조의2에 따른 철도차량정비기술자의 인정에 관한 사무
10. 제1호부터 제9호까지의 규정에 따른 사무를 수행하기 위하여 필요한 사무

예제 다음 중 의료기관과 운전적성검사기관 등은 사무를 수행하기 위하여 불가피한 경우 주민등록번호 또는 여권번호가 포함된 자료를 처리할 수 있는 사무가 아닌 것은?

가. 운전교육훈련의 관한 사무 　　　　　　나. 운전면허시험에 관한 사무
다. 차량제작교육훈련에 관한 사무 　　　　라. 관제교육훈련에 관한 사무

해설 시행령 제63조의2(민감정보 및 고유 식별정보의 처리: '차량제작교육훈련에 관한 사무'는 주민등록번호 또는 여권번호가 포함된 자료를 처리할 수 있는 사무가 아니다.

시행령 제63조의3(규제의 재검토)

국토교통부장관은 다음 각 호의 사항에 대하여 다음 각 호의 기준일을 기준으로 3년마다 (매 3년이 되는 해의 기준일과 같은 날 전까지를 말한다) 그 타당성을 검토하여 개선 등의 조치를 하여야 한다.

1. 제44조에 따른 탁송 및 운송 금지 위험물 등: 2017년 1월 1일
2. 제60조에 따른 철도안전 전문인력의 자격기준: 2017년 1월 1일

규칙 제96조(규제의 재검토)

국토교통부장관은 다음 각 호의 사항에 대하여 2017년 1월 1일을 기준으로 3년마다(매 3년이 되는 해의 1월 1일 전까지를 말한다) 그 타당성을 검토하여 개선 등의 조치를 하여야 한다.

1. 제12조에 따른 신체검사 방법·절차·합격기준 등
2. 제16조에 따른 적성검사 방법·절차 및 합격기준 등
3. 제77조에 따른 위해물품 휴대금지 예외
4. 제78조에 따른 위해물품의 종류 등
5. 제92조의3 및 별표 25에 따른 안전전문기관의 세부 지정기준 등

제9장

벌칙

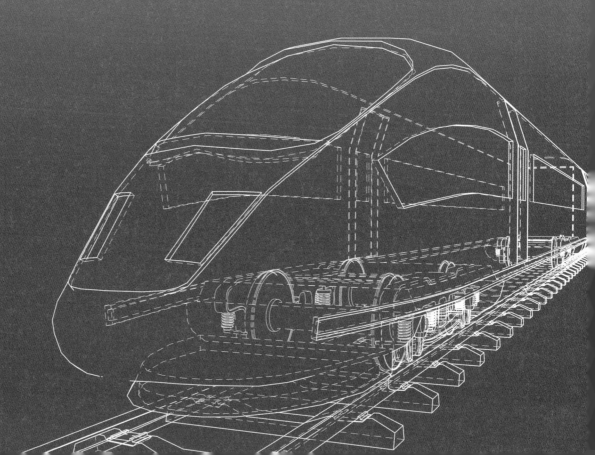

제9장

벌칙

제78조(벌칙)

① 제49조제2항을 위반하여 폭행·협박으로 철도종사자의 직무집행을 방해한 자는 5년 이하의 징역 또는 5천만원 이하의 벌금에 처한다.

예제 폭행·협박으로 철도종사자의 [   ]을 방해한 자는[   ]이하의 징역 또는 [   ]이하의 벌금에 처한다.

정답 직무집행, 5년, 5천만원

☞ 「철도안전법」 제49조 (철도종사자의 직무상 지시 준수)

② 누구든지 폭행·협박으로 철도종사자의 직무집행을 방해하여서는 아니 된다. 다음 각 호의 어느 하나에 해당하는 자는 3년 이하의 징역 또는 3천만원 이하의 벌금에 처한다.

1. 제7조제1항을 위반하여 안전관리체계의 승인을 받지 아니하고 철도운영을 하거나 철도시설을 관리한 자
2. 제26조의3제1항을 위반하여 철도차량 제작자승인을 받지 아니하고 철도차량을 제작한 자
3. 제27조의2제1항을 위반하여 철도용품 제작자승인을 받지 아니하고 철도용품을 제작한 자
3의2. 제38조의2제2항을 위반하여 개조승인을 받지 아니하고 철도차량을 임의로 개조하여 운행한 자
3의3. 제38조의2제3항을 위반하여 적정 개조능력이 있다고 인정되지 아니한 자에게 철도차량 개조 작

업을 수행하게 한 자

3의4. 제38조의3제1항을 위반하여 국토교통부장관의 운행제한 명령을 따르지 아니하고 철도차량을 운행한 자

4. 철도사고등 발생 시 제40조의2제2항제2호 또는 제5항을 위반하여 사람을 사상(死傷)에 이르게 하거나 철도차량 또는 철도시설을 파손에 이르게 한 자

5. 제41조제1항을 위반하여 술을 마시거나 약물을 사용한 상태에서 업무를 한 사람

6. 제43조를 위반하여 탁송 및 운송 금지 위험물을 탁송하거나 운송한 자

7. 제44조제1항을 위반하여 위험물을 운송한 자

8. 제48조제1호부터 제4호까지의 규정에 따른 금지행위를 한 자

예제 다음 중 철도안전법에서 가중죄를 범한 경우에만 양벌규정이 적용되는 것으로 맞는 것은?

가. 철도차량 제작자승인을 받지 아니하고 철도차량을 제작한 자

나. 철도보호지구에서의 행위 제한을 위반하여 신고를 하지 아니하거나 명령에 따르지 아니한 자

다. 종합시험운행을 실시하지 아니하거나 실시한 결과를 국토교통부장관에게 보고하지 아니하고 철도노선을 정상운행한 자

라. 관제업무 수행에 필요한 요건을 갖추지 아니하고 관제업무에 종사한 사람 및 그로 하여금 관제업무에 종사하게 한 자

해설 철도안전법 제78조(벌칙): '철도차량 제작자승인을 받지 아니하고 철도차량을 제작한 자'는 가중죄를 범한 경우로 보아 양벌규정이 적용된다.

예제 3년 이하의 징역 또는 3천만원 이하의 벌금에 처할 수 있는 경우가 아닌 것은?

가. 폭행 · 협박으로 철도종사자의 직무집행을 방해한 자

나. 철도용품 제작자승인을 받지 아니하고 철도용품을 제작한 자

다. 탁송 및 운송 금지 위험물을 탁송하거나 운송한 자

라. 안전관리체계의 승인을 받지 아니하고 철도운영을 하거나 철도시설을 관리한 자

해설 철도안전법 제78조(벌칙) 제2항: 폭행 · 협박으로 철도종사자의 직무집행을 방해한 자는 5년 이하의 징역 또는 5천만원 이하의 벌금에 처한다.

예제 다음 중 벌칙 기준에서 3년 이하의 징역 또는 3천만원 이하의 벌금형으로 틀린 것은?

가. 안전관리체계의 승인을 받지 아니하고 철도운영을 하거나 철도시설을 관리한 자
나. 거짓이나 그 밖의 부정한 방법으로 안전관리체계의 승인을 받은 자
다. 탁송 및 운송 금지 위험물을 탁송하거나 운송한 자
라. 철도차량 제작자승인을 받지 아니하고 철도차량을 제작한 자

해설 철도안전법 제78조(벌칙) 제2항: 거짓이나 그 밖의 부정한 방법으로 안전관리체계의 승인을 받은 자는 승인취소이다(제9조 제1항).

③ 소유자등이 철도차량을 개조하여 개조승인을 받으려는 경우에는 국토교통부령으로 정하는 바에 따라 적정 개조능력이 있다고 인정되는 자가 개조 작업을 수행하도록 하여야 한다.
③ 다음 각 호의 어느 하나에 해당하는 자는 2년 이하의 징역 또는 2천만원 이하의 벌금에 처한다.

예제 다음 각 호의 어느 하나에 해당하는 자는 [   ] 이하의 징역 또는 [   ] 이하의 벌금에 처한다.

정답 2년, 2천만원

1. 거짓이나 그 밖의 부정한 방법으로 제7조제1항에 따른 안전관리체계의 승인을 받은 자

예제 거짓이나 그 밖의 부정한 방법으로 [   ]의 승인을 받은 자

정답 안전관리체계

2. 제8조제1항을 위반하여 철도운영이나 철도시설의 관리에 중대하고 명백한 지장을 초래한 자
3. 거짓이나 그 밖의 부정한 방법으로 제15조제4항, 제16조제3항, 제21조의6제3항, 제21조의7제3항 또는 제69조제5항에 따른 지정을 받은 자
4. 제15조의2(제16조제5항, 제21조의6제5항, 제21조의7제5항 또는 제69조제7항에서 준용하는 경우를 포함한다)에 따른 업무정지 기간 중에 해당 업무를 한 자

예제 [　　　　　] 기간 중에 해당 업무를 한 자

정답 업무정지

5. 거짓이나 그 밖의 부정한 방법으로 제26조제1항 또는 제27조제1항에 따른 형식승인
   을 받은 자
6. 제26조제5항을 위반하여 형식승인을 받지 아니한 철도차량을 운행한 자

예제 [　　　　　]을 받지 아니한 철도차량을 운행한 자

정답 형식승인

7. 거짓이나 그 밖의 부정한 방법으로 제26조의3제1항 또는 제27조의2제1항에 따른 제
   작자승인을 받은 자
8. 거짓이나 그 밖의 부정한 방법으로 제26조의3제3항(제27조의2제4항에서 준용하는
   경우를 포함한다)에 따른 제작자승인의 면제를 받은 자
9. 제26조의6제1항을 위반하여 완성검사를 받지 아니하고 철도차량을 판매한 자

예제 [　　　　　]를 받지 아니하고 철도차량을 판매한 자

정답 완성검사

10. 제26조의7제1항제5호(제27조의2제4항에서 준용하는 경우를 포함한다)에 따른 업무
    정지 기간 중에 철도차량 또는 철도용품을 제작한 자
11. 제27조제3항을 위반하여 형식승인을 받지 아니한 철도용품을 철도시설 또는 철도
    차량 등에 사용한 자
12. 제32조제1항에 따른 중지명령에 따르지 아니한 자
13. 제38조제1항을 위반하여 종합시험운행을 실시하지 아니하거나 실시한 결과를 국토
    교통부장관에게 보고하지 아니하고 철도노선을 정상운행한 자
13의2. 제38조의6제1항을 위반하여 철도차량정비가 되지 않은 철도차량임을 알면서 운
    행한 자

13의3. 제38조의6제3항에 따른 철도차량정비 또는 원상복구 명령에 따르지 아니한 자

13의4. 거짓이나 그 밖의 부정한 방법으로 제38조의7제1항에 따른 철도차량 정비조직의 인증을 받은 자

13의5. 제38조의10제1항제2호에 해당하는 경우로서 고의 또는 중대한 과실로 철도사고 또는 중대한 운행장애를 발생시킨 자

13의6. 제38조의12제4항을 위반하여 정밀안전진단을 받지 아니하거나 정밀안전진단 결과 계속 사용이 적합하지 아니하다고 인정된 철도차량을 운행한 자

14. 삭제

15. 제41조제2항에 따른 확인 또는 검사에 불응한 자

16. 정당한 사유 없이 제42조제1항을 위반하여 위해물품을 휴대하거나 적재한 사람

17. 제45조제1항에 따른 신고를 하지 아니하거나 같은 조 제2항에 따른 명령에 따르지 아니한 자

18. 제47조제2호를 위반하여 운행 중 비상정지버튼을 누르거나 승강용 출입문을 여는 행위를 한 사람

[예제] 2년 이하의 징역 또는 2천만원 이하의 벌금에 처할 수 있는 경우가 아닌 것은?

가. 거짓이나 그 밖의 부정한 방법으로 안전관리체계의 승인을 받은 자

나. 철도운영이나 철도시설의 관리에 중대하고 명백한 지장을 초래한 자

다. 완성검사를 받지 아니하고 철도차량을 판매한자

라. 국토교통부장관의 승인을 받지 아니한 철도부품을 철도시설 또는 철도차량 등에 사용한 자

[해설] 철도안전법 제78조(벌칙) 제2항: 형식승인을 받지 아니한 철도용품을 철도시설 또는 철도차량 등에 사용한 자는 2년 이하의 징역 또는 2천만원 이하의 벌금에 처하는 경우에 해당된다.

---

④ 다음 각 호의 어느 하나에 해당하는 자는 1년 이하의 징역 또는 1천만원 이하의 벌금에 처한다.

1. 제10조제1항을 위반하여 운전면허를 받지 아니하고(제20조에 따라 운전면허가 취소되거나 그 효력이 정지된 경우를 포함한다) 철도차량을 운전한 사람

2. 거짓이나 그 밖의 부정한 방법으로 운전면허를 받은 사람

2의2. 거짓이나 그 밖의 부정한 방법으로 관제자격증명을 받은 사람

2의3. 거짓이나 그 밖의 부정한 방법으로 철도차량정비기술자로 인정받은 사람

3. 제21조를 위반하여 실무수습을 이수하지 아니하고 철도차량의 운전업무에 종사한 사람

3의2. 제21조의2를 위반하여 운전면허를 받지 아니하거나(제20조에 따라 운전면허가 취소되거나 그 효력이 정지된 경우를 포함한다) 실무수습을 이수하지 아니한 사람을 철도차량의 운전업무에 종사게 한 철도운영자 등

3의3. 제21조의3을 위반하여 관제자격증명을 받지 아니하고(제21조의11에 따라 관제자격증명이 취소되거나 그 효력이 정지된 경우를 포함한다) 관제업무에 종사한 사람

4. 제22조를 위반하여 실무수습을 이수하지 아니하고 관제업무에 종사한 사람

4의2. 제22조의2를 위반하여 관제자격증명을 받지 아니하거나(제21조의11에 따라 관제자격증명이 취소되거나 그 효력이 정지된 경우를 포함한다) 실무수습을 이수하지 아니한 사람을 관제업무에 종사하게 한 철도운영자 등

5. 제23조제1항을 위반하여 신체검사와 적성검사를 받지 아니하거나 같은 조 제3항을 위반하여 신체검사와 적성검사에 합격하지 아니하고 같은 조 제1항에 따른 업무를 한 사람 및 그로 하여금 그 업무에 종사하게 한 자

5의2. 제24조의3을 위반한 다음 각 목의 어느 하나에 해당하는 사람

가. 다른 사람에게 자기의 성명을 사용하여 철도차량정비 업무를 수행하게 하거나 자신의 철도차량정비경력증을 빌려 준 사람

나. 다른 사람의 성명을 사용하여 철도차량정비 업무를 수행하거나 다른 사람의 철도차량정비경력증을 빌린 사람

다. 가목 및 나목의 행위를 알선한 사람

6. 제26조제1항 또는 제27조제1항에 따른 형식승인을 받지 아니한 철도차량 또는 철도용품을 판매한 자

6의2. 제31조제6항에 따른 이행 명령에 따르지 아니한 자

7. 제38조제1항을 위반하여 종합시험운행 결과를 허위로 보고한 자

7의2. 제38조의7제1항을 위반하여 정비조직의 인증을 받지 아니하고 철도차량정비를 한 자

8. 제39조의2제1항에 따른 지시를 따르지 아니한 자

9. 제39조의3제3항을 위반하여 설치 목적과 다른 목적으로 영상기록장치를 임의로 조작하거나 다른 곳을 비춘 자 또는 운행기간 외에 영상기록을 한 자

10. 제39조의3제4항을 위반하여 영상기록을 목적 외의 용도로 이용하거나 다른 자에게 제공한 자

11. 제39조의3제5항을 위반하여 안전성 확보에 필요한 조치를 하지 아니하여 영상기록장치에 기록된 영상정보를 분실·도난·유출·변조 또는 훼손당한 자

12. 제47조제6호를 위반하여 술을 마시거나 약물을 복용하고 다른 사람에게 위해를 주는 행위를 한 사람

13. 거짓이나 부정한 방법으로 철도운행안전관리자 자격을 받은 사람

14. 제69조의2제1항을 위반하여 철도운행안전관리자를 배치하지 아니하고 철도시설의 건설 또는 관리와 관련한 작업을 시행한 철도운영자

15. 제69조의3제1항 및 제2항을 위반하여 정기교육을 받지 아니하고 업무를 한 사람 및 그로 하여금 그 업무에 종사하게 한 자

⑤ 제47조제5호를 위반한 자는 500만원 이하의 벌금에 처한다.

[예제] 영상기록을 목적 외의 용도로 이용하거나 다른 자에게 제공한 자에 관한 벌칙으로 맞는 것은?

가. 1년 이하의 징역 또는 1천만원 이하의 벌금에 처한다.

나. 2년 이하의 징역 또는 2천만원 이하의 벌금에 처한다.

다. 3년 이하의 징역 또는 3천만원 이하의 벌금에 처한다.

라. 5년 이하의 징역 또는 5천만원 이하의 벌금에 처한다.

[해설] 철도안전법 제78조(벌칙) 제4항: 영상기록을 목적 외의 용도로 이용하거나 다른 자에게 제공한 자 1년 이하의 징역 또는 1천만원 이하의 벌금에 처한다.

[예제] 다음 중 2년 이하의 징역이나 2천만원 이하의 벌금에 해당하는 것으로 맞는 것은?

가. 개조승인을 받지 아니하고 철도차량을 임의로 개조하여 운행한 자

나. 철도운영이나 철도시설의 관리에 중대하고 명백한 지장을 초래한 자

다. 형식승인을 받지 아니한 철도차량을 판매한 자

라. 실무수습을 이수하지 아니하고 철도차량의 운전업무에 종사한 사람

[해설] 철도안전법 제78조(벌칙)
가. 3년 이하의 징역 또는 3천만원 이하의 벌금에 처한다.
다. 1년 이하의 징역 또는 1천만원 이하의 벌금에 처한다.
라. 1년 이하의 징역 또는 1천만원 이하의 벌금에 처한다.

예제 2년 이하의 징역 또는 2천만원 이하의 벌금에 처하는 행위에 해당하는 자는?

가. 형식승인을 받지 아니한 철도차량을 판매한 자

나. 실무수습을 이수하지 아니하고 철도차량의 운전업무에 종사한 사람

다. 형식승인을 받지 아니한 철도차량을 운행한 자

라. 종합시험운행 결과를 허위로 보고한 자

해설 철도안전법 제78조(벌칙)

    가. 1년 이하의 징역 또는 1천만원 이하의 벌금에 처한다.

    나. 1년 이하의 징역 또는 1천만원 이하의 벌금에 처한다.

    다. 2년 이하의 징역 또는 2천만원 이하의 벌금에 처한다.

    라. 1년 이하의 징역 또는 1천만원 이하의 벌금에 처한다.

제79조(형의 가중)

① 제78조제1항, 제3항제16호 또는 제17호의 죄를 범하여 열차운행에 지장을 준 자는 그 죄에 규정된 형의 2분의 1까지 가중한다.

② 제78조제3항제16호 또는 제17호의 죄를 범하여 사람을 사상에 이르게 한 자는 5년 이하의 징역 또는 5천만원 이하의 벌금에 처한다.

예제 위해물품을 휴대하거나 적재한 사람이 죄를 범하여 사람을 사상에 이르게 한 자에 관한 벌칙으로 맞는 것은?

가. 1년 이하의 징역 또는 1천만원 이하의 벌금에 처한다.

나. 2년 이하의 징역 또는 2천만원 이하의 벌금에 처한다.

다. 3년 이하의 징역 또는 3천만원 이하의 벌금에 처한다.

라. 5년 이하의 징역 또는 5천만원 이하의 벌금에 처한다.

해설 철도안전법 제79조(형의 가중) 제2항 제78조제3항제16호 또는 제17호: 죄를 범하여 사람을 사상(死傷)에 이르게 한 자는 5년 이하의 징역 또는 5천만원 이하의 벌금에 처한다.

제80조(양벌규정)

법인의 대표자나 법인 또는 개인의 대리인, 사용인, 그 밖의 종업원이그 법인 또는 개인의 업무에 관하여 제78조제2항, 같은 조 제3항(제16호는 제외한다) 및 제4항(제2호는 제외한다) 또는 제79조(제78조제3항제17호의 가중죄를 범한 경우만 해당한다)의 어느 하나에 해당하는 위반행위를 하면 그 행위자를 벌하는 외에 그 법인 또는 개인에게도 해당 조문의 벌금형을 과(科)한다. 다만, 법인 또는 개인이 그 위반행위를 방지하기 위하여 해당 업무에 관하여 상당한 주의와 감독을 게을리하지 아니한 경우에는 그러하지 아니하다.

예제 다음 철도안전법에서 가중죄를 범한 경우에만 양벌규정이 적용되는 것으로 맞는 것은?

가. 철도차량 제작자승인을 받지 아니하고 철도차량을 제작한 자
나. 관제업무 수행에 필요한 요건을 갖추지 아니하고 관제업무에 종사한 사람 및 그로 하여금 관제업무에 종사하게 한 자
다. 종합시험운행을 실시하지 아니하거나 실시한 결과를 국토부장관에게 보고하지 아니하고 철도 노선을 정상운행한 자
라. 폭행·협박으로 철도종사자의 직무집행을 방해한 자

해설 철도안전법 제80조(양벌규정): 제49조 2항의 폭행·협박으로 철도종사자의 직무집행을 방해한 자이므로 그 행위자를 벌하는 외에 그 법인 또는 개인에게도 해당 조문의 벌금형을 과(科)한다.

제81조(과태료)

① 다음 각 호의 어느 하나에 해당하는 자에게는 1천만원 이하의 과태료를 부과한다.

예제 다음 각 호의 어느 하나에 해당하는 자에게는 [   ]이하의 [   ]를 부과한다.

정답 1천만원, 과태료

1. 제7조제3항(제26조의8 및 제27조의2제4항에서 준용하는 경우를 포함한다)을 위반하여 안전관리체계의 변경승인을 받지 아니하고 안전관리체계를 변경한 자

안전관리체계의 [   ]을 받지 아니하고 [   ]를 변경한 자

변경승인, 안전관리체계

2. 제8조제3항(제26조의8 및 제27조의2제4항에서 준용하는 경우를 포함한다)을 위반하여 정당한 사유 없이 시정조치 명령에 따르지 아니한 자

3. 제20조제3항(제21조의11제2항에서 준용하는 경우를 포함한다)을 위반하여 운전면허증을 반납하지 아니한 사람

4. 제26조제2항(제27조제4항에서 준용하는 경우를 포함한다)을 위반하여 변경승인을 받지 아니한 자

5. 제26조의5제2항(제27조의2제4항에서 준용하는 경우를 포함한다)에 따른 신고를 하지 아니한 자

6. 제27조의2제3항을 위반하여 형식승인표시를 하지 아니한 자

7. 제31조제2항을 위반하여 조사·열람·수거 등을 거부, 방해 또는 기피한 자

8. 제32조제2항 또는 제4항을 위반하여 시정조치계획을 제출하지 아니하거나 시정조치의 진행 상황을 보고하지 아니한 자

9. 제38조제2항에 따른 개선·시정 명령을 따르지 아니한 자

9의2. 제38조의5제3항을 위반한 다음 각 목의 어느 하나에 해당하는 자

　　가. 이력사항을 고의로 입력하지 아니한 자

　　나. 이력사항을 위조·변조하거나 고의로 훼손한 자

　　다. 이력사항을 무단으로 외부에 제공한 자

9의3. 제38조의7제2항을 위반하여 변경인증을 받지 아니하거나 변경신고를 하지 아니하고 변경한 자

9의4. 제38조의9에 따른 준수사항을 지키지 아니한 자

9의5. 제38조의12제2항에 따른 정밀안전진단 명령을 따르지 아니한 자

10. 제39조의2제3항에 따른 안전조치를 따르지 아니한 자

10의2. 제39조의3제1항을 위반하여 영상기록장치를 설치·운영하지 아니한 자(신설: 2020. 5. 27. 시행)

11. 제47조제1항제1호·제3호·제4호 또는 제7호를 위반하여 여객열차에서의 금지행위를 한 사람

12. 제48조제5호를 위반하여 선로(철도와 교차된 도로는 제외한다) 또는 철도시설에 승낙 없이 출입하거나 통행한 사람

13. 제48조제7호·제9호 또는 제10호를 위반하여 철도시설에 유해물 또는 오물을 버리거나 열차운행에 지장을 준 사람

13의2. 제48조의3제1항을 위반하여 국토교통부장관의 성능인증을 받은 보안검색장비를 사용하지 아니한 자

13의3. 제48조의3제2항에 따른 보안검색장비의 성능인증을 위한 기준·방법·절차 등을 위반한 인증기관 및 시험기관

14. 제49조제1항을 위반하여 철도종사자의 직무상 지시에 따르지 아니한 사람

15. 제61조제1항 및 제2항에 따른 보고를 하지 아니하거나 거짓으로 보고한 자

15의2. 제69조의3제1항을 위반하여 정기교육을 받지 아니한 자

16. 제73조제1항에 따른 보고를 하지 아니하거나 거짓으로 보고한 자

17. 제73조제1항에 따른 자료제출을 거부, 방해 또는 기피한 자

18. 제73조제2항에 따른 소속 공무원의 출입·검사를 거부, 방해 또는 기피한 자

예제 다음 중 1천만원 이하의 과태료 부과 대상이 아닌 것은?

가. 여객열차에서의 금지행위를 한 사람

나. 안전관리체계의 변경 신고를 하지 아니하고 안전관리체계를 변경한 자

다. 정당한 사유없이 시정 조치명령에 따르지 않는 자

라. 운전면허 효력정지기간 중 운전하여 위반 후 운전면허증을 반납하지 아니한 자

해설 철도안전법 제81조(과태료)제1항: '여객열차에서의 금지행위를 한 사람'은 다음 중 1천만원 이하의 과태료 부과 대상이 아니다.

② 다음 각 호의 어느 하나에 해당하는 자에게는 500만원 이하의 과태료를 부과한다.

1. 제7조제3항(제26조의8 및 제27조의2제4항에서 준용하는 경우를 포함한다)을 위반하여 안전관리체계의 변경신고를 하지 아니하고 안전관리체계를 변경한 자

2. 제24조제1항을 위반하여 안전교육을 실시하지 아니한 자

3. 제26조제2항(제27조제4항에서 준용하는 경우를 포함한다)을 위반하여 변경신고를 하지 아니한 자

4. 제38조의2제2항 단서를 위반하여 개조신고를 하지 아니하고 개조한 철도차량을 운행한 자

5. 제38조의5제3항가목을 위반하여 이력사항을 과실로 입력하지 아니한 자

③ 다음 각 호의 어느 하나에 해당하는 자에게는 300만원 이하의 과태료를 부과한다.

1. 제9조의4제3항을 위반하여 우수운영자로 지정되었음을 나타내는 표시를 하거나 이와 유사한 표시를 한 자

2. 제9조의4제4항을 위반하여 시정조치 명령을 따르지 아니한 자

3. 제40조의2에 따른 준수사항을 위반한 자

④ 제45조제3항을 위반하여 조치명령을 따르지 아니한 자에게는 50만원 이하의 과태료를 부과한다.

예제 조치명령을 따르지 아니한 자에게는 [   ] 이하의 과태료를 부과한다.

정답 50만원

⑤ 제1항부터 제4항까지에 따른 과태료는 대통령령으로 정하는 바에 따라 국토교통부장관 또는 시·도지사(이 조 제1항제11호부터 제14호까지 및 같은 항 제16호·제17호만 해당한다)가 부과·징수한다.

예제 철도차량의 안전운행 및 철도 보호를 위하여 필요하다고 인정할 때에는 토지, 나무, 시설, 건축물, 그 밖의 공작물의 소유자나 점유자에게 제거 등의 조치를 하도록 명령할 수 있다. 이를 따르지 아니한 자에게 부과되는 과태료로 맞는 것은?

가. 50만원 이하의 과태료   나. 100만원 이하의 과태료
다. 200만원 이하의 과태료   라. 1000만원 이하의 과태료

해설 철도안전법 제81조(과태료): 제4항 제45조제3항을 위반하여 조치명령을 따르지 아니한 자에게는 50만원 이하의 과태료를 부과한다.

시행령 제64조(과태료 부과기준)

법 제81조에 따른 과태료 부과기준은 별표 6과 같다.

[영 별표 6] 과태료 부과기준 (제64조 관련)

1. 일반기준

    가. 위반행위의 횟수에 따른 과태료의 가중된 부과기준은 최근 1년간 같은 위반행위로 과태료 부과처분을 받은 경우에 적용한다. 이 경우 기간의 계산은 위반행위에 대하여 과태료 부과처분을 받은 날과 그 처분 후 다시 같은 위반행위를 하여 적발된 날을 기준으로 한다.

    나. 가목에 따라 가중된 부과처분을 하는 경우 가중처분의 적용 차수는 그 위반행위 전 부과처분 차수(가목에 따른 기간 내에 과태료 부과처분이 둘 이상 있었던 경우에는 높은 차수를 말한다)의 다음 차수로 한다.

    다. 하나의 행위가 둘 이상의 위반행위에 해당하는 경우에는 그 중 무거운 과태료의 부과기준에 따른다.

    라. 부과권자는 다음의 어느 하나에 해당하는 경우에는 제2호에 따른 과태료 금액의 2분의 1 범위에서 그 금액을 줄일 수 있다. 다만, 과태료를 체납하고 있는 위반행위자의 경우에는 그렇지 않다.

    1) 위반행위자가 「질서위반행위규제법 시행령」 제2조의2제1항 각 호의 어느 하나에 해당하는 경우

    2) 위반행위가 사소한 부주의나 오류로 인한 것으로 인정되는 경우

    3) 위반행위자가 법 위반상태를 시정하거나 해소하기 위해 노력한 것이 인정되는 경우

    4) 그 밖에 위반행위의 정도, 위반행위의 동기와 그 결과 등을 고려하여 과태료를 줄일 필요가 있다고 인정되는 경우

    마. 부과권자는 다음의 어느 하나에 해당하는 경우에는 제2호의 개별기준에 따른 과태료 금액의 2분의 1 범위에서 그 금액을 늘릴 수 있다. 다만, 법 제81조제1항부터 제4항까지의 규정에 따른 과태료 금액의 상한을 넘을 수 없다.

    1) 위반의 내용·정도가 중대하여 공중(公衆)에게 미치는 피해가 크다고 인정되는 경우

    2) 그 밖에 위반행위의 정도, 위반행위의 동기와 그 결과 등을 고려하여 늘릴 필요가 있다고 인정되는 경우

철도안전법 시행령 [별표 6] 과태료 부과기준 (제64조 관련)

2. 개별기준

위반행위	근거 법조문	과태료금액(단위: 만원)		
		1회 위반	2회 위반	3회 위반
법 제73조제2항에 따른 소속 공무원의 출입·검사를 거부·방해 또는 기피한 경우	법 제81조 제1항제18호	125	250	500

예제 철도안전법령상 과태료 부과기준에서 소속 공무원의 출입·검사를 거부·방해 또는 기피한 경우 1차 위반 시 얼마인가?

가. 25만원

나. 100만원

다. 125만원

라. 250만원

해설 시행령 [별표 6] 과태료 부과기준 (제64조 관련): 과태료 부과기준에서 소속 공무원의 출입·검사를 거부·방해 또는 기피한 경우 1차 위반 시는 125만원이다.

예제 다음 중 과태료 금액이 제일 높은 사람은?

가. 철도차량 또는 철도용품 형식승인 및 제작자승인을 받은 자와 철도차량 또는 철도용품의 소유자·점유자·관리인 등은 정당한 사유 없이 제1항에 따른 조사·열람·수거 등을 거부·방해 행위를 2차 위반한 사람

나. 철도시설에 유해물 또는 오물을 버리거나 열차운행에 지장을 준 행위를 3차 위반한 사람

다. 정당한 사유 없이 국토교통부령으로 정하는 여객출입 금지장소에 출입하는 행위를 3차 위반한 사람

라. 철도차량 형식승인의 변경승인을 받지 아니한 행위를 처음한 사람

해설 철도안전법 시행령 제64조(과태료 부과기준)
가: 200만원 나: 50만원 다: 50만원 라: 125만원

부칙

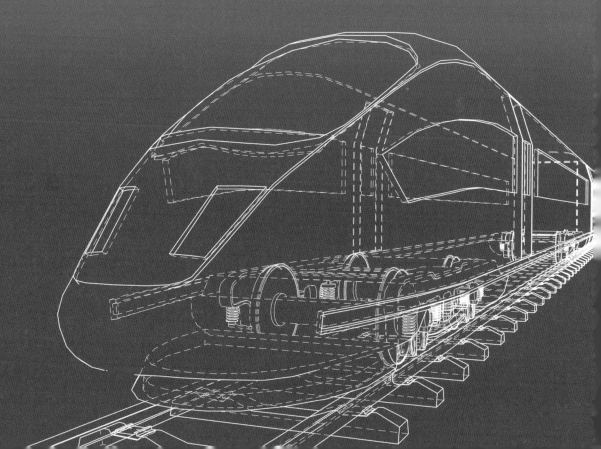

부칙

이 법은 공포 후 6개월이 경과한 날부터 시행한다.

시행령 부칙

제1조(시행일)

이 영은 2019년 10월 24일부터 시행한다.

제2조(과징금의 부과기준에 관한 경과조치) 이 영 시행 전의 위반행위에 대한 과징금의 부과 기준에 관하여는 별표 1 제2호나목의 개정규정에도 불구하고 종전의 규정에 따른다.

규칙 부칙

규칙 부칙 제1조(시행일)

이 규칙은 공포한 날부터 시행한다.

규칙 부칙 제2조(철도차량 운전면허 및 철도교통 관제자격 취득을 위한 교육시간에 관한 경과조치)

이 규칙 시행 당시 종전의 규정에 따라 철도차량 운전면허 및 철도교통 관제자격 취득을 위한 교육시간 단축을 받은 사람에 대해서는 별표 7 및 별표 11의 개정규정에도 불구하고 종전의 규정에 따른다.

규칙 부칙 제3조(철도안전 전문인력의 정기교육에 관한 경과조치)

이 규칙 시행 당시 철도안전 전문인력의 자격을 부여받은 사람에 대하여 제92조의7의 개정규정을 적용할 때에는 이 규칙 시행일을 자격을 취득한 날로 본다.

주관식 문제 총정리

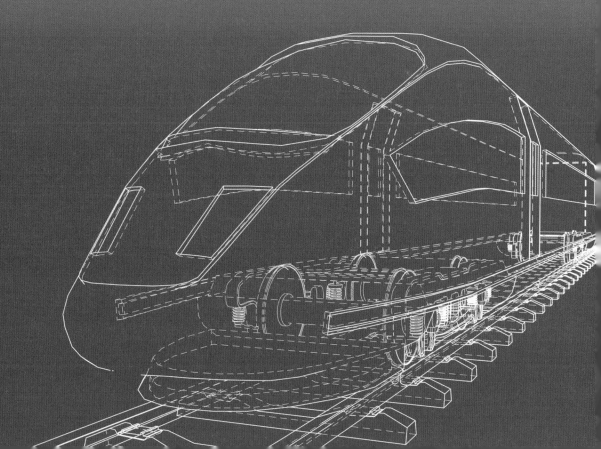

주관식 문제 총정리

제4장 철도시설 및 철도차량의 안전관리

제25조 (철도시설의 기술수준)

예제 철도시설관리자는 [   ]이 정하여 고시하는 [   ]에 맞게 [   ]하여야 한다.

정답 국토교통부장관, 기술수준, 철도시설을 설치

제26조(철도차량 형식승인)

예제 국내에서 운행하는 철도차량을 제작하거나 수입하려는 자는 [   ]으로 정하는 바에 따라 해당 철도차량의 설계에 관하여 국토교통부장관의 [   ]을 받아야 한다.

정답 국토교통부령, 형식승인

예제 국토교통부장관은 형식승인 또는 변경승인을 하는 경우에는 해당 철도차량이 국토교통부 장관이 정하여 고시하는 철도차량의 [   ]에 적합한지에 대하여 [   ]를 하여야 한다(제26조 철도차량의 형식승인).

정답 기술기준, 형식승인검사

예제 시험·연구·개발 목적으로 제작 또는 수입되는 철도차량으로서 [   ]으로 정하는 철도차량에 해당하는 경우에는 형식승인검사의 전부 또는 일부를 면제할 수 있다(제26조 철도차량의 형식승인).

정답 대통령령

예제 철도시설의 [   ],[   ] 또는 철도차량의 [   ]등 특수한 목적을 위하여 제작 또는 수입 되는 철도차량으로서 국토교통부장관이 정하여 고시하는 경우 [   ]의 전부 또는 일부를 면제할 수 있다(제26조 철도차량의 형식승인).

정답 유지·보수, 사고복구, 형식승인검사

시행령 제22조(형식승인검사를 면제할 수 있는 철도차량 등)

예제 형식승인검사 중 철도차량의 [   ]에서 실시하는 검사를 [   ] 검사로서 [   ]으로 정하는 검사는 형식승인검사를 [   ]할 수 있다.

정답 시운전단계, 제외한, 국토교통부령, 면제

규칙 제44조(철도기술심의위원회의 설치)

예제 [   ]은 관련사항을 심의하게 하기 위하여 [   ]를 설치한다.

정답 국토교통부장관, 철도기술심의위원회

예제 철도기술심의위원회에서 심의하는 주요 내용으로는 기술[   ]의 제정·개정 또는 [   ], 형식승인 대상 [   ]의 선정·변경 및 취소, 철도차량·철도용품 [   ]의 제정·개정 또는 폐지 등이 있다.

정답 기준, 폐지, 철도용품, 표준규격

규칙 제46조(철도차량 형식승인 신청 절차 등)

예제 철도차량 형식승인서와 같이 제출하는 서류는? (규칙 제46조(철도차량 형식승인 신청 절차 등))

1.[   ]
2.[   ]
3.[   ]
4.[   ]

정답
1. 철도차량의 기술기에 대한 적합성 입증계획서 및 입증자료
2. 철도차량의 설계도면, 설계 명세서 및 설명서
3. 형식승인검사의 면제 대상에 해당하는 경우 그 입증서류
4. 차량형식 시험 절차서

예제 국토교통부장관은 철도차량 형식승인 또는 변경승인 신청을 받은 경우에 [   ] 이내에 승인 또는 변경승인에 필요한 검사 등의 [   ]를 작성하여 [   ]에게 통보하여야 한다.

정답 15일, 계획서, 신청인

규칙 제47조(철도차량 형식승인의 경미한 사항 변경)

예제 경미한 사항을 변경하려는 경우에는 철도차량 형식변경신고서에 해당 철도차량의 철도차량 [   ]와 변경 전후의 [   ]및 [   ] 서류를 첨부하여 국토교통부장관에게 제출하여야 한다(규칙 제47조(철도차량 형식 승인의 경미한 사항 변경)).

정답 형식승인증명서, 대비표, 해설서

규칙 제48조(철도차량 형식승인검사의 방법 및 증명서 발급 등)

예제 철도차량 형식승인검사는 [   ], [   ], [   ]의 3개 검사과정을 거친다.

정답 설계적합성 검사, 합치성 검사, 차량형식 시험

제26조의2(형식승인의 취소 등)

예제 [   ]으로 형식승인을 받은 경우, [   ]되는 경우, [   ]을 이행하지 아니한 경우는 형식승인을 취소하여야 한다.

정답 부정한 방법, 기술기준에 중대하게 위반, 변경승인명령

예제 형식승인이 취소된 경우에는 그 [   ]된 날부터 [   ] 동일한 형식의 철도차량에 대하여 [   ]을 받을 수 없다.

정답 취소, 2년간, 새로 형식승인

규칙 제50조(철도차량 형식 변경승인의 명령 등)

예제 변경승인 명령을 받은 자는 명령을 통보받은 날부터 [   ] 철도차량 형식승인의 [   ]을 [   ]하여야 한다.

정답 30일 이내에, 변경승인, 신청

예제 변경승인 명령을 받은 자는 명령을 통보받은 날부터 [   ] 철도차량 형식승인의 [   ]을 [   ]하여야 한다.

정답 30일 이내에, 변경승인, 신청

제26조의3(철도차량 제작자승인)

예제 형식승인을 받은 철도차량을 제작하려는 자는 [   ]으로 정하는 바에 따라 철도차량의 제작을 위한 [   ], [   ], [   ], [   ] 및 [   ] 등 철도차량의 적합한 제작을 위한 유기적 체계를 갖추고 있는지에 대하여 국토교통부장관의 [   ]을 받아야 한다.

정답 국토교통부령, 인력, 설비, 장비, 기술, 제작검사, 제작자승인

규칙 제51조(철도차량 제작자승인의 신청 등)

예제 철도차량 제작자 승인을 받으려는 자는 [   ]에 필요한 기술기준, [   ] 및 입증자료, [   ] 및 설명서, [   ] 및 설명서 등의 서류를 첨부하여 [   ]에게 제출하여야 한다.

정답 제작관리 및 품질유지, 적합성 입증계획서, 품질관리체계서, 제작 명세서, 국토교통부장관

제26조의4(결격사유)

예제 제작자승인이 취소된 후 [   ]이 경과되지 아니한 자는 철도차량 제작자 [   ]을 받을 수 없다.

정답 2년, 승인

예제 철도 관계 법령"이란 각각 다음 각 호의 어느 하나에 해당하는 법령을 말한다.
1. 「건널목 개량촉진법」
2. 「   」
3. 「철도건설법」
4. 「철도사업법」
5. 「   」
6. 「   」
7. 「한국철도시설공단법」
8. 「항공 · 철도 사고조사에 관한 법률」

정답 도시철도법, 한국철도공사법, 철도산업발전 기본법

제26조의5(승계)

예제 철도차량 제작자승인의 [   ]를 승계하는 자는 [   ]부터 [   ] 이내에 [   ]으로 정하는 바에 따라 그 승계사실을 국토교통부장관에게 신고하여야 한다.

정답 지위, 승계일, 1개월, 국토교통부령

예제 철도차량 제작자승인의 [   ]를 승계하는 자는 [   ]부터 [   ] 이내에 [   ]으로 정하는 바에 따라 그 승계사실을 국토교통부장관에게 신고하여야 한다.

정답 지위, 승계일, 1개월, 국토교통부령

규칙 제55조(지위승계의 신고 등)

예제 철도차량 [   ]승계신고서에 철도차량 [   ]증명서와 사업 [   ]의 경우, 사업 [   ]의 경우, 사업 [   ]의 경우로 구분하여 서류를 첨부하여 국토교통부장관에게 제출하여야 한다.

정답 제작자, 제작자승인, 양도, 상속, 합병

제26조의6(철도차량 완성검사)

예제 국토교통부장관은 철도차량이 [   ]에 합격한 경우에는 [   ]에게 국토교통부령으로 정하는 [   ]을 발급하여야 한다.

정답 완성검사, 철도차량제작자, 완성검사필증

규칙 제56조(철도차량 완성검사의 신청 등)

예제 철도차량 완성검사를 받으려는 자는 별지 제34서식의 철도차량 완성검사신청서에 [   ], [   ], [   ], [   ]를 첨부하여 국토교통부장관에게 제출하여야 한다.

정답 형식승인증명서, 제작자승인증명서, 형식동일성 입증계획서 및 입증서류, 주행시험 절차서

예제 국토교통부장관은 완성검사 신청을 받은 경우에 [   ]에 [   ]를 작성하여
[   ]에게 통보하여야 한다.

정답 15일 이내, 완성검사의 계획서, 신청인

규칙 제57조(철도차량 완성검사의 방법 및 검사필증 발급 등)

예제 철도차량 완성검사는 [   ]와 [   ]으로 나누어 실시한다.

정답 완성차량검사, 주행시험

규칙 제59조(철도차량 품질관리체계의 유지 등)

예제 철도차량 품질관리체계에 대하여 [   ]의 정기검사를 실시한다.

정답 1년마다 1회

제27조(철도용품 형식승인)

예제 국토교통부장관이 정하여 [   ]하는 철도용품을 제작하거나 수입하려는 자는 국토교통부
령으로 정하는 바에 따라 해당 [   ]의 [   ]에 대하여 국토교통부장관의
[   ]을 받아야 한다.

정답 고시, 철도용품, 설계, 형식승인

규칙 제60조(철도용품 형식승인 신청 절차 등)

예제 철도용품 형식승인 또는 변경승인 신청을 받은 경우에 [   ]에 [   ]를 작성하
여 신청인에게 통보하여야 한다.

정답 15일 이내, 승인 또는 변경승인에 필요한 검사 등의 계획서

규칙 제68조(형식승인을 받은 철도용품의 표시)

예제 철도용품 제작자승인을 받은 자는 해당 철도용품에 형식승인품명 및 [   ], 형식승인품명의 [   ], 형식승인품의 [   ], [   ]의 명칭을 포함하여 형식승인을 받은 철도용품임을 나타내는 표시를 하여야 한다.

정답 형식승인번호, 제조일, 제조자명, 형식승인기관

제31조(형식승인 등의 사후관리)

예제 국토교통부장관은 형식승인을 받은 [   ] 또는 [   ]의 안전 및 품질의 확인·점검을 위하여 필요하다고 인정하는 경우에는 [   ]으로 하여금 다음 각 호의 조치를 하게 할 수 있다.

정답 철도차량, 철도용품, 소속 공무원

시행령 제29조(시정조치의 면제 신청 등)

예제 시정조치의 면제를 받으려는 제작자는 [   ]을 받은 날부터 [   ]에 경미한 경우에 해당함을 증명하는 서류를 [   ]에게 제출하여야 한다.

정답 중지명령, 15일 이내, 국토교통부장관

제34조(표준화)

예제 국토교통부장관은 철도의 [   ]과 [   ]의 확보 등을 위하여 철도차량 및 철도용품의 [   ]을 정하여 [   ]등 또는 철도차량을 제작·조립 또는 수입하려는 자 등에게 [   ]할 수 있다.

정답 안전, 호환성, 표준규격, 철도운영자, 권고

규칙 제74조(철도표준규격의 제정 등)

예제 국토교통부장관은 고시한 날부터 [   ]마다 타당성을 확인하여 필요한 경우에는 [   ]을 개정하거나 폐지할 수 있다 철도기술의 향상 등으로 인하여 철도표준규격을 개정하거나 폐지할 필요가 있다고 인정하는 때에는 [   ] 이내에도 철도표준규격을 개정하거나 폐지할 수 있다.

정답 3년, 철도표준규격, 3년

제38조(종합시험운행)

예제 철도운영자등은 철도노선을 새로 [   ]하거나 기존노선을 [   ]하여 운영하려는 경우에는 [   ]을 하기 전에 [   ]을 실시한 후 그 결과를 국토교통부장관에게 보고하여야 한다.

정답 건설, 개량, 정상운행, 종합시험운행

예제 국토교통부장관은 [   ], [   ], [   ] 등을 검토하여 필요하다고 인정하는 경우에는 [   ]할 것을 명할 수 있다.

정답 기술기준에의 적합 여부, 철도시설 및 열차운행체계의 안전성 여부, 정상운행 준비의 적절성 여부, 개선 · 시정

규칙 제75조(종합시험운행의 시기 · 절차 등)

예제 종합시험운행은 철도운영자와 [   ]으로 실시한다.

정답 합동

예제 종합시험운행계획을 수립하여야 할 사항은 다음과 같다.

1. 종합시험운행의 [   ]
2. [   ] 및 평가기준 등
3. 종합시험운행의 [   ]
4. 종합시험운행의 실시 조직 및 [   ]
5. 종합시험운행에 사용되는 [   ] 및 장비
6. 종합시험운행을 실시하는 사람에 대한 [   ]
7. [   ] 및 안전관리계획
8. [   ]대응계획

정답 방법 및 절차, 평가항목, 일정, 소요인원, 시험기기, 교육훈련계획, 안전관리조직, 비상

예제 종합시험운행은 [   ]시험과 [   ]시험을 순서대로 실시한다.

정답 시설물검증, 영업시운전

규칙 제75조의2(종합시험운행 결과의 검토 및 개선명령 등)

예제 종합시험운행의 결과에 대한 검토는 [   ], [   ], [   ]의 절차로 구분하여 순서대로 실시한다.

정답 기술기준에의 적합여부 검토, 철도시설 및 열차운행체계의 안전성 여부 검토, 정상운행 준비의 적절성 여부 검토

예제 국토교통부장관은 종합시험운행의 검토 결과 해당 철도시설의 [   ]이 필요하거나 [   ] 또는 [   ]에 대한 [   ]이 필요한 경우에는 철도운영자등에게 이를 개선 · 시정할 것을 명할 수 있다.

정답 개선 · 보완, 열차운행체계, 운행준비, 개선 · 보완

제38조의5(철도차량의 이력관리)

예제 소유자등은 보유 또는 운영하고 있는 철도차량과 관련한 [   ], [   ], [   ] 등 이력을 관리하여야 한다.

정답 제작, 운용, 철도차량정비 및 폐차

예제 국토교통부장관은 철도차량과 관련한 [   ], [   ], [   ] 및 [   ] 등 이력을 체계적으로 관리하여야 한다.

정답 제작, 운용, 철도차량정비, 폐차

규칙 제75조의 9(정비조직인증의 신청 등)

예제 [   ], [   ], [   ]은 정비조직인증기준에 필요한 기준들이다.

정답 인력을 갖출 것, 적합한 시설 · 장비 등 설비를 갖출 것, 정비매뉴얼, 검사체계 및 품질관리체계 등을 갖출 것

제5장 철도차량 운행안전 및 철도 보호

제39조(철도차량의 운행)

예제 열차의 [   ], 철도차량 운전 및 신호방식 등 철도차량의 [   ]에 필요한 사항은 [   ]으로 정한다.

정답 편성, 안전운행, 국토교통부령

제39조의2(철도교통관제)

예제 철도차량을 운행하는 자는 국토교통부장관이 지시하는 [　　] · [　　] · [　　] 등의 명령과
[　　　　] · [　　　] · [　　　] 및 순서 등에 따라야 한다.

정답 이동, 출발, 정지, 운행 기준, 방법, 절차

규칙 제76조(철도교통관제업무의 대상 및 내용 등)

예제 신설선 또는 개량선에서 [　　　　　　　]하는 경우, 철도차량을 [　　　　　　]하기 위한
[　　　] 및 [　　　]시에서 철도차량을 운행하는 경우에는 국토교통부장관이 행하는
[　　　　　](이하 "관제업무"라 한다)의 대상에서 제외한다.

정답 철도차량을 운행, 보수 · 정비, 차량정비기지, 차량유치, 철도교통관제업무

시행령 제30조(영상기록장치 설치차량)

예제 "[　　　　]으로 정하는 동력차"란 [　　]의 맨 앞에 위치한 동력차로서 [　　] 또는
[　　　]가 있는 동력차를 말한다.

정답 대통령령, 열차, 운전실, 운전설비

시행령 제31조(영상기록장치 설치 안내)

예제 철도운영자는 운전실 출입문 등 운전업무종사자가 쉽게 인식할 수 있는 곳에 다음 사항이
표시된 안내판을 설치하여야 한다.
1. 영상기록장치의 [　　　　]
2. 영상기록장치의 [　　　], [　　　] 및 [　　　　]
3. 영상기록장치 [　　　　], [　　　　] 및 [　　　　]

정답 설치 목적, 설치 위치, 촬영 범위, 촬영 시간, 관리 책임 부서, 관리책임자의 성명, 연락처

규칙 제76조의2(영상기록장치의 설치 기준 및 방법)

예제 운전실의 운전조작 상황에 관한 영상이 촬영될 수 있는 위치에는 설치하지 아니할 수 있는 경우는 1. [   ] 철도차량, 2. 다른 [   ]을 통하여 철도차량의 [   ] 상황이 파악 가능한 철도차량, 3. [   ]의 철도차량이다.

정답 무인운전, 대체수단, 운전조작, 전용철도

규칙 제76조의3(영상기록의 보관기준 및 보관기간)

예제 영상기록장치 [   ]에서의 보관기간은 [   ] 이상의 기간이어야 한다.

정답 운영·관리지침, 3일

예제 영상기록장치를 설치하는 경우 운전업무종사자 등이 쉽게 인식할 수 있도록 [   ]으로 정하는 바에 따라 안내판 설치 등 필요한 조치를 하여야 한다.

정답 대통령령

제40조(열차운행의 일시 중지)

예제 철도운영자는 [   ], [   ], [   ], [   ] 등 천재지변 또는 악천후로 인하여 재해가 발생하였거나 재해가 발생할 것으로 예상되는 경우로서 열차의 [   ]에 지장이 있다고 인정하는 경우에는 열차운행을 일시 [   ]할 수 있다.

정답 지진, 태풍, 폭우, 폭설, 안전운행, 중지

제41조(철도종사자의 음주 제한 등)

예제 철도종사자의 음주제한 등은 철도종사자가 술을 마시거나 약물을 사용하였다고 판단하는 기준은 혈중알코올농도 [   ]퍼센트 이상, 약물검사결과 양성으로 판정된 경우이다.

0.02

규칙 제78조(위해물품의 종류 등)

예제 철도안전법령상 위해물품의 종류에 관한 설명이다. 빈칸에 들어갈 수치로 올바른 것은?

인화성 액체 : 밀폐식 인화점 측정법에 따른 인화점이 섭씨 [   ] 이하인 액체나 개방식 인화점 측정법에 따른 인화점이 섭씨 [   ]도 이하인 액체

정답 60.5도, 65.6

예제 가. [   ]: 화기 등에 의하여 용이하게 점화되며 화재를 조장할 수 있는 가연성 고체
나. [   ]: 통상적인 운송상태에서 마찰·습기흡수·화학변화 등으로 인하여 자연발열하거나 자연발화하기 쉬운 물질(철도안전법 시행규칙 제78조(위해물품의 종류 등))

정답 가연성 물질류, 자연발화성 물질

예제 철도경계선으로부터 [   ] 이내의 지역(이하 "철도보호지구"라 한다)에서 다음 각 호의 어느 하나에 해당하는 행위를 하려는 자는 [   ]으로 정하는 바에 따라 [   ] 또는 시·도지사에게 신고하여야 한다(제45조(철도보호지구에서의 행위제한 등)).

정답 30미터, 대통령령, 국토교통부장관

예제 [   ] 또는 [   ]는 철도차량의 안전운행 및 철도 보호를 위하여 필요하다고 인정할 때에는 행위를 하는 자에게 그 행위의 [   ] 또는 [   ]을 명령하거나 [   ]으로 정하는 필요한 조치를 하도록 명령할 수 있다.

정답 국토교통부장관, 시·도지사, 금지, 제한, 대통령령

예제 [   ] 또는[   ]는 철도차량의 안전운행 및 철도 보호를 위하여 필요하다고
인정할 때에는 [   ], [   ], [   ], [   ], 그 밖의 공작물의 소유자나 점유자에게
다음의 조치를 하도록 명령할 수 있다.

정답 국토교통부장관, 시 · 도지사, 토지, 나무, 시설, 건축물

제46조(손실보상)

예제 [   ], 시 · 도지사 또는 [   ]등은 행위의 [   ] · [   ] 또는 [   ]
명령으로 인하여 손실을 입은 자가 있을 때에는 그 [   ]을 [   ]하여야 한다.

정답 국토교통부장관, 철도운영자, 금지, 제한, 손실, 보상

예제 협의가 성립되지 아니하거나 협의를 할 수 없을 때에는 [   ]으로 정하는 바에 따라
「공익사업을 위한 토지 등의 취득 및 보상에 관한 법률」에 따른 관할 [   ]에
[   ]을 신청할 수 있다.

정답 대통령령, 토지, 수용위원회, 재결

예제 협의가 성립되지 아니하거나 협의를 할 수 없을 때에는 [   ]으로 정하는 바에 따라
「공익사업을 위한 토지 등의 취득 및 보상에 관한 법률」에 따른 관할 [   ]에 재결
을 신청할 수 있다(철도안전법 제46조(손실보상)).

정답 대통령령, 토지수용위원회

시행령 제50조(손실보상)

예제 따른 행위의 금지 또는 제한으로 인하여 손실을 받은 자에 대한 (   ) 등에 관하여는
「공익사업을 위한 (   )에 관한 법률」규정을 준용한다(시행령 제50조(손실보상)).

정답 손실보상 기준, 토지 등의 취득 및 보상

제47조(여객열차에서의 금지행위)

예제 여객은 여객열차에서 다음 각 호의 어느 하나에 해당하는 행위를 하여서는 아니 된다.

1. 정당한 사유 없이 [   ]으로 정하는 [   ]에 출입하는 행위

정답 국토교통부령, 여객출입 금지장소

2. 정당한 사유 없이 운행 중에 [   ]을 누르거나 철도차량의 옆면에 있는 승강용 출입문을 여는 등 철도차량의 [   ] 또는 [   ] 등을 조작하는 행위

정답 비상정지버튼 , 장치, 기구

4. [   ]하는 행위

정답 흡연

6. 술을 마시거나 [   ]을 복용하고 다른 사람에게 [   ]를 주는 행위

정답 약물, 위해

7. 그 밖에 공중이나 [   ]에게 위해를 끼치는 행위로서 [   ]으로 정하는 행위

정답 여객, 국토교통부령

규칙 제79조(여객출입 금지장소)

예제 국토교통부령으로 정하는 여객출입 금지장소란 [   ], [   ], [   ], [   ]이다.

정답 운전실, 기관실, 발전실, 방송실

제48조(철도 보호 및 질서유지를 위한 금지행위)

예제 궤도의 중심으로부터 양측으로 폭 [   ] 이내의 장소에 철도차량의 안전 운행에 지장을 주는 물건을 방치하는 행위를 해서는 안 된다(제48조(철도 보호 및 질서유지를 위한 금지행위)).

정답 3미터

규칙 제83조(출입금지 철도시설)

예제 국토교통부령으로 정하는 출입금지 철도시설은?

1. [   ]
2. [   ]
3. [   ]
4. [   ]

정답
1. 위험물을 적하하거나 보관하는 장소
2. 신호·통신기기 설치장소 및 전력기기·관제설비 설치장소
3. 철도운전용 급유시설물이 있는 장소
4. 철도차량 정비시설

제48조의2(여객 등의 안전 및 보안)

예제 보안검색의 실시방법과 절차 및 보안검색장비 종류 등에 필요한 사항과 [   ] 및 정보 확인 등에 필요한 사항은 [   ]으로 정한다(제48조의2(여객 등의 안전 및 보안)).

정답 철도보안정보체계, 국토교통부령

제60조(철도사고등의 발생 시 조치)

예제 [   ]등은 철도사고등이 발생하였을 때에는 [   ]구호, [   ]관리, 여객 수송 및 [   ]복구 등 인명피해 및 [   ]를 최소화하고 열차를 정상적으로 운행할 수 있도록 필요한 조치를 하여야 한다.

정답 철도운영자, 사상자, 유류품, 철도시설, 재산피해

예제 철도사고등이 발생하였을 때의 [   ], 여객 수송 및 [   ]등에 필요한 사항은
대통령령으로 정한다.

정답 사상자 구호, 철도시설 복구

예제 철도사고 등이 발생하였을 때의 사상자 구호, 여객 수송 및 철도시설 복구 등에 필요한 사
항은 [   ]으로 정한다(철도안전법 제60조(철도사고 등의 발생 시 조치)).

정답 대통령령

시행령 제56조(철도사고등의 발생 시 조치사항)

예제 사고수습이나[   ]을 하는 경우에는 [   ]와 [   ]에 가장 우선순위를 둘
것(철도안전법 시행령 제56조(철도사고등의 발생 시 조치사항)

정답 복구작업, 인명의 구조, 보호

제61조(철도사고등 보고)

예제 정상운행을 하기 전의 신설선에서 철도차량을 운행할 경우와 철도차량을 보수 · 정비하기
위한 차량정비기지 및 차량유치시설에서 철도차량을 운행하는 경우 [   ]에서 제외
된다.

정답 철도교통관제업무

규칙 제86조(철도사고 등의 보고)

예제 철도사고등이 발생한 때에는 다음 각 호의 사항을 국토교통부장관에게 즉시 보고하여야
한다.

1. 사고 발생 [   ]
2. 사상자 등 [   ]
3. 사고 [   ]
4. 사고 [   ] 등

정답 일시 및 장소, 피해사항, 발생 경위, 수습 및 복구 계획

예제 철도운영자등은 철도사고등이 발생한 때에는 [   ]보고, [   ]보고, [   ]보고로 나누어 단계별로 국토교통부장관에게 이를 보고하여야 한다.

정답 초기, 중간, 종결

제7장 철도안전기반 구축

제68조(철도안전기술의 진흥)

예제 국토교통부장관은 철도안전에 관한 기술의 [   ]을 위하여 [   ]·[   ]의 촉진 및 그 [   ]의 [   ] 등 필요한 시책을 마련하여 추진하여야 한다.

정답 진흥, 연구, 개발, 성과, 보급

제69조(철도안전 전문기관 등의 육성)

예제 [   ]은 철도안전 전문인력의 분야별 자격을 다음 각 호와 같이 구분하여 부여할 수 있다.
1. [   ]   2. [   ]

정답 국토교통부장관, 철도운행안전관리자, 철도안전전문기술자

예제 안전전문기관의 [   ], [   ] 등에 관하여 필요한 사항은 [   ]으로 정한다(철도안전법 제69조(철도안전 전문기관 등의 육성)).

정답 지정기준, 지정절차, 대통령령

시행령 제60조(철도안전 전문인력의 자격기준)

예제 철도운행안전관리자의 자격을 부여받으려는 사람은 [   ]에 종사한 경력이 [   ] 이상의 자격기준을 갖추어야 한다.

정답 관제업무, 2년

예제 철도안전법령상 철도안전전문기술자가 되기 위하여 필요한 해당 기술 분야에 종사한 경력이 [   ] 이상이어야 한다.

정답 3년

규칙 제91조(철도안전 전문인력의 교육훈련)

예제 철도안전 전문인력 교육훈련의 대상자는 [   ]와 [   ](기초)이다.

정답 철도운행안전관리자, 철도안전전문기술자

예제 철도안전법령상 철도운전안전관리자와 철도안전전문기술자의 교육시간은 [   ]이다.

정답 120시간

규칙 제92조의5(안전전문기관의 지정취소·업무정지 등)

예제 [   ]은 안전전문기관의 지정을 취소하거나 업무정지의 처분을 한 경우에는 지체 없이 그 안전전문기관에 [   ]를 통지하고 그 사실을 [   ]에 고시하여야 한다.

정답 국토교통부장관, 지정기관 행정처분서, 관보

제72조의2(철도횡단교량 개축·개량지원)

예제 국가는 철도의 안전을 위하여 (   )의 개축 또는 개량의 (   ), (   ), 지원조건 및 지원비율 등에 관하여 필요한 사항은 (   )으로 정한다(철도안전법 제72조2(철도횡단교량 개축·개량 지원)).

정답 철도횡단교량, 지원대상, 지원비용, 대통령령

제8장 보칙

73조(보고 및 검사)

예제 [   ]이나 [   ]는 [   ]으로 정하는 바에 따라 철도관계기관등에 대하여 필요한 사항을 [   ]하게 하거나 [   ]의 [   ]을 명할 수 있다.

정답 국토교통부장관, 관계 지방자치단체, 대통령령, 보고, 자료, 제출

제74조(수수료)

예제 [   ], 면허, 검사, 진단, [   ] 및 성능시험 등을 신청하는 자는 [   ]으로 정하는 수수료를 내야 한다.

정답 교육훈련, 성능인증, 국토교통부령

시행령 제63조(업무의 위탁)

예제 [   ] 또는 관제자격증명서의 발급과 법 제18조제2항에 따른 [   ] 또는 관제 자격증명서의 재발급이나 기재사항의 변경은 '한국교통안전공단법'에 따라 국토교통부장관 이 [   ]에 위탁한다(시행령 제63조(업무의 위탁)).

정답 운전면허증, 운전면허증, 한국교통안전공단

예제 국토교통부장관은 기술기준의 제정 또는 개정을 위한 연구·개발, [   ]검사, [   ]검사 등의 업무를 [   ]에 위탁한다(시행령 제63조(업무의 위탁) 법 제77조제2항)).

정답 차량형식승인, 차량제작자승인, 한국철도기술연구원

예제 국토교통부장관은 표준규격서의 작성에 관한 업무를 「과학기술분야 정부출연기관 등의 설립·운영 및 육성에 관한 법률」에 따른 [   ]에 위탁한다(철도안전법 시행령 제63조(업무의 위탁)).

정답 한국철도기술연구원

예제 국토교통부장관은 철도보호지구 관리에 관한 업무를 [   ]에 따른 [   ]에 위탁한다(시행령 제63조(업무의 위탁 법 제77조제2항).

정답 한국철도시설공단법, 한국철도시설공단

예제 국토교통부장관은 법 제77조제2항에 따라 완성검사 업무 중 [   ]를 국토교통 부장관이 지정하여 고시하는 철도안전에 관한 [   ]이나 [   ]에 위탁한다. (시행령 제63조(업무의 위탁) 제3항법 제77조제2항)

정답 완성차량검사 업무, 전문기관, 단체

제9장

78조(벌칙)

예제 폭행·협박으로 철도종사자의 [   ]을 방해한 자는[   ] 이하의 징역 또는[   ]이하의 벌금에 처한다.

정답 직무집행, 5년, 5천만원

예제 다음 각 호의 어느 하나에 해당하는 자는 [   ] 이하의 징역 또는 [   ] 이하의 벌금에 처한다.

정답 2년, 2천만원

예제 거짓이나 그 밖의 부정한 방법으로 [   ]의 승인을 받은 자

정답 안전관리체계

예제 [   ]을 받지 아니한 철도차량을 운행한 자

정답 형식승인

예제 [   ]를 받지 아니하고 철도차량을 판매한 자

정답 완성검사

제81조(과태료)

예제 다음 각 호의 어느 하나에 해당하는 자에게는 [   ]이하의 [   ]를 부과한다.

정답 1천만원, 과태료

예제 안전관리체계의 [   ]을 받지 아니하고 [   ]를 변경한 자

정답 변경승인, 안전관리체계

예제 조치명령을 따르지 아니한 자에게는 [   ] 이하의 과태료를 부과한다.

정답 50만원

[국내문헌]

곽정호, 도시철도운영론, 골든벨, 2014.

김경유·이항구, 스마트 전기동력 이동수단 개발 및 상용화 전략, 산업연구원, 2015.

김기화, 김현연, 정이섭, 유원연, 철도시스템의 이해, 태영문화사, 2007.

박정수, 도시철도시스템 공학, 북스홀릭, 2019.

박정수, 열차운전취급규정, 북스홀릭, 2019.

박정수, 철도관련법의 해설과 이해, 북스홀릭, 2019.

박정수, 철도차량운전면허 자격시험대비 최종수험서, 북스홀릭, 2019.

박정수, 최신철도교통공학, 2017.

박정수·선우영호, 운전이론일반, 철단기, 2017.

박찬배, 철도차량용 견인전동기의 기술 개발 현황. 한국자기학회 학술연구발 표회 논문개요
집, 28(1), 14－16. [2], 2018.

박찬배·정광우. (2016). 철도차량 추진용 전기기기 기술동향. 전력전자학회지, 21(4), 27－34.

백남욱·장경수, 철도공학 용어해설서, 아카데미서적, 2003.

백남욱·장경수, 철도차량 핸드북, 1999.

서사범, 철도공학, BG북갤러리 ,2006.

서사범, 철도공학의 이해, 얼과알, 2000.

서울교통공사, 도시철도시스템 일반, 2019.

서울교통공사, 비상시 조치, 2019.

서울교통공사, 전동차구조 및 기능, 2019.

손영진 외 3명, 신편철도차량공학, 2011.

원제무, 대중교통경제론, 보성각, 2003.

원제무, 도시교통론, 박영사, 2009.

원제무·박정수·서은영, 철도교통계획론, 한국학술정보, 2012.

원제무·박정수·서은영, 철도교통시스템론, 2010.

이종득, 철도공학개론, 노해, 2007.

이현우 외, 철도운전제어 개발동향 분석 (철도차량 동력장치의 제어방식을 중심으로), 2018.

장승민·박준형·양진송·류경수·박정수. (2018). 철도신호시스템의 역사 및 동향분석. 2018.

한국철도학회 학술발표대회논문집, , 46-5276호, 국토연구원, 2008.

한국철도학회, 알기 쉬운 철도용어 해설집, 2008.

한국철도학회, 알기쉬운 철도용어 해설집, 2008.

KORAIL, 운전이론 일반, 2017.

KORAIL, 전동차 구조 및 기능, 2017.

[외국문헌]

Álvaro Jesús López López, Optimising the electrical infrastructure of mass transit systems to improve the

use of regenerative braking, 2016.

C. J. Goodman, Overview of electric railway systems and the calculation of train performance 2006

Canadian Urban Transit Association, Canadian Transit Handbook, 1989.

CHUANG, H.J., 2005. Optimisation of inverter placement for mass rapid transit systems by immune

algorithm. IEE Proceedings -- Electric Power Applications, 152(1), pp. 61-71.

COTO, M., ARBOLEYA, P. and GONZALEZ-MORAN, C., 2013. Optimization approach to unified AC/

DC power flow applied to traction systems with catenary voltage constraints. International Journal of

Electrical Power & Energy Systems, 53(0), pp. 434

DE RUS, G. a nd NOMBELA, G., 2 007. I s I nvestment i n H igh Speed R ail S ocially P rofitable? J ournal of

Transport Economics and Policy, 41(1), pp. 3-23

DOMÍNGUEZ, M., FERNÁNDEZ-CARDADOR, A., CUCALA, P. and BLANQUER, J., 2010. Efficient

design of ATO speed profiles with on board energy storage devices. WIT Transactions on The Built

Environment, 114, pp. 509-520.

EN 50163, 2004. European Standard. Railway Applications – Supply voltages of traction
systems.

Hammad Alnuman, Daniel Gladwin and Martin Foster, Electrical Modelling of a DC
Railway System with

Multiple Trains.

ITE, Prentice Hall, 1992.

Lang, A.S. and Soberman, R.M., Urban Rail Transit; 9ts Economics and Technology,
MIT press, 1964.

Levinson, H.S. and etc, Capacity in Transportation Planning, Transportation Planning
Handbook

MARTÍNEZ, I., VITORIANO, B., FERNANDEZ – CARDADOR, A. and CUCALA, A.P.,
2007. Statistical dwell

time model for metro lines. WIT Transactions on The Built Environment, 96, pp.
1 – 10.

MELLITT, B., GOODMAN, C.J. and ARTHURTON, R.I.M., 1978. Simulator for studying
operational

and power – supply conditions in rapid – transit railways. Proceedings of the Institution
of Electrical

Engineers, 125(4), pp. 298 – 303

Morris Brenna, Federica Foiadelli, Dario Zaninelli, Electrical Railway Transportation
Systems, John Wiley &

Sons, 2018

ÖSTLUND, S., 2012. Electric Railway Traction. Stockholm, Sweden: Royal Institute of
Technology.

PROFILLIDIS, V.A., 2006. Railway Management and Engineering. Ashgate Publishing
Limited.

SCHAFER, A. and VICTOR, D.G., 2000. The future mobility of the world population.
Transportation

Research Part A: Policy and Practice, 34(3), pp. 171-205. · Moshe Givoni, Development
and Impact of

the Modern High—Speed Train: A review, Transport Reciewsm Vol. 26, 2006.

SIEMENS, Rail Electrification, 2018.

Steve Taranovich, Electric rail traction systems need specialized power management, 2018

Vuchic, Vukan R., Urban Public Transportation Systems and Technology, Pretice—Hall Inc., 1981.

W. F. Skene, Mcgraw Electric Railway Manual, 2017

[웹사이트]

한국철도공사 http://www.korail.com

서울교통공사 http://www.seoulmetro.co.kr

한국철도기술연구원 http://www.krii.re.kr

한국개발연구원 http://www.kdi.re.kr

한국교통연구원 http://www.koti.re.kr

서울시정개발연구원 http://www.sdi.re.kr

한국철도시설공단 http://www.kr.or.kr

국토교통부: http://www.moct.go.kr/

법제처: http://www.moleg.go.kr/

서울시청: http://www.seoul.go.kr/

일본 국토교통성 도로국: http://www.mlit.go.jp/road

국토교통통계누리: http://www.stat.mltm.go.kr

통계청: http://www.kostat.go.kr

JR동일본철도 주식회사 https://www.jreast.co.jp/kr/

철도기술웹사이트 http://www.railway—technical.com/trains/

색인

저자소개

원제무

원제무 교수는 한양 공대와 서울대 환경대학원을 거쳐 미국 MIT에서 교통공학 박사학위를 받고, KAIST 도시교통연구본부장, 서울시립대 교수와 한양대 도시대학원장을 역임한 바 있다. 도시교통론, 대중교통론, 도시철도론, 철도정책론 등에 관한 연구와 강의를 진행해 오고 있다. 최근에는 김포대 철도경영과 석좌교수로서 전동차 구조 및 기능, 철도운전이론, 철도관련법 등을 강의하고 있다.

서은영

서은영 교수는 한양대 경영학과, 한양대 공학대학원 도시SOC계획 석사학위를 받은 후 한양대 도시대학원에서 '고속철도개통 전후의 역세권 주변 토지 용도별 지가 변화 특성에 미치는 영향 요인분석'으로 도시공학박사를 취득하였다. 그동안 철도정책, 도시철도시스템, 철도관련법, SOC개발론, 도시부동산투자금융 등에도 관심을 가지고 연구논문을 발표해 오고 있다.
현재 김포대학교 철도경영과 학과장으로 철도정책, 철도관련법, 도시철도시스템, 철도경영, 서비스 브랜드 마케팅 등의 과목을 강의하고 있다.

철도관련법 II

초판발행	2021년 4월 10일
지은이	원제무·서은영
펴낸이	안종만·안상준
편 집	전채린
기획/마케팅	이후근
표지디자인	조아라
제 작	고철민·조영환
펴낸곳	(주) **박영사**
	서울특별시 금천구 가산디지털2로 53, 210호(가산동, 한라시그마밸리)
	등록 1959. 3. 11. 제300-1959-1호(倫)
전 화	02)733-6771
f a x	02)736-4818
e-mail	pys@pybook.co.kr
homepage	www.pybook.co.kr
ISBN	979-11-303-1222-4 93550

정 가   22,000원